温湿度独立控制空调系统
（第二版）

Temperature and Humidity Independent Control of Air-conditioning Systems

刘晓华　江　亿　张　涛　著

中国建筑工业出版社

图书在版编目（CIP）数据

温湿度独立控制空调系统/刘晓华，江亿，张涛著.
—2版. —北京：中国建筑工业出版社，2013.5
ISBN 978-7-112-15205-6

Ⅰ.①温… Ⅱ.①刘… ②江… ③张… Ⅲ.①建筑-
空气调节系统-研究 Ⅳ.①TU831.8

中国版本图书馆CIP数据核字（2013）第082643号

责任编辑：姚荣华 张文胜
责任设计：赵明霞
责任校对：陈晶晶

温湿度独立控制空调系统

（第二版）

Temperature and Humidity Independent Control of Air-conditioning Systems

刘晓华 江 亿 张 涛 著

*

中国建筑工业出版社出版、发行（北京西郊百万庄）
各地新华书店、建筑书店经销
北京科地亚盟排版公司制版
北京市密东印刷有限公司印刷

*

开本：787×1092毫米 1/16 印张：20¾ 字数：450千字
2013年5月第二版 2013年10月第四次印刷
定价：**65.00**元
ISBN 978-7-112-15205-6
（23297）

第二版前言

本书的第一版自 2006 年出版以来,在国内外同行的支持、参与下,温湿度独立控制空调(THIC)的事业有了大的发展。现择其要点记录如下:

• 2007 年在科技部、住建部的支持下,启动了"十一五"国家科技支撑计划重点项目:"降低大型公共建筑空调系统能耗的关键技术"。以中国建筑设计研究院潘云钢总工为负责人,联合合肥通用机械研究院、清华大学、盾安空调、格力电器、青岛海尔等多个设计、研究机构和企业,共同对 THIC 系统进行研发和推广。完成了系统的设计方法、开发出系列的相关产品,建成并投入运行一批实际工程。这个项目在 2012 年被住房和城乡建设部评为华夏建设科学技术一等奖。

• 也是在 2007 年,由二十多个相关的研究、设计和生产机构与企业在深圳成立了"温湿度独立控制空调技术推广产业联盟",从基本概念、设计方法、产品研发、工程应用多角度全方位推进 THIC 的发展与推广。6 年来,联盟成员不断增加,在发展推进 THIC 事业的同时,也使一批企业找到创新与发展的方向。

• 暖通在线持续组织了关于"温湿度独立控制空调"的网上讨论,广大专业人士踊跃参加。通过这种广泛和持续的讨论,澄清了许多基本概念,梳理出系统的设计分析方法;从 2006 年在合肥召开的全国暖通空调制冷学术年会开始,每次的全国暖通年会都组织 THIC 的专题讨论;2012 年 7 月,暖通空调杂志创刊 40 周年纪念会又成为研讨、宣传THIC 的专题会。这些活动,都使 THIC 开始进入更多暖通人的心中。

• 2011 年 11 月,国际能源组织下属的建筑与社区系统节能合作研究组织(IEA ECBCS)理事会正式通过立项,启动 Annex59,由中国牵头,8 个国家(中国、丹麦、日本、比利时、意大利、韩国、德国、芬兰)共同开展以 THIC 概念为核心的合作研究,致力于发展未来的新型空调方式。以前是我们追着发达国家的概念和技术跑,现在他们开始跟着咱们的理念走啦!

在这样的大形势下,在产品开发和工程项目两条道上,温湿度独立控制空调都得到了极为可喜的发展:

• 珠海格力电器开发出大型变频离心式高温冷水机组,出水温度在 16℃ 时的标准工况下,COP 已经超过了 8.5。

• 除了溶液调湿新风机组,多种采用转轮、冷凝与热回收、透湿膜等技术的调湿装置出现。新风的湿度处理不再是"一花独放",而大有"百花齐放春满园"之势。

• 多种显热末端产品相继涌现，包括干盘管、毛细管、冷梁、辐射板、置换通风型末端等多项系列产品。在这个领域里也终于开始有了由中国原始创新的产品技术。

最早的 THIC 空调系统的办公建筑是 2007 年投入运行的深圳蛇口招商地产南海意库工业厂房改造项目，目前这座建筑是招商地产总部的办公大楼，此后出现了一系列从不同角度用不同方法尝试实践 THIC 的工程。2012 年，作为又一个代表 THIC 阶段性标志的项目，西安咸阳机场 T3 航站楼正式投入运行。这是国内第一个高大空间全面采用辐射地板与置换通风联合供冷的工程案例。与常规的集中射流送风方式相比，不仅工程造价和运行能耗都显著降低，室内舒适性亦有良好表现。现在，从深圳到乌鲁木齐，从上海到成都，办公、交通枢纽、文化场所以及特殊环境需求的工业建筑，都出现了采用 THIC 的工程案例。当年一棵刚发芽的小苗，现在开始在各地繁殖开啦！

随着研究和工程实践的深入，我们对 THIC 也有了更深入和清晰的认识。再翻看 2006 年版的这本书，就觉得已经与当前的研究与实践严重不适应，很有必要把概念说得更清楚，把系统理得更明白，把方法交代得更透彻。这就是本书第二版的写作动力。经过一年的努力，这一任务终于完成了。现在呈现给读者面前的这本书虽然称为第二版，但实际上其 90% 的内容是完全重写的。在编排上也与原来有很大的不同：前两章是介绍 THIC 的概念，接下来的三章分别介绍系统构成的三部分主要部件：显热末端、新风处理机、高温冷机。然后再转到工程系统：第 6 章介绍设计方法、第 7 章是运行调节方式、第 8 章是一些典型工程案例。通过这样的编排，希望充分反映在 THIC 方面的发展和认识，同时也尽可能通过清晰的体系结构便于读者查找、使用。

经常听到有同行讨论，THIC 是一种空调系统形式吗？什么场合适合于 THIC，什么场合不适合？我原来也是这样认为，只是回答不了什么地方该用 THIC。南方潮湿的地方使用 THIC，新疆干燥地区也可以使用呀；人员密集湿负荷比例高的场合适用，大型数据中心这类纯显热负荷的场合也很合适。后来经过不断的思考和讨论，慢慢认识到，THIC 并不是一种新的空调形式，而应该是一种新的空调系统分析和设计方法。严格地讲，很早之前就出现过 THIC 这种系统形式，只是没有完全按照这个思路来分析与设计。100 多年前开利博士提出 I-D 图这一工具来分析和设计空调，最大的贡献就是把湿度和温度统一考虑，通过通风换气，排除室内余热余湿。这样有了潜热的概念，冷机提供的冷负荷是显热与潜热之和。这一思路是设计和分析空调系统的基本方法。然而传热和传湿（也就是质量传递）在大多数情况下是两个互相独立的过程。除了在发生相变时，二者相互转换（也就是蒸发和冷凝过程），在其他情况温度湿度间是不能相互转换的（这里的湿度指绝对湿度，也就是含湿量 "d"）。一台风机盘管标称 1kW 冷量，如果在额定水温和风温时可承担显热量是 600W，当没有湿负荷时，就只能承担 600W 冷量，不改变水温和风温，怎么也不能承担 1kW 冷量。所以温度湿度不可以转换，显热负荷与湿负荷不能相互转换。THIC 是把空气的显热与空气中的水蒸气完全分开考虑和分别处理。显热和水蒸气的排除可以由不同的系统分担，也可以由一个系统承担，还可以是不同系统各自分担不同部分。这样看来，THIC 就没有固定的系统模式，是一种新的分析和设计思路。分析和设计方式的更新导致对空调过程更深刻的认识，这就导致系统形式上大量的创新。因此由 THIC 而派生出来的各种新型空调系统形式并不一定称作 THIC 型空调，而是在 THIC 的概念下发展出来的新型空调形式。随着这一理念逐渐深入人心，一定会涌现出更多的新型空调系统形式。

本书真正的写作者是刘晓华副教授和张涛博士研究生。他们二位投入了大量的精力和时间写作，并三易其稿。我仅是对全书的结构提出设想，并在他们的催促下完成几次全书的审阅和修订。张伦、赵康等博士研究生也参加了部分章节的工作。THIC 是刘晓华副教授领导下一个课题组自 2005 年开始的常年研究主题，这部书可以看作是他们这些年来一部分科研成果的总结。

感谢广大读者、全国广大暖通同行对我们工作的关注、支持和在各个层次上的合作。没有大家的支持，"共同唱戏"，就不会有这本书，更不会出现 THIC 空调现在这样全面发展的局面。今后的路还很长，该做的 THIC 相关的事还很多，真心地希望大家能持续地支持我们，咱们一起把 THIC 继续发展下去，营造更舒适节能的室内环境，把我国的空调产业做得更大、更强。

最后还要感谢中国建筑工业出版社的姚荣华、张文胜编辑，没有他们的支持和大量认真细致的工作，本书第二版的出版也不可能实现。另外，本书英文版将由 Springer 出版社出版。

也许，在多少年后还会有本书的第三版？看看对 THIC 的进一步认识和研究吧，也看未来的产品和工程是怎样发展的。我想，随着我国空调产业的发展、成熟和走向世界，THIC 也一定会有更多的内容需要在以后的书中进一步书写。

江　亿
于清华节能楼
2013 年 4 月

第一版前言

室内的温度、湿度控制是空调系统的主要任务。目前，常见的空调系统都是通过向室内送入经过处理的空气，依靠与室内的空气交换完成温湿度控制任务。然而单一参数的送风很难实现温湿度双参数的控制目标，这就往往导致温度、湿度不能同时满足要求。由于温湿度调节处理的特点不同，同时对这二者进行处理，也往往造成一些不必要的能量消耗。温湿度控制的本质是什么？完成这一控制任务热力学意义上需要的最小做功是多少？从热力学意义上看现行的空调方式的效率如何？什么样的空调系统构成才可能最好地接近热力学最小功方式？25年前我在清华大学做研究生时，在彦启森教授的指导下，就多次与当时也做研究生的何鲁敏（亚都加湿器的开创者）探讨这一系列的问题，但一直不得要领。多少年来为其所惑，成为经常思考的问题之一。10年后何鲁敏开始了加湿器的研究，20年后我和我的几位学生也沉浸于新的除湿方法研究中。与通常的热系统相比，空气调节的特殊性就在于其过程中同时存在湿度的变化。以湿度为突破口，换一个角度重新考察建筑环境控制和空调过程控制问题，就会得到全新的认识。

25年前，针对我们当时热衷于基于传热学开展对建筑环境控制系统的研究，我的硕士生导师王兆霖教授曾对我说，如果你们能从热力学方面也作这样研究，意义就不一样了。这句话25年来在我头脑里回味过无数次。开始根本就不得其要领，近年来，不断重读热力学的原著，理解热力学基本原理，尝试着按照热力学的方法，建立室内热湿环境控制的热力学分析框架，并尝试着由此出发，具体分析解决一些实际工程问题，慢慢尝到了甜头。热力学可以帮助我们从错综复杂的事物中抓到其本质，从而从整体上、从宏观上把握研究对象。目前的工作仅是在此方向上的初步尝试，然而大门似乎已敲开，大量的宝藏正等待挖掘和收获。

1995年，美国UTRC（美国联合技术公司研发中心）的James Frihaut博士来访，与我们探讨"humidity independent control"（湿度独立控制）的想法，并委托我们研究利用一种高分子透湿膜除湿的可行性。这开始了我们持续至今的独立除湿研究。感谢美国UTRC融洪研究基金，清华大学基础研究基金，国家自然科学基金以及北京市科委的科研经费的大力支持，使这一研究得以持续，并产生理论和应用的丰硕结果。

承担这一持续研究的是清华大学建筑技术科学系的"除湿小组"。陆续参加其中工作的有：张寅平教授、张立志博士［他们的成果已在张立志编著的"除湿技术"（化学工业出版社，2004）中全面反映］、袁卫星博士、李震博士、刘晓华博士研究生、陈晓阳硕士、

6

曲凯阳博士、谢晓云博士研究生、刘拴强博士研究生、张伟荣硕士研究生、李海翔硕士研究生和一些陆续加入该组的新同学。相关工作还得到清华大学建筑技术科学系的其他教师和研究生的大力支持与协助，并有绍兴吉利尔公司袁一军等热衷于湿度控制的许多人士的参与和支持。"除湿小组"形成的良好的学术研究环境是这一工作能持续进展，不断有新的成果出现，不断培养出新的研究人才的基础。

从 1996 年起开始基本理论的探讨，并走了很大的弯路后，10 年来主要取得的进展如下：

- 湿空气㶲分析方法，尤其是零㶲点的确定方法（见附录 D）。这奠定了湿空气热力学的基础，澄清了我们多年不清楚的问题。

- 对温湿度环境控制的本质的认识（见第 2 章）。得到排出余热余湿所需要的最小功，接近最小功的可能途径等。这为评价各种空调方式，探寻新的可能的空调方式奠定了基础。

- 温湿度独立控制系统的设想（见第 2 章）。提出用干燥新风通过变风量方式调节室内湿度，用高温冷水通过独立的末端（辐射或对流）调节室内温度的方案。这可能是近百年来延续至今的空调方式在整体思路上的突破。

- 研制出基于液体吸湿剂的空气全热回收装置和新风处理装置（第 5、6 章）。使空气可以等温地减湿，加湿；使同一装置可对空气进行热回收，减湿，加湿，调温等各种处理，它成为实现温度湿度独立控制的关键设备。

- 研制出新的间接蒸发冷却装置（第 7 章）。不通过制冷装置，在湿球温度 22℃ 的新疆石河子通过间接蒸发冷却，制备出 17℃ 的冷水。用工程实例证实㶲分析方法的有效性。

2003 年 SARS 猖獗，适逢我们在溶液除湿研究上有所突破。为使当时非典重灾区北京人民医院急诊病房能安全的再度开业，在绍兴吉利尔公司，清华同方人工环境设备公司的支持下，我们日夜奋战，一周内研制出集热泵、溶液全热回收和溶液除湿技术于一体的新风处理机（见第 6 章），其性能完全达到预测值。这是"除湿小组"完成的第一台采用液体除湿技术的整机，也是由于抗击"非典"的形势所迫而逼出来的。如果说"非典"给我们什么收益的话，这可能也是其中的一项。

感谢北京市科委的大力支持和北京市热力集团的大力协助，我们在北京双榆树供热厂 2000m² 办公楼建成了第一个完整意义上的"温湿度独立控制"系统。这一系统两年来运行良好，室内环境舒适宜人。陈晓阳硕士和马学桃师傅承担了全部的设计、施工、调试和运行工作，从工程全过程全面实践了"温湿度独立控制系统"。

敬佩新疆绿色使者公司于向阳先生敢于第一个"吃螃蟹"的精神，投资建造了第一个间接蒸发冷却式冷水机组，并建成基于这样冷源的温度湿度独立控制空调。目前这一系统良好运行，这为新疆这类干燥炎热地区的环境控制问题给出一条能够大幅度节能的新途径。

本书是"除湿小组"近年部分成果的总结，也是近年来我们对室内热湿环境控制的理解的初步总结。我提出全书的写作方案，各章的完成者分别为：

第 1 章　刘晓华、江　亿

第 2 章　江　亿、刘晓华、魏庆芃、李　震

第 3 章　魏庆芃、赵　彬、欧阳沁、刘晓华

第 4 章　刘晓华、张伟荣

第 5 章　江　亿、刘晓华、李　震

第 6 章　陈晓阳、刘晓华、李　震、江　亿

第 7 章　石文星、刘晓华、谢晓云、谢晓娜

第 8 章　刘晓华、陈晓阳、刘拴强、谢晓云、张永宁、江　亿

本书的许多提法和结论是基于我们的初步研究结果第一次尝试性提出，很可能有很多不妥之处。衷心希望各界同仁能批评指正，提出更好的建议，共同推进温湿度独立控制系统的发展。当前，建筑节能正在被全社会广泛重视。空调是建筑能耗的主要部分。温湿度独立控制系统应该是降低能耗，改善室内环境，与能源结构匹配的有效途径。希望这种方式能更快、更广泛的推广开，为建筑节能事业发挥其应有的作用。

江　亿

于清华园

2005 年 7 月 31 日

目　　录

第1章　目前空调系统形式及特点

1.1　室内环境控制系统的任务

室内环境控制系统的任务是提供舒适、健康的室内环境。舒适、健康的室内环境要求室内温度、湿度、空气流动速度和空气品质都控制在一定范围内。室内的热湿环境是影响人们热舒适度最为重要的因素，它主要是由室外气候参数、室内设备、照明、人员等室内热湿源，以及室内空气流动状况所共同作用产生的。除了工业空调外，随着民用建筑内的空调迅速增加，我国对舒适性空调的室内参数做出了具体的规定（GB 50189），其冬夏室内参数的设置推荐值参见表1-1，公共建筑主要空间的设计新风量参见表1-2。

空气调节系统室内计算参数　　　　　　　　　　　　　　　　表1-1

参　数		冬　季	夏　季
温度（℃）	一般房间	20	25
	大堂、过厅	18	室内外温差≤10
风速（v）（m/s）		0.10≤v≤0.20	0.15≤v≤0.30
相对湿度（%）		30～60	40～65

公共建筑主要空间的人均设计新风量　　　　　　　　　　　　表1-2

建筑类型	客房（5星级）	客房（4星级）	客房（3星级）	影剧院、音乐厅、录像厅	游艺厅、舞厅
新风量［m³/(h·人)］	50	40	30	20	30
建筑类型	办公	商场、书店	饭馆、餐厅	体育馆	美容、理发、康乐设施
新风量［m³/(h·人)］	30	20	20	20	30

随着物质与文化生活水平的提高，自我保护意识的加强，人们对空气的品质也提出了更高的要求。好的室内空气品质可以为人们提供健康的生活环境，有益于提高学习、工作效率，提高生活的质量。我国出台了旅店业、文化娱乐场所、体育馆、商场、书店等活动场所的一系列卫生标准（GB 9663～GB 9673），对室内的二氧化碳、一氧化碳、甲醛、可

吸入颗粒物的浓度以及空气细菌数的含量做出了明确的规定。以室内二氧化碳的浓度要求为例，在图书馆、博物馆、美术馆、旅店招待所、医院候诊室等环境要求其室内的二氧化碳浓度低于1000ppm（0.10%），在影剧院、音乐厅、游艺厅、舞厅、商场、书店等环境要求其室内的二氧化碳浓度低于1500ppm（0.15%）。将室外的新鲜空气送入室内，被普遍认为是去除上述污染物最为有效的途径。

室内环境控制的任务也可以归纳为：排除室内余热、余湿、CO_2、室内异味与其他有害气体（VOC），使其参数在上述规定的范围内。对于上述主要任务：

• 排除余热可以采用多种方式实现，只要媒介的温度低于室温即可实现降温效果，可以采用间接接触的方式（辐射板等），又可以通过低温空气的流动置换来实现。

• 排除余湿的任务，就不能通过间接接触的方式，而只能通过低湿度的空气与房间空气的置换（质量交换）来实现。

• 排除CO_2、室内异味与其他有害气体（VOC）与排除余湿的任务相同，需要通过低浓度的空气（如室外新风）与房间空气进行质量交换才能实现。

1.2　目前的处理方法

1.2.1　现有空调系统分类

空调系统以空气、水或制冷剂等多种介质作为冷量或热量输送到室内末端的媒介，利用这些媒介在末端通过对流、辐射等方式与室内进行热量传递或质量传递，实现对室内热湿环境的有效调控。按照承担室内热湿负荷所用介质的不同，空调系统可分为全空气系统、空气-水系统、全水系统和制冷剂系统等，如表1-3所示。其中，全水系统是指房间热湿负荷全部通过水作为介质来承担，这种系统并不能解决房间的通风换气问题，通常不单独采用此种形式。制冷剂系统是指通过制冷剂的直接蒸发或冷凝等方式来直接实现对室内供冷或供热，普通家用空调器及近年来广泛应用的多联式空调机组等都是这种方式的空调系统。在采用集中式空调系统的建筑中，目前较多采用的空调系统形式是空气-水系统和全空气系统。

现有空调系统方式的分类　　　　　　　　　　　　　　　　　　　表1-3

应用场合	制冷剂系统		空气-水系统	全空气系统
住宅	家用空调	多联式空调机		
小型公共建筑			风机盘管＋新风系统	定风量CAV
大型公共建筑				变风量VAV

全空气系统利用空气作为承担室内热湿负荷的介质，将经过处理的空气送入室内，承担维持室内适宜热湿环境的任务。由于空气的比热容较小，为消除余热、余湿所需的送风量大，送风风道的断面尺寸大，需要占有较多的建筑空间。空气-水系统同时利用空气和水作为承担室内热湿负荷的介质，如风机盘管加新风系统等。在风机盘管加新风系统中，夏季风机盘管通入冷水，对室内空气进行降温除湿处理，向房间送冷风；冬季风机盘管通入热水，对室内空气进行加热处理，向房间送热风。同时，向房间送入新风来承担排出室内 CO_2 等污染物、满足人员新鲜空气需求的任务，这种系统中利用水、空气共同作为承担热湿负荷的媒介，送风风量远小于全空气系统，占用空间较少，是目前普遍采用的一种集中式空调系统形式。

1.2.2 现有空调系统典型空气处理过程

现有的空调系统中普遍采用热湿耦合的调节控制方法，夏季采用冷凝除湿方式（采用低温冷媒）实现对空气的降温与除湿处理，同时去除建筑的显热负荷与湿负荷。经过冷凝除湿处理后，空气的湿度（含湿量）虽然满足要求，但温度过低，在有些情况下还需要再热才能满足送风温湿度的要求。但在实际运行的民用空调系统中，很少在冷凝除湿后设置再热装置，通常直接将除湿处理后的空气直接送入室内，这种运行调控方式使得在室内末端热湿环境的营造过程中以温度调节为主，通过调节送风量与送风参数，以满足室内的温度要求。以下给出了几种典型的空气处理过程。

对于一次回风的全空气系统，典型的空气处理过程参见图 1-1。室外新风 W 和室内回风 N 混合到 C 状态点，经过冷凝除湿后到达 L 点，L 点也称为机器露点，其相对湿度一般在 $90\%\sim95\%$ 之间。当系统不设置再热装置时，则空气从 L 点直接送入空调房间。

风机盘管加新风系统的典型空气处理过程参见图 1-2，采用统一的低温冷源（如 7℃ 的冷冻水）来完成对新风、室内回风的处理。室外新风 W 经过冷凝除湿后通常被处理到

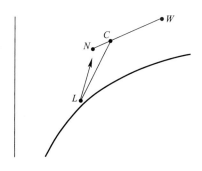

图 1-1　一次回风全空气系统空气处理过程

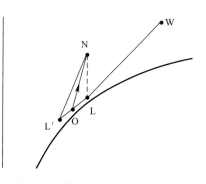

图 1-2　风机盘管加新风系统空气处理过程

与室内空气 N 具有相同含湿量的状态 L，室内回风则经过风机盘管后被从 N 点处理到 L′点。处理后的新风 L 与处理后的回风 L′混合到达送风状态点 O 后再送入房间。

1.3 现有处理方法存在的问题

1.3.1 热湿统一处理的损失

从热舒适与健康角度出发，要求对室内温湿度进行全面控制。夏季人体舒适区一般为温度 25℃、相对湿度 60%左右，此时对应的空气露点温度约为 16.6℃。空调排热排湿的任务可以看成是从 25℃环境中向外界排除热量，在 16.6℃的露点温度的环境下向外界排除水分。目前空调方式的排热排湿大都是通过空气冷却器对空气进行冷却和冷凝除湿，再将冷却干燥的空气送入室内，实现排热排湿的目的。

图 1-3 以典型的风机盘管加新风的集中式空调系统为例给出了空调系统处理各环节的温度水平。由于冷却塔的喷水过程，实际的热汇温度相当于室外湿球温度，典型运行数据为：室外湿球温度 27℃，室内温度 25℃（露点温度 16.6℃），制冷系统的冷凝温度 38℃、蒸发温度 5℃。空调送风需满足室内排湿的要求，由于采用冷凝除湿方法，冷源的温度需要低于室内空气的露点温度（16.6℃），考虑 5℃传热温差和 5℃介质输送温差，实现 16.6℃的露点温度需要 5~7℃的冷源温度，这是现有空调系统采用 5~7℃的冷冻水、房间空调器中直接蒸发器的冷媒蒸发温度也多在 5℃的原因。如果空调送风仅需满足室内排热的要求，则冷源的温度低于室内空气的干球温度（25℃）即可，考虑传热温差与介质的输送温差，冷源的温度只需要 15~18℃。

常规空调方式的排热排湿大都是通过空气冷却器对空气进行冷却和冷凝除湿，再将冷却干燥的空气送入室内，实现排热排湿的目的。由于采用热湿耦合处理的方式，为了满足除湿需求，冷源温度受到室内空气露点温度的限制，通常为 5~7℃。而若只是进行排除余热的过程，只需要温度为 15~18℃的冷源就可以满足需求。很多自然冷源如地下水、江河湖水等都可以作为排除余热所需的冷源，但对于热湿统一处理时所需的 5~7℃冷源，一般情况下只能通过机械制冷方式获得。在空调系统中，显热负荷（排热）约占总负荷的 50%~70%，而潜热负荷（排湿）约占总负荷的 30%~50%。占总负荷一半以上的显热负荷部分，本可以采用高温冷源排走的热量却与除湿一起共用 5~7℃的低温冷源进行处理，造成能量利用品位上的浪费，限制了自然冷源的利用和制冷设备效率的提高。而且，经过冷凝除湿后的空气虽然湿度（含湿量）满足要求，但温度过低（此时相对湿度约为 90%），有些情况下还需要对空气进行再热处理，使之达到送风温度的要求，这就造成了能源的进一步浪费与损失。

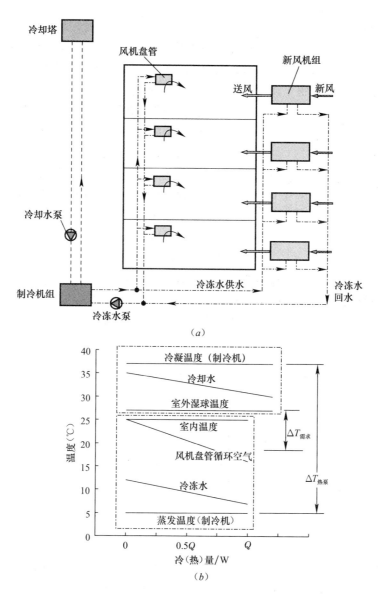

图 1-3 典型集中空调系统处理过程

（a）工作原理图；（b）各环节温度水平（冷水到风机盘管过程）

1.3.2 冷热抵消及除湿加湿抵消造成的损失

常规空调系统采用的是冷凝除湿方式，即先将空气降温到饱和状态即达到露点温度后再继续降温进行除湿。冷凝除湿的本质就是需要将空气降温到饱和状态，才能将空气中的水分凝结出来。此节列举几个典型案例说明在空气处理过程中存在的冷热抵消以及除湿与加湿抵消造成的损失。案例1：美国某办公建筑，带有再热装置，被处理空气先冷凝除湿、后再热送入室内，造成先降温后再热的能耗抵消。案例2：新疆某办公建筑，制冷机制备7℃的冷冻水送入室内风机盘管进行降温除湿，室外新风经过蒸发冷却湿度增加后送入室内；而室外新风本身已经很干燥可以用于去除室内余湿。

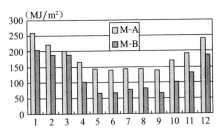

图1-4 美国费城校园办公楼逐月耗热量

【案例1】 图1-4给出了美国费城某校园两个办公建筑的全年逐月单位建筑面积耗热量（张永宁，2008）。其中办公建筑M-A为3万m²的大型办公建筑，M-B为5500m²的普通办公建筑。图中耗热量均为空调采暖用热，从图中可以看出美国的办公建筑在夏季依然具有很大耗热量，M-A的最热月耗热量竟然达到最冷月耗热量的60%，M-B的最热月耗热量也超过了最冷月耗热量的30%。出现这种结果的原因是因为空调系统冷凝除湿处理后的空气温度过低，需要经过再热才能送入室内，空调箱再热过程的原理如图1-5所示。对除湿后空气的再热带来了不必要的冷热抵消，增加了空调系统负荷，造成了巨大的能源浪费。

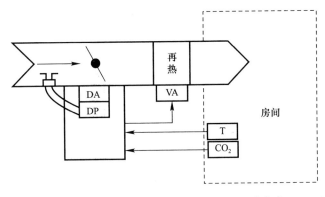

图1-5 美国办公建筑M-A空调箱再热原理图（张永宁，2008）

【案例2】 图1-6给出了新疆乌鲁木齐某办公建筑集中空调系统的空气处理方式，空调系统为风机盘管＋新风系统形式。室外新风O首先经过一级间接蒸发冷却降温、再经过一级直接蒸发冷却降温加湿到 S_f 后送入室内，室内由于有人员等产湿源，风机盘管还需要对室内空气R进行降温除湿处理到 S_p，需要制冷机制备7℃冷冻水送入风机盘管中。实际上，乌鲁木齐的室外空气本身比较干燥，室外含湿量不到8g/kg，室内的设计含湿量在12g/kg左右，室内外的含湿量差有4g/kg之多。办公建筑室内产湿主要是人员产湿。考虑人均新风量为30m³/h，人员产湿按照每人100g/h计算，则需要新风的送风含湿量与室内设计值之差为2.8g/kg即可带走建筑室内的产湿量，即送风的含湿量为9.2g/kg即可满足除湿要求。但在此建筑中，一方面对新风加湿、一方面对室内进行除湿，造成了加湿、除湿的相互抵消。

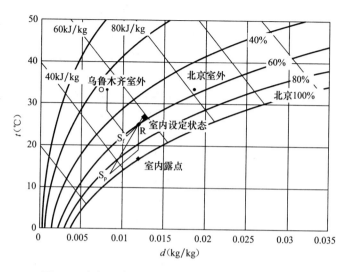

图 1-6　乌鲁木齐某办公建筑空调系统空气处理过程

1.3.3　难以适应热湿比的变化

　　不包含新风的负荷时，建筑空调系统的显热负荷与潜热负荷（即湿负荷）的影响因素参见图 1-7。显热负荷由围护结构传热、太阳辐射、室内人员、设备发热量等组成。湿负荷由室内人员散湿、敞开水面散湿、植物蒸发散湿等构成。

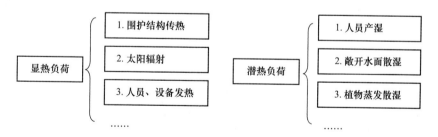

图 1-7　显热负荷与湿负荷

　　在常规空调系统的室内湿空气处理过程（见图 1-8）中，以风机盘管系统为例，冷水供水温度一般为 7℃（W 点），处理后的送风温度一般在 15℃ 左右（相对湿度为 90%，O_1 点）。当室内状态为温度 26℃、相对湿度 55%（N 点）时，送风 O_1 与室内 N 之间连线的热湿比 ε_1 为 8177，室内点 N 与冷水状态点 W 连线的热湿比 ε_2 为 6156。新风通常处理到与室内 N 含湿量相同的状态（O_2），即新风送风还可以承担一部分室内显热负荷，O_2 与室内 N 连线的热湿比为无穷大。风机盘管处理后的送风 O_1 与处理后的新风 O_2 共同承担室

7

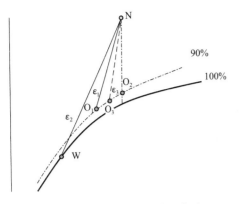

图 1-8 典型室内空气冷凝除湿
处理过程热湿比

内热湿负荷，风机盘管送风 O_1 和新风送风 O_2 混合的状态为 O_3，O_3 与室内 N 连线的热湿比为 ε_3。当室内热湿比大于 ε_3 时，风机盘管加新风系统的处理过程能够满足除湿需求；若湿负荷进一步增大，使得室内热湿比较小时，风机盘管的处理过程就不能再同时满足室内降温和除湿的需求。

建筑物实际需要的热湿比却在较大的范围内变化。一般室内的湿产生于人体，当室内温湿度环境、人数不变时，产生的潜热量不变。但显热负荷却随室外气候、室内设备状况等的不同发生大幅度的变化。而另一些场合，室内人数有可能有大范围变化，但很难与显热量的变化成正比。

以下对典型商场建筑室内热湿负荷变化的分析以热湿比 $\varepsilon=11000$ 为界限，根据建筑负荷模拟软件 DeST 模拟计算不同地区典型商场建筑室内热湿比的变化特点如图 1-9 和图 1-10 所示，其 DeST 计算模型参见本书附录 C。对于商场，两个地区的室内负荷热湿比大部分在 10000～100000 之间，但北京地区约 7.9％的空调时间（142h）热湿比小于 11000，广州地区约 14.5％的空调时间（576 小时）热湿比小于 11000。

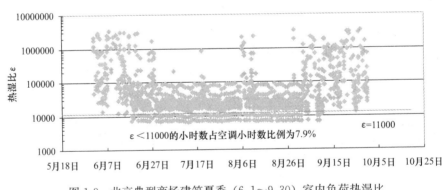

图 1-9 北京典型商场建筑夏季（6.1～9.30）室内负荷热湿比

室内负荷热湿比的不同会对室内末端的性能提出不同要求，这种变化的显热与潜热比与常规空调系统冷凝除湿的空气处理方式的基本固定的显热潜热比构成了不匹配问题。对这种情况，一般是牺牲对湿度的控制，通过仅满足室内温度的要求来妥协。这就造成室内相对湿度过高或过低的现象。过高的结果是不舒适，进而降低室温设定值，通过降低室温来改善热舒适，造成能耗不必要的增加（由于室内外温差增大而加大了通过围护结构的传热和处理新风的能量）；相对湿度过低也将导致由于与室外的焓差增加使处理室外新风的能耗增加。在一些情况下，为协调热湿之矛盾，还需要对降温除湿后的空气再进行加热，

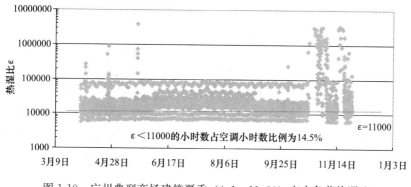

图 1-10　广州典型商场建筑夏季（4.1～11.30）室内负荷热湿比

这更造成不必要的能源消耗。常规空调系统利用冷凝除湿方式同时对室内温度、湿度进行调控，降温与除湿必然同时进行，很难适应室内热湿比的大范围变化，也就难以同时实现对室内温度、湿度的有效调节。这样，要解决空气处理的显热与潜热比与室内热湿负荷相匹配的问题，就必须寻找新的解决途径。

1.3.4　室内末端装置

为排除足够的余热余湿，同时又不使送风温度过低，就要求有较大的循环通风量。例如每平方米建筑面积如果有 80W 的显热需要排除，房间设定温度为 25℃，当送风温度为 15℃时，所要求循环风量为 $24m^3/(h·m^2)$，这就造成室内很大的空气流动，使居住者产生不适的吹风感。为减少这种吹风感，就要通过改进送风口的位置和形式来改善室内气流组织。这往往要在室内布置风道，从而降低室内净高或加大楼层间距。很大的通风量还极容易引起空气噪声，并且很难有效消除。在冬季，为了避免吹风感，即使安装了空调系统，也往往不使用热风，而通过采暖散热器供热。这样就导致室内重复安装两套环境控制系统，分别供冬夏使用。能否减少室内的循环风量以避免吹风感？能否也采用如同冬季供热方式那样的辐射和自然对流的末端装置实现空调，使冬夏共用一套室内末端装置？随着空调的普及，这一系列的问题被不断提出。

对于辐射供冷的末端装置，应用的前提条件之一就是辐射板的表面温度要高于室内空气的露点温度，即需要保证辐射板表面无凝结水产生。现有空气处理系统中，由于采用冷凝除湿方法，冷冻水的供水温度约为 7℃，远低于室内空气的露点温度，造成辐射板表面有凝结水产生。为了保证辐射板表面无结露现象，就要求辐射板表面的最低温度高于空气的露点温度，当室内设计温度为 25℃、相对湿度为 60％时，相应的露点温度为 16.6℃。考虑一定的安全余量，辐射板表面平均温度与室内空气之间的温差仅为 6～7℃，在没有太阳辐射等短波辐射的情况下，辐射吊顶单位面积的供冷量仅为 60W/m^2 左右，因此当室内冷负荷较大时，可能会出现辐射吊顶面积不够或者仅差一小部分的尴尬局面，还需要配合风机盘管装置。如何提高辐射板的供冷能力，使其能够基本满足室内冷负荷的需求，也是在应用辐射末端装置时需要解决的问题。

1.3.5 输送能耗

为了完成室内环境控制的任务就需要有输配系统，带走余热、余湿、CO_2、气味等。在集中空调系统中，风机、水泵等输配系统消耗了大量的能耗，有的建筑中输配系统的能耗甚至超过冷水机组的能耗，占整个空调系统电耗的50%～70%。图1-11给出了典型政府办公建筑、商业写字楼、商场和星级酒店的空调系统全年运行电耗情况，风机和水泵的输配能耗在整个空调系统中占有非常重要的比例，需要充分重视并设法降低此部分的运行能耗。

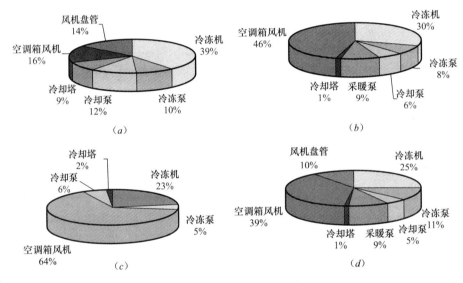

图1-11 北京典型建筑的年空调系统运行能耗

(*a*) 某典型政府办公楼 14kWh/(m² · 年)；(*b*) 某典型商业写字楼 45kWh/(m² · 年)；

(*c*) 某典型商场 100kWh/(m² · 年)；(*d*) 某典型星级酒店 52kWh/(m² · 年)

采用不同的输配方式、不同的输配媒介，输配系统的效率存在着明显的差异。在全空气空调系统中，所有的冷量全部用空气来传送，导致输配效率很低。以下给出了分别采用空气和水作为输送媒介在能源利用上的比较情况。当两种输送媒介采用相同的温差、输送同样的冷量时，空气与水的流量比为：

$$\frac{\dot{m}_a}{\dot{m}_w} = \frac{c_{p,w}}{c_{p,a}} \tag{1-1}$$

式中 $\dot{m}$——质量流量，kg/s；

c_p——定压比热，kJ/(kg · ℃)；

下标 a 和 w 分别表示空气和水。

空气与水的定压比热分别为 1.01kJ/(kg·℃) 和 4.18kJ/(kg·℃)，因而循环空气的质量流量约是循环水质量流量的 4 倍。输送这些空气与水所需的管道截面积之比见下式，其中 ρ 为密度，kg/m³；A 为截面积，m²；v 为速度，m/s。

$$\frac{A_a}{A_w} = \frac{c_{p,w} \cdot \rho_w \cdot v_w}{c_{p,a} \cdot \rho_a \cdot v_a} \tag{1-2}$$

采用空气作为媒介的输送能耗与水作为媒介的能耗之比为：

$$\frac{W_a}{W_w} = \frac{(\dot{m}_a/\rho_a) \cdot \Delta p_a}{(\dot{m}_w/\rho_w) \cdot \Delta p_w} = \frac{\rho_w \cdot c_{p,w} \cdot \Delta p_a}{\rho_a \cdot c_{p,a} \cdot \Delta p_w} \tag{1-3}$$

在空调系统中，空气通常同时携带冷量与湿量（即全热），空气的全热变化与显热变化的比值为：

$$\gamma = \frac{\Delta h_a}{c_{p,a} \cdot \Delta t_a} \tag{1-4}$$

因此，考虑空气同时携带冷量与湿量后，式（1-2）和式（1-3）修正后得到：

$$\frac{A_a}{A_w} = \frac{1}{\gamma} \cdot \frac{c_{p,w} \cdot \rho_w \cdot v_w}{c_{p,a} \cdot \rho_a \cdot v_a} \tag{1-5}$$

$$\frac{W_a}{W_w} = \frac{1}{\gamma} \cdot \frac{\rho_w \cdot c_{p,w} \cdot \Delta p_a}{\rho_a \cdot c_{p,a} \cdot \Delta p_w} \tag{1-6}$$

输送管道中，风速约为 3m/s，水流速约为 1m/s，当 $\gamma = 2$ 时，根据式（1-5）可以得到输送相同冷量、采用相同温差的情况下，使用空气作为媒介的管道截面积是水作为媒介的近 600 倍。当输送冷量为 5kW，以空气和水为输送媒介的温差为 5℃的情况下，需要风道的管径约为 420mm，而水管的管径小于 20mm。当以空气为输送媒介的送风温差为 8℃时，需要风道的管径约为 330mm；考虑到以空气为输送媒介时可以同时承担显热和湿负荷，送风管道的管径仍在 270~280mm，要远大于以水为输送媒介时的水管管径。

当送风管路压降为 25mmH₂O，送水管路压降为 10mH₂O 时，输送温差均为 5℃时（不考虑空气承担湿负荷的影响），采用空气作为媒介的输送能耗约是以水为媒介时的 4.3 倍。因而，不论从建筑占用空间，还是从输送能耗的角度，都应该尽可能地以水作为输送冷量的媒介，尽量不使用空气作为输送媒介。

空调系统承担着排除室内余热、余湿、CO_2、异味与其他有害气体的任务。其中，排除余湿的任务、排除 CO_2、室内异味与其他有害气体的任务，仅能通过低湿度或低浓度的空气与房间空气的置换（质量交换）来实现。而排除余热的任务则可以采用多种方式实现，只要媒介的温度低于室温即可实现降温效果，可以通过低温空气的流动置换来实现，也可以通过冷水、制冷剂等循环的间接接触方式来实现。

1.3.6　对室内空气品质的影响

随着空调的广泛使用，相应而来的室内健康问题也越来越引起关注。尤其是经过

SARS 危机，人们普遍的问题是：空调是否会引起居住者的健康问题？健康问题主要由霉菌、粉尘和室内散发的 VOC（可挥发有机物）造成。大多数空调依靠空气通过冷表面对空气进行降温除湿。这就导致冷表面成为潮湿表面甚至产生积水。空调停机后这样的潮湿表面就成为霉菌繁殖的最好场所。有调查研究表明，空调器冷水盘管下游相对湿度为 70%～95% 的环境非常适合菌类繁殖，每平方厘米可以检测出 10000 个微生物（柳宇、池田耕一，2005）。因此，空调系统繁殖和传播霉菌成为空调可能引起健康问题的主要原因。而空调的任务就是降温减湿，必须对空气除湿。冷凝除湿的方法不可避免出现潮湿表面。目前不少研究着眼于如何对空调系统进行杀菌消毒，然而这些方法既增加了系统的复杂程度，又增加了初投资和运行费用。因此，用哪种替代方式实现空气除湿而不出现潮湿表面，成为无霉菌的健康空调的主要问题。

排除室内装修与家具产生的 VOC、降低室内 CO_2 浓度的最有效措施是加大室内通风换气量，即通过引入室外空气、排除室内空气来实现有效的室内外空气交换。然而大量引入室外空气意味着消耗大量冷量（在冬季为热量）对其降温除湿（冬季为加热），当建筑物围护结构性能较好、室内发热量不大时，处理室外空气所需冷量可达总冷量的一半或一半以上，因而加大新风量就往往意味着增加处理能耗。近三十年来，国内外空调标准在人均室外空气供给量上一直上下反复，例如美国标准从人均 $25m^3/h$ 到能源危机后的 $10m^3/h$ 又重新上升至目前的 $30m^3/h$，而丹麦由于室外无高热高湿状况，其室外新风标准则为 $90m^3/(h \cdot 人)$。怎样能够加大室外新风量而又不增加空调处理能耗？这又是目前空调面对的严峻问题。

1.4 对新的空调方式的要求

空调系统在营造适宜的建筑热湿环境过程中起着无可替代的重要作用，随着人类社会的不断发展，对适宜环境的需求及越来越重视能源有效利用的趋势都对传统的空调方式提出了挑战。在满足营造舒适、适宜环境的基础上，如何进一步有效提高能源利用效率、降低能源消耗就成为改进现有空调方式、探寻新的建筑环境营造手段所面临的根本问题。从现有空调系统处理方法及存在的问题出发，对新的空调方式提出的要求主要包括：

➢ 适应建筑室内热湿比不断变化的需求，同时满足室内热、湿参数的调节；

➢ 从根本上避免降温、再热与除湿、加湿抵消造成的能量损失；

➢ 为自然冷源、低品位热能的利用提供条件；

➢ 选择合适的输配媒介，尽可能降低输配系统能耗；

➢ 减少室内送风量，部分采用与采暖系统共用的末端方式；

➢ 适当加大室外新风量，能够通过热回收等方式，有效地降低由于新风量增加带来的能耗增大问题；

➤ 取消潮湿表面，采用新的除湿途径；

➤ 能够实现各种空气处理工况的顺利转换。

从如上要求出发，目前普遍认为温湿度独立控制空调系统（Temperature and Humidity Independent Control of Air-conditioning Systems，简称 THIC 空调系统）可能是一个有效的解决途径。本书第 2 章将重新认识室内环境控制系统的任务，即在某种舒适性水平上（设定环境参数），排除室内余热、余湿、CO_2、室内异味以及其他有害气体。继而逐一介绍实现各种空调任务的方法；并通过定量分析得到排除室内余湿、与排除 CO_2 和异味的要求一致，可统一采用干燥的新风进行处理。从而提出，用干燥新风解决排除室内余湿、CO_2、室内异味等问题，以满足室内湿环境与空气品质的要求；采用其他的独立系统排除室内余热，从而满足室内热（温度）环境的要求；即采用温湿度独立控制系统全面调节室内热湿环境。

本书的基本框架如图 1-12 所示。

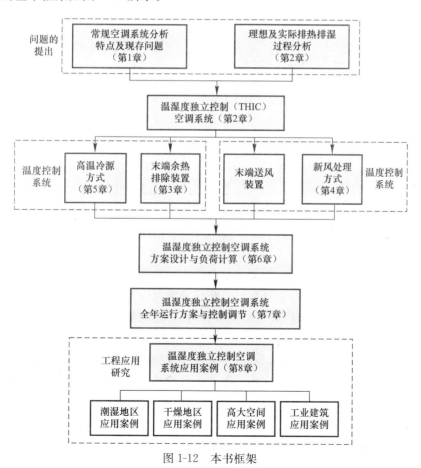

图 1-12　本书框架

第 2 章　室内环境的控制策略

室内热湿环境的控制是通过一定手段将室内产热、产湿排出，从而维持适宜的室内温度、湿度及气流场，本章首先分析建筑排热排湿任务与室内空气品质的需求情况，进而分别对理想过程和实际排热排湿过程进行分析，得到两种情况下的排热排湿效率，对导致理想效率与实际效率之间差异的原因进行讨论。在对室内热湿环境营造任务建立了清晰的认识后，提出对室内温度、湿度分开控制的空调理念，以这种理念为基础构建温湿度独立控制空调系统，并介绍这种空调系统的基本形式、所需的装置及需要解决的问题。

2.1　建筑排热排湿与空气品质的需求

2.1.1　室内余热来源及特点

2.1.1.1　室内余热来源

要分析空调系统排出室内余热的用能效率，首先需要了解产生室内余热的"源"在哪里，各种"源"的特点有何不同，它们又是通过怎样的途径转变成空调系统所必须排除的余热。一般情况下，影响建筑物室内热环境的各种扰量源如图 2-1 所示。

《建筑热过程》（彦启森等，1986）中详细介绍了上述各种扰量源如何通过围护结构以及室内各个表面上的热传导、对流和辐射过程从而成为室内余热和余湿的。一般将图 2-1 中的各种扰量源称为热源或湿源，根据扰量源作用于建筑物上的"空间"特性，可将其划分为外扰和内扰。外扰主要包括室外高温、高湿的空气以及太阳辐射，它们必定会直接作用在外围护结构上，通过围护结构实体部分的传热、透明部分的直接透过、缝隙或开口处的渗漏等，间接地成为空调系统必须排出的室内余热。而内扰则包括各种灯具、各种功能的电器设备以及人员所散发的热量，这些热量中一部分以对流形式直接进入室内空气成为余热，另一部分则以辐射的形式与室内墙壁表面等换热，再通过墙壁表面和室内空气之间的对流换热成为室内余热。

可见，形成室内余热的各种热源在空间上有内外之分、在影响途径上有对流辐射之分，此外还有热源温度水平高低之分，即所谓"品位"的区别。直接影响室内环境的各种热源的品位如图 2-2 所示。热源温度高低是影响空调系统排热效率的重要因素。产生余热

14

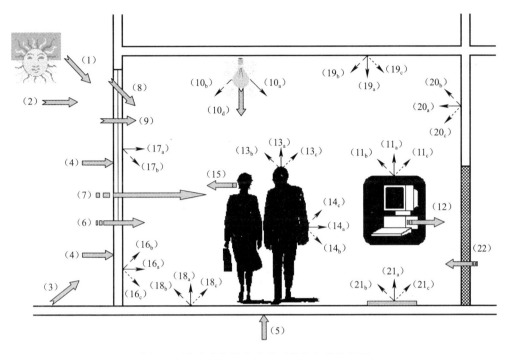

图 2-1 影响建筑物室内热环境的各种扰量源

(1) 太阳直射辐射；(2) 太阳散射辐射；(3) 地面、其他建筑等表面反射的辐射；(4) 室外空气通过围护结构传热、传湿；(5) 土壤传热；(6) 室外空气渗漏；(7) 人员需求新风；(8) 透过窗的太阳直射辐射；(9) 透过窗的太阳散射辐射；(10) 照明灯具；(11) 设备表面；(12) 设备内部直接对流和产湿；(13) 人体裸露部分；(14) 人体着装部分；(15) 人体呼吸；(16) 外墙内表面；(17) 外窗内表面；(18) 地板表面；(19) 顶板表面；(20) 其他内墙表面；(21) 室内水面；(22) 其他区域的空气流动。下标：a—对流传热；b—长波辐射；c—对流传湿；d—短波辐射

的热源温度越低，将其排出室外所需的冷源温度越低。从图 2-2 可以看出，实际存在的各种热源的温度高低差别很大，其中绝大部分热源的温度都高于室外环境干球温度，那么理想情况下，甚至可将其与环境相连接、产生有用的能量。因此，应研究各种热源是通过何种途径影响到建筑室内环境，再决定怎样将其余热排出室外。

2.1.1.2　余热排除的思路

值得注意的是，从"源头"上看，只有外墙内表面、人体裸露表面和服装表面以及内墙、屋顶、地板等表面的温度是真正低于室外环境温度而需要用冷源排出其发热量的，各种电器设备的发热由于其外壳结构影响，其外表面温度也接近人体表面，一般也必须由冷源来吸收。各种围护结构内表面和人员又是截然不同的两类热源。前者面积大、空间位置固定，是室内环境控制的次要对象；而后者相对室内空间而言体积小、面积小，却是室内环境控制的主要对象，因此也应当采取不同的余热排出方式。

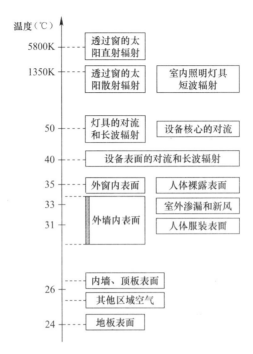

图 2-2 直接影响建筑物室内热环境的各种扰量源温度品位的差异

由此可将产生室内余热的各种热源根据其温度高低与特点分为三类，分别以不同方式排到室外，避免其通过混合而降低热源温度。这样，以排出室内余热为主要任务的温度控制空调系统的基本任务可分解为：

• 对于高于室外环境温度的热源，通过围护结构和空调系统集成，尽可能用室外环境温度水平的免费冷源就地直接将其排出室外；

• 对于受太阳辐射和外温传热影响而高于室内环境控制温度的各围护结构内表面，用处于室内环境温度水平的高温冷源，维持各表面温度接近室内环境控制要求的空气干球温度；

• 根据人员新陈代谢特点而及时排出其产生余热的任务，应针对人员新陈代谢、与周边环境能量传递过程的特点，用低于人体表面温度水平的高温冷源，就地直接将人员产生的余热排出室外。

2.1.2 室内余湿来源及特点

室内的余湿主要来自人体散湿、敞开水表面散湿、植物蒸发散湿以及某些特殊建筑中需考虑从围护结构渗入的水分、植物蒸发散发的水分等，各种产湿源产湿量的计算详见本书附录 A。对于一般的空调房间（无室内绿化或绿化很少时），当不存在敞开水面或者可忽略敞开水面的散湿，并且可忽略从围护结构渗入的水分，室内总余湿量主要为人员产湿量。这时，室内总的余湿量就与人数变化成正比，而室内人数的变化情况，存在很明显的时变特性。图 2-3 和图 2-4 给出了典型办公室和商场的人员作息变化情况。办公室的作息基本上是以一周为周期的，有工作日和休息日的区别，而无季节性的变化。对于商场而言，一般来说，夏季是销售淡季，人员密度小；春节期间是销售旺季，人员密度大。因而商场人员密度作息的周期为一年，要考虑不同季节的影响。

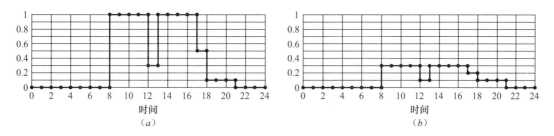

图 2-3 办公室人员作息

（a）工作日；（b）休息日

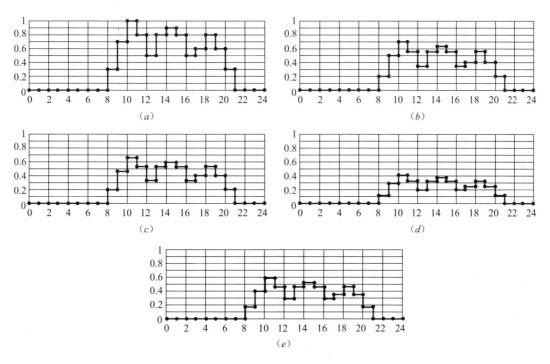

图 2-4 商场人员作息

（a）五一、十一、春节等节假日；（b）12 月初～2 月末；（c）3 月初～5 月末；（d）6 月初～8 月末；

（e）9 月初～11 月末

室内余湿的排除是一个水分扩散的质量传递过程，需要通过送入干燥的空气来实现。根据室内余湿产生的来源及特点确定合适的送风量是余湿排除过程首先需要解决的基本问题。同时，从室内余湿的变化特点来看，根据余湿的变化通过改变送入的干燥空气量（如办公室可以通过送入干燥空气，风量与人数成正比调节）等手段实现对余湿排出过程的调节，也是需要在余湿排出过程中考虑的关键问题。

2.1.3 CO₂ 排除及室内空气品质需求

2.1.3.1 CO₂ 及异味的来源

室内环境控制的再一个任务是排除室内的 CO_2 和异味，使室内空气品质满足健康要求，通入新风是排除 CO_2 等的有效手段。室内污染物主要来源于人员和室内气体污染源（包括建筑中装修材料、家具用品等），根据 ASHRAE 标准 62，最小设计新风量计算公式为：

$$DVR = R_p P_D D + R_b A_b \tag{2-1}$$

式中　DVR（*Design Ventilation Rate*）——设计所需的新风量，L/s；

　　　　R_p——每人所需的最小新风量，L/(s·人)；

　　　　P_D——室内人员人数；

　　　　D——变化系数；

　　　　R_b——单位地板面积上所需的最小新风量，L/(s·m²)；

　　　　A_b——空调面积，m²。

由上式可见，新风需求量分为人员部分和建筑部分。前者和室内人数成正比，稀释室内人员及其活动产生的污染物，可根据人数变化进行调节；后者与建筑面积成正比，稀释由建筑材料、家具、室内与人数不成正比的活动及空调系统散发的污染物，这部分风量相对稳定，一般为设计新风量的 15%～30%。以下讨论新风量特指的是人员部分。人产生的 CO_2 量与人体所处状态有关，表 2-1 给出了人体在不同状态下的 CO_2 呼出量。

人体在不同状态的 CO₂ 呼出量与排除 CO₂ 所需新风量　　表 2-1

劳动强度	新陈代谢率	CO₂ 排放量 [m³/(h·人)]	人均新风量[①] [m³/(h·人)]	人均新风量[②] [m³/(h·人)]
静坐	0.0	0.013	18.6	26.0
极轻劳动	0.8	0.022	31.4	44.0
轻劳动	1.5	0.030	42.9	60.0
中等劳动	3.0	0.046	65.7	92.0
重劳动	5.5	0.074	105.7	148.0

① 室外环境和室内环境中 CO_2 浓度分别为 300ppm 和 1000ppm；
② 室外环境和室内环境中 CO_2 浓度分别为 500ppm 和 1000ppm。

2.1.3.2 排除 CO_2 所需新风量

保证室内空气品质的主要措施是通风，即用污染物浓度很低的室外空气置换室内含污染物的空气，所需通风量应根据稀释室内污染物达到标准规定浓度的原则来确定。为排除室内 CO_2 等污染物，所要求的新风量计算公式为：

$$G_w = \frac{g}{C_{out} - C_{in}} \tag{2-2}$$

式中　G_w——人均新风量，$m^3/(h \cdot 人)$；

　　　g——人均二氧化碳的排出量，$m^3/(h \cdot 人)$；

　　　C_{in}——室内二氧化碳浓度；

　　　C_{out}——室外二氧化碳的浓度。

为了保证人员的健康需求，世界卫生组织建议室内 CO_2 的浓度控制在 2500ppm 以下，表 2-2 汇总了我国国家标准对室内 CO_2 浓度值的规定。自然界 CO_2 浓度一般为 $300 \sim 500$ppm，表 2-1 同时给出了外部 CO_2 浓度为 300ppm 与 500ppm 的情况下，室内要求 CO_2 浓度为 1000ppm 的情况下，排除人体产生 CO_2 所需的新风量。对于普通办公室，人员 CO_2 排放量为 $0.022m^3/(h \cdot 人)$，当室外 CO_2 浓度为 300ppm 时，人均所需新风量为 $31.4m^3/(h \cdot 人)$，在人均占地面积为 $8m^2/人$ 的情况下，所需新风量的换气次数为 1.2 次；当室外 CO_2 浓度为 500ppm 时，人均所需新风量为 $44.0m^3/(h \cdot 人)$，换气次数为 1.7 次。

一些场所的二氧化碳浓度标准（GB 9663～GB 9673）　　　　表 2-2

二氧化碳浓度限值（ppm）	适用场所
700	3～5 星饭店、旅馆
1000	1～2 星饭店、旅馆，普通旅店招待所，图书馆，博物馆，美术馆，美容院（店），医院候诊室
1500	影剧院，音乐厅，游艺厅，舞厅，酒吧，茶座，咖啡厅，商场（店），书店，展览馆，体育馆，候车室，候船室，候机室，旅客列车车厢，轮船客舱，飞机客舱，游泳馆

在空调系统设计中，与室内空气品质关系十分密切的除新风和污染物以外，气流组织的设计至关重要。气流组织设计得好，不仅可以将新鲜空气按质按量的送到工作区，还可及时将污染物排出，大大提高室内空气品质。

2.1.3.3 排除余湿与 CO_2 要求新风量的一致性

人的新陈代谢过程产生 CO_2 和水蒸气，对于以人员活动为主的建筑，一般认为室内 CO_2 和水蒸气主要来源于人。当室内温度为 25℃ 时，人体散湿量与 CO_2 排放量随劳动强度的变化见图 2-5。可以看出：散湿量与 CO_2 排放量的变化趋势基本一致，因而可根据含湿量或 CO_2 浓度预测建筑物人员情况并调节新风量。

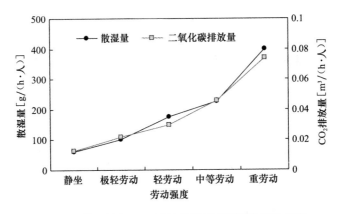

图 2-5　散湿量与 CO_2 排放量随劳动强度的变化情况

表 2-3 给出了为排除室内余湿所需的新风量随人员劳动强度的变化情况，室内含湿量与送风含湿量的差值为 2.5g/kg（当室内含湿量为 10.8g/kg 时，要求的送风含湿量为 8.3g/kg），由控制室内湿度确定的新风量所能带走的 CO_2 量与人均 CO_2 排放量的比较参见图 2-6。当室外环境的 CO_2 浓度为 300ppm 时，根据排湿确定的新风量可以使得室内环境的 CO_2 浓度在 850～950ppm 之间；当室外环境的 CO_2 浓度为 500ppm 时，根据排湿确定的新风量可以使得室内环境的 CO_2 浓度在 1000～1150ppm 范围内，基本满足室内空气品质的要求。

排除室内余湿所需新风量　　　　　表 2-3

劳动强度	散湿量 [g/(h·人)]	人均新风量 [m³/(h·人)]	新风所能带走的 CO_2 量[1] [m³/(h·人)]	新风所能带走的 CO_2 量[2] [m³/(h·人)]
静坐	61	20.3	0.014	0.010
极轻劳动	102	34.0	0.024	0.017
轻劳动	175	58.3	0.041	0.029
中等劳动	227	75.7	0.053	0.038
重劳动	400	133.3	0.093	0.067

[1] 室外环境和室内环境中 CO_2 浓度分别为 300ppm 和 1000ppm；
[2] 室外环境和室内环境中 CO_2 浓度分别为 500ppm 和 1000ppm。

表 2-4 列出了根据排除 CO_2 要求确定的新风量所能带走的室内余湿量，室内的相对湿度维持在 52%～59% 之间，能够满足室内湿度的要求。也就是可以根据测量得到的 CO_2 浓度确定送风量，从而同时控制室内的空气品质与湿度满足要求。反之，也可以根据含湿量确定新风量，从而达到同时控制室内湿度和 CO_2 浓度的要求。

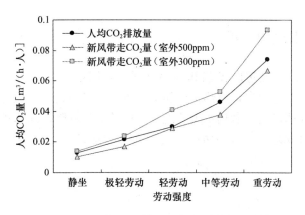

图 2-6 新风带走 CO_2 量与人均排放量的比较

根据 CO_2 浓度确定的新风量所能提供的除湿能力 表 2-4

劳动强度	散湿量 [g/(h·人)]	新风所能带走的余湿量① [g/(h·人)]	新风所能带走的余湿量② [g/(h·人)]
静坐	61	56	78
极轻劳动	102	94	132
轻劳动	175	129	180
中等劳动	227	197	276
重劳动	400	317	444

① 根据室外环境中 CO_2 浓度为 300ppm 确定的新风量;
② 根据室外环境中 CO_2 浓度为 500ppm 确定的新风量。

　　根据上述分析,在建筑室内环境控制中,送入新风进行通风换气可同时满足室内湿度调节和排除 CO_2 的需求,而室内温度调节则可通过其他方式来实现,并不仅局限于通过送风方式来承担室内温度调节任务。这样就可以产生新的室内环境调节方式,不同于传统的统一调节室内温度、湿度和空气质量的方式,这种新方式的基本调节理念如图 2-7 所示。

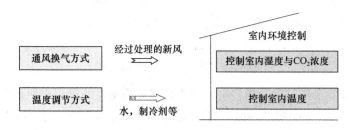

图 2-7 新的室内环境调节理念

21

2.2 理想排热排湿过程分析

图 2-8 给出了建筑中理想的排热和排湿过程，采用理想卡诺制冷循环构建此处理过程。在此理想排热排湿过程中，显热负荷和潜热负荷（湿负荷）由两套系统分别处理，避免了采用统一冷源处理显热、潜热带来的能源利用的损失（除湿需求的冷源温度低于降温需求），此理想排热排湿过程中，㶲损失为零，为可逆循环。

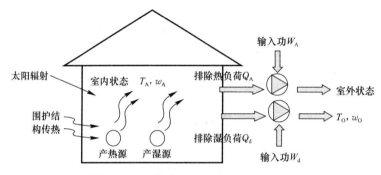

图 2-8 理想排热和理想排湿过程示意图

2.2.1 理想排热过程分析

建筑物内排除余热的过程如图 2-9 中描述，室内状态 A 的温度为 T_A，室外状态 O 的温度为 T_O。室内第 i 个热源的温度为 T_{Ai}，需要排的余热量为 Q_{Ai}。排除余热的目的是把室内总余热量 Q_A（$Q_A = \sum Q_{Ai}$）通过一定的手段搬运到室外，以维持室内温度的恒定，其本质是一个将室内不同温度水平下的热量搬运到室外的过程。

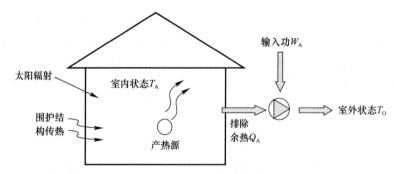

图 2-9 建筑物内余热排除模型

所谓理想的排除余热过程是指将室内余热量搬运到室外的过程中所需能量投入最小的过程。对于不同温度 T_{Ai} 的室内热源，当其温度大于环境温度 T_O 时，可以直接用室外环境温度水平的免费冷源，就地直接将其排出室外。因而，理想投入功指的是将温度低于室

外环境温度的余热 Q_A' 排到室外所需要花费的最小功，Q_A' 满足如下关系式，且 $Q_A' \leqslant Q_A$。

$$Q_A' = \sum_i Q_{Ai} \cdot \text{sign}(T_O - T_{Ai}) \tag{2-3}$$

其中，$\text{sign}(T_O - T_{Ai})$ 的定义见下式：

$$\text{sign}(T_O - T_{Ai}) = \begin{cases} 1 & \text{当 } T_O - T_{Ai} > 0 \\ 0 & \text{当 } T_O - T_{Ai} \leqslant 0 \end{cases} \tag{2-4}$$

对于热源温度低于室外环境温度的余热量，可在室内热源与室外环境之间，构建一个卡诺循环，如图 2-10 所示。在热源温度 T_{Ai} 下等温的吸入热量 Q_{Ai}，通过热泵提升温度至 T_O，再在室外温度 T_O 下等温地放出热量 Q_{Ai} 及热泵所投入的功 W_{Ai}。

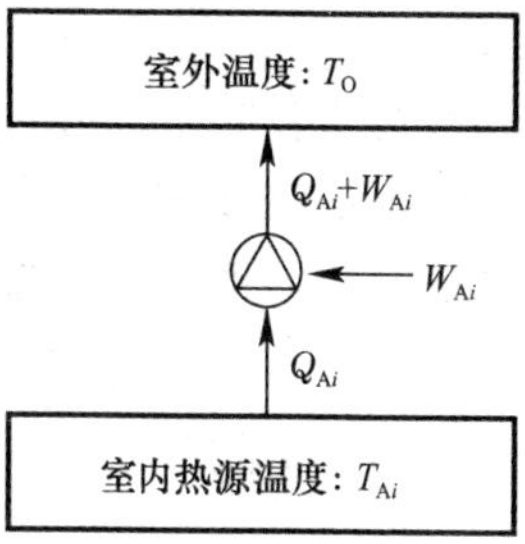

室内排热量 Q_{Ai} 与投入功 W_{Ai} 之间存在如下关系式，其中 COP_i 为在热源温度 T_{Ai} 和环境温度 T_O 之间工作的卡诺循环的效率：

$$W_{Ai} = \frac{Q_{Ai}}{COP_i} \tag{2-5}$$

$$COP_i = \frac{T_{Ai}}{T_O - T_{Ai}} \tag{2-6}$$

图 2-10 建筑物内余热
排除的理想循环

为排除室内的总余热量 Q_A，需要投入的总有用功 W_A 为：

$$W_A = \sum_i \frac{Q_{Ai}}{COP_i} \cdot \text{sign}(T_O - T_{Ai}) \tag{2-7}$$

因此，排除室内余热的理想效率为：

$$COP_{排热} = \frac{Q_A}{W_A} = \frac{\sum_i Q_{Ai}}{\sum_i \frac{Q_{Ai}}{COP_i} \cdot \text{sign}(T_O - T_{Ai})} \tag{2-8}$$

如果把所有的热量先传到室内空气中，再由制冷机统一排出到室外的话，则系统的理想排热效率为：

$$COP'_{排热} = \frac{T_A}{T_O - T_A} \tag{2-9}$$

这二者就大不相同。以下给出了一个简单的例子，说明式（2-8）与式（2-9）的差别。室外环境温度 T_O 为 35℃，室内各个热源的温度与相应的排热量见表 2-5。表中同时给出了各个热源温度下的卡诺循环的效率 COP_i 与所需投入的有用功 W_{Ai}。

排余热的理想系统效率　　　　　　　　　　　　　　　　表 2-5

排热量 Q_{Ai}	热源温度 T_{Ai}	sign（$T_O - T_{Ai}$）	COP_i	W_{Ai}
q	40	0	—	0
q	38	0	—	0
q	32	1	101.7	$0.010q$
q	30	1	60.6	$0.017q$
q	25	1	29.8	$0.034q$

当热源温度高于室外环境温度的热量由室外的免费冷源排出，仅当热源温度低于室外环境温度的热量由卡诺制冷机排出时，房间的总排热量为 $5q$，所需要消耗的有用功为 $0.06q$，因而系统的理想排热效率 $COP_{排热}=83.5$。当把所有的热量先送到空气中再排出，则系统的理想排热效率 $COP'_{排热}=29.8$，后者的效率仅为前者的 35.7%。二者效率之差即为末端装置的混合损失造成，由此可以定义末端装置的效率为：

$$\eta_{末端} = \frac{COP'_{排热}}{COP_{排热}} \tag{2-10}$$

对于表 2-5 给出的例子，末端装置的效率 $\eta_{末端}=35.7\%$。也就是说，先把不同温度水平的热量传到室内空气后再排除，理想效率降低约 3 倍。这样，在空调系统设计中，如何尽量避免出现将不同温度水平的热量混合到一起处理的情况、提高末端排热过程的效率就成为改善空调系统处理能效的关键。对于高于室温的热源，可采用夹套排风、玻璃夹层排风、高大空间分层通风等方式利用室外的自然冷源带走室内的余热。

2.2.2 理想排湿过程分析

要分析除湿过程的能效，首先需要对建筑物除湿过程的实质有明晰的认识。建筑物内除湿可以如图 2-11 中描述，设建筑物内有一产湿源产湿 Δw，建筑物内的状态 A 为 (T_A, w_A)，室外的状态 O 为 (T_O, w_O)，除湿的目的是把 A 状态下的空气中的水分 Δw 通过一定的手段搬运到室外，以维持室内状态的恒定。其本质是在室内、外两个不同空气状态下水分的搬运过程。

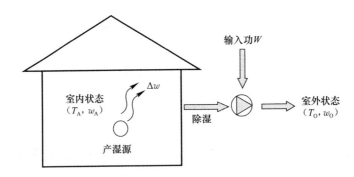

图 2-11 建筑物内余湿排出模型

所谓理想的除湿过程是指在室内外空气状态恒定的情况下，将室内湿源的产湿量搬运到室外的过程中所需能量投入最小的过程。这样，只要寻找出一个可逆的理想过程达到除湿的目的，就可以认为这一过程所消耗的能量即为除湿所要求的最小能耗。理想除湿过程的效率见下式，其中 r 为水蒸气的汽化潜热。

$$COP_{除湿} = \frac{r \cdot \Delta w}{W_d} \tag{2-11}$$

2.2.2.1 采用冷凝除湿方法

图 2-12 给出了采用冷凝除湿方法将室内余湿排除到室外过程中的理想处理过程的原理图。室内空气 A（T_A，w_A）首先进入理想热回收器被降温至露点状态 A_d（$T_{A,d}$，w_A）后，进入蒸发器被除湿，之后经过理想热回收器冷却来流空气 A。当忽略空气 A 的水分微小变化时，理想热回收器的效率为 1。制冷系统中蒸发器吸收水分相变潜热（$Q_d = r \cdot \Delta w$）后，经过压缩机做功，将此部分热量排到室外环境 T_f 中。对应此过程的理想除湿效率为：

$$COP_{除湿} = \frac{T_{A,d}}{T_f - T_{A,d}} \tag{2-12}$$

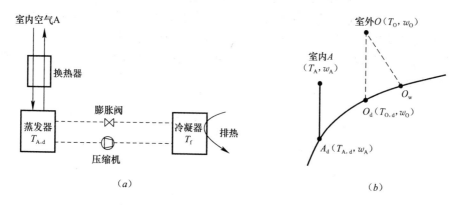

图 2-12 采用冷凝除湿方法的理想除湿过程

（a）空气处理流程图；（b）处理过程在焓湿图上的表示

图 2-12 中冷凝器的排热温度（T_f）可以是室外空气温度 T_O，也可以通过冷却塔直接蒸发冷却方法得到接近湿球温度 $T_{O,w}$，或者通过间接蒸发冷却方式在室外空气露点温度 $T_{O,d}$ 处将热量排到室外环境中。表 2-6 汇总了在不同冷凝排热温度下，采用冷凝除湿方法对应的理想 $COP_{除湿}$，以及在如下两个典型工况下排余湿 COP 的计算结果，室内状态 A 为 25℃、10g/kg。

- 工况 1：室外 O 状态 35℃、20g/kg，室外湿球温度 27.3℃，室外露点温度 25.0℃；
- 工况 2：室外 O 状态 35℃、15g/kg，室外湿球温度 24.4℃，室外露点温度 20.3℃。

采用冷凝除湿方法在不同冷凝排热温度对应的除湿 COP　　表 2-6

冷凝排热温度	$COP_{除湿}$ 计算公式	工况 1	工况 2
室外干球温度	$COP = \dfrac{T_{A,d}}{T_O - T_{A,d}}$	13.7	13.7
室外湿球温度	$COP = \dfrac{T_{A,d}}{T_{O,w} - T_{A,d}}$	21.6	27.6
室外露点温度	$COP = \dfrac{T_{A,d}}{T_{O,d} - T_{A,d}}$	26.1	45.6

通过表 2-6 的分析结果可以看出：冷凝器的排热温度直接影响冷凝除湿方法的理想排余湿 *COP*。当室外 35℃、20g/kg 状态下，冷凝排热温度分别为室外干球温度、湿球温度、露点温度下，相应的理想冷凝除湿效率分别为 13.7、21.6 和 26.1。室外空气越干燥，采用室外露点温度的冷凝排热温度，可以获得更高的效率水平。

2.2.2.2 采用溶液除湿方法

溶液除湿方式是采用具有吸湿能力的盐溶液作为吸湿介质与空气直接接触，从而实现空气处理的方式。图 2-13 以溴化锂溶液（LiBr）为例给出了与溶液状态相平衡的湿空气状态在焓湿图上的表示，溶液的温度和水蒸气分压力分别与湿空气的温度和水蒸气分压力对应相等。溶液的等浓度线与湿空气的等相对湿度线近似重合。除了左侧的溶液结晶范围内，对于空调范围内任一空气状态，都能找到相应的溶液状态与之对应，使得空气与溶液的温度和水蒸气分压力都分别相同。因此，用吸湿溶液为介质来处理空气可以得到近似于理想可逆过程的除湿途径。

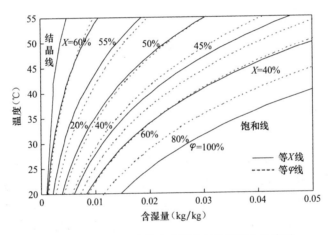

图 2-13　溴化锂溶液状态在湿空气焓湿图上的表示

李震的博士论文（清华大学，2004）给出了利用吸湿溶液实现理想可逆除湿过程的工作原理图。理想除湿过程的能耗与室内外状态有很大的关系。根据室内和室外相对湿度的不同，分成三种情况进行分析：室内、外的空气具有相同的相对湿度，即 $\varphi_A = \varphi_O$；$\varphi_A > \varphi_O$ 和 $\varphi_A > \varphi_O$。这三种情况可以表示为统一的除湿效率表达式。以下仅以室外相对湿度小于室内相对湿度为例，说明利用吸湿溶液处理空气的理想循环过程。

当室外相对湿度低于室内相对湿度时，如图 2-14 所示，A 点和 O 点分别是室内和室外空气状态，B 点为室内状态所在等相对湿度线与室外状态所在等含湿量线的交点。A 与 B 点在同一等相对湿度线时，由于理想溶液的等浓度线与湿空气的等相对湿度线重合，因而 A 与 B 两个状态也在同一条溶液等浓度线上。如图 2-14 所示，在室内状态 A 和 B 点之间设一热泵，室内空气与溶液接触，溶液的状态与室内空气的状态是平衡的，溶液可逆的吸收空气中的水分；该除湿过程释放的热量被热泵吸热端吸收。在释放水分的一侧，由于室外的空气水蒸气分压力比溶液等浓度的升温到室外温度时的水蒸气分压力低，两者接触会导致不可逆损失。为了实现可逆的水分释放过程，在与 O 点等含湿量且与 A 点在同一相对湿度的 B 点上溶液释放水分。由于该点的水蒸气分压力与 O 点相同，因此水分可以在等水蒸气分压力的条件下释放到环境中。蒸发所需要的热量来自 A－B 间工作的热泵 1

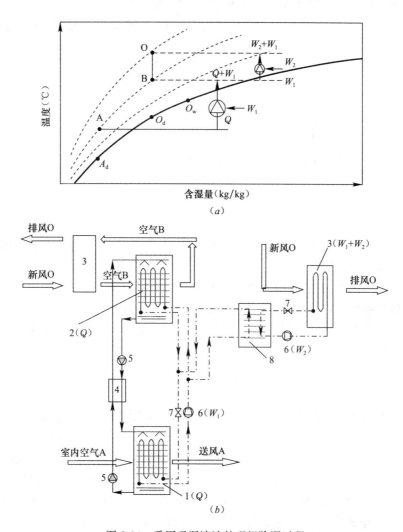

图 2-14　采用吸湿溶液的理想除湿过程

（a）处理过程在焓湿图上的表示；（b）利用吸湿溶液的处理过程

1—除湿器；2—再生器；3—空气换热器；4—溶液换热器；5—溶液泵；6—压缩机；7—膨胀阀；8—换热器

的放热端。由于该热泵的全部放热量为 $Q+W_1$，Q 为热泵 1 在吸热端吸的热量，用来提供室内除湿的潜热，W_1 为热泵 1 投入的功。由于溶液中的水分向环境释放所需要的热量只有潜热量 Q，而热量 W_1 却不能直接排到温度高于 B 点的环境 O 中。所以，需投入另外一个热泵 2 将热泵 1 剩余的排热量 W_1 在 B 点的温度下取出，排放到温度更高的 O 点环境中。此热泵的功耗为 W_2。由于室内外存在温差，所以用回热器实现室内吸收水分后的溶液和室外再生浓缩后的溶液间的换热。忽略两者热容量的差别时，在换热面积无限大的情况下，该回热过程为纯逆流过程，可以无传热温差的进行。

该过程中除湿的潜热量为 Q，投入的功为 $W=W_1+W_2$，因而除湿效率为：

$$COP_{除湿} = \frac{Q}{W_1+W_2} \tag{2-13}$$

上式中，

$$W_1 = Q\frac{T_B-T_A}{T_A}, \quad W_2 = W_1\frac{T_O-T_B}{T_B} \tag{2-14}$$

将 W_1 和 W_2 的表达式，带入式（2-13），得到利用吸湿溶液的理想除湿过程的效率为：

$$COP_{除湿} = \frac{1}{T_O} \cdot \frac{T_A T_B}{T_B-T_A} \tag{2-15}$$

以上是室外相对湿度小于室内相对湿度的情况。当室内外相对湿度相同时，图 2-14 的换热器 8 直接向室外环境排热即可，该除湿过程的耗功等于 W_1。当室外相对湿度高于室内相对湿度时，图 2-14 中循环 2 可以制备出功 W_2，该除湿过程的总功耗 $W=W_1-W_2$。但除湿过程的效率均可以表述为式（2-15）所示形式。

为了与冷凝除湿过程的效率更好的对比，可以根据 Clausius-Clapeyron 方程证明，式（2-15）的理想效率可以用室内露点温度 $T_{A,d}$、室外露点温度 $T_{O,d}$ 进行表述：

$$COP_{除湿} = \frac{1}{T_O} \cdot \frac{T_{A,d} T_{O,d}}{T_{O,d}-T_{A,d}} \tag{2-16}$$

图 2-14（b）中给出的理想循环过程右侧第 2 个制冷循环的排热温度为室外空气的干球温度 T_O，与冷凝除湿过程类似，也可以将此部分热量排到室外空气的湿度温度 $T_{O,w}$ 或室外空气的露点温度 $T_{O,d}$，表 2-7 汇总了不同冷凝排热温度下采用溶液除湿方法对应的理想除湿效率。表中工况 1 与 2 的计算参数与表 2-6 相同。可以看出：不同冷凝排热温度对采用溶液除湿方法的理想除湿效率影响不大。原因在于：采用溶液除湿方法，绝大部分热量相当于在室外空气的露点温度排出；仅有小部分需要通过辅助制冷循环的冷凝器排出，因而此部分冷凝温度的选取对于采用溶液除湿循环的整体效率影响不大。

采用溶液除湿方法在不同冷凝排热温度对应的除湿 *COP*　　　　表 2-7

冷凝排热温度	除湿 *COP* 计算公式	工况 1	工况 2
室外干球温度	$COP = \dfrac{1}{T_{\mathrm{O}}} \cdot \dfrac{T_{\mathrm{A,d}} T_{\mathrm{O,d}}}{T_{\mathrm{O,d}} - T_{\mathrm{A,d}}}$	25.3	43.4
室外湿球温度	$COP = \dfrac{1}{T_{\mathrm{O,w}}} \cdot \dfrac{T_{\mathrm{A,d}} T_{\mathrm{O,d}}}{T_{\mathrm{O,d}} - T_{\mathrm{A,d}}}$	25.9	45.0
室外露点温度	$COP = \dfrac{T_{\mathrm{A,d}}}{T_{\mathrm{O,d}} - T_{\mathrm{A,d}}}$	26.1	45.6

　　为了更清晰地对比采用冷凝除湿与溶液除湿方法构建理想除湿循环过程的效率差异，图 2-15 汇总了表 2-6 和表 2-7 的计算结果。当冷凝排热温度为室外空气的露点温度时，不同工况下冷凝除湿与溶液除湿的理想循环过程有着相同的除湿效率。当冷凝排热温度为室外空气的干球温度或湿球温度时，相同工况下冷凝除湿的理想效率低于溶液除湿过程。室外排热温度显著影响冷凝除湿过程的效率，而对溶液除湿过程的效率影响很小。除湿过程的效率随着室外空气含湿量的增加（工况 1：室外 35℃、20g/kg；工况 2：室外 35℃、15g/kg）而降低。

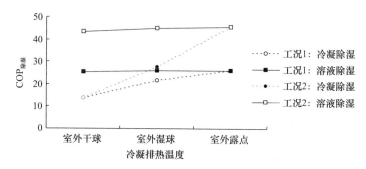

图 2-15　采用冷凝除湿方法和溶液除湿方法的理想除湿效率对比

2.2.3 系统整体的排热排湿理想效率

　　排热排湿的理想效率 COP_{sys} 定义为建筑所有负荷与排除这些热量（水分）到室外环境所需的功耗之比，参见式（2-17），其中 x_1 和 x_2 分别为显热负荷和潜热负荷所占总负荷的比例。

$$COP_{\mathrm{sys}} = \frac{Q_{\mathrm{A}} + Q_{\mathrm{d}}}{W_{\mathrm{A}} + W_{\mathrm{d}}} = \frac{1}{x_1 / COP_{\text{排热}} + x_2 / COP_{\text{除湿}}} \qquad (2\text{-}17)$$

　　取室内空气状态为 25℃、相对湿度 60％（含湿量为 11.8g/kg），不考虑室内热源的温度品位差异，将所有的热量混入室内空气然后由排热系统带走，如下为一些典型城市的计算结果，其中除湿效率为采用式（2-16）的计算结果。

（1）北京室外设计参数（33.2℃、相对湿度 59.3％、含湿量 19.1g/kg）：理想排热、排湿效率分别为 36.4 和 37.6。当潜热负荷 $x_2 = 20\%$ 时，系统整体的排热排湿效率为 36.6。

（2）上海室外设计参数（34.0℃、相对湿度 65.1％、含湿量 22.0g/kg）：理想排热、排湿效率分别为 33.1 和 28.8。当潜热负荷 x_2 分别为 20％、30％时，系统整体的排热排湿效率分别为 32.1、31.7。

（3）广州室外设计参数（33.5℃、相对湿度 64.8％、含湿量 21.3g/kg）：理想排热、排湿效率分别为 35.1 和 30.5。当潜热负荷 x_2 分别为 20％、30％时，系统整体的排热排湿效率分别为 34.1、33.6。

建筑中一般还有新风的需求，同样可以构建出理想可逆的空气处理过程，得到最小的新风处理能耗。以新风的除湿过程为例，需要将新风不断除湿到期望的送风状态，相当于水分从被处理新风排向室外环境。与上一节从室内状态向室外状态排湿的过程相比，新风除湿过程中被处理新风与室外状态的差距小于前者，因而新风的理想除湿效率大于第 2.2.2 节从室内的除湿过程。同样可以分析，新风降温过程的理想效率大于式（2-9）从室内状态排出热量的理想降温效率。当考虑新风处理能耗时，上述三个典型城市的建筑理想排热排湿系统的整体效率都在 30 以上。需要说明的是，上述排热过程尚未考虑室内热源不均匀性，将室内所有热源的热量混合到室内空气中然后由制冷系统排除到室外环境中，如果考虑室内热源的不均匀性，则理想排热排湿效率 COP_{sys} 还会进一步提高。

2.3　实际排热排湿过程分析

本章第 2.2 节构建了余热排除、余湿排除的理想过程，对排热排湿过程的理想效率进行了分析。本节将对实际的排热、排湿过程进行分析，比较理想过程与实际过程之间的差异，并对这种差异产生的原因进行探讨。

2.3.1　从理想排热排湿过程到实际处理过程的分析

上一节的分析表明，建筑理想的排热排湿效率都在 30 以上。而实际建筑的能效情况，却远低于上述理想数值。表 2-8 汇总了我国目前国家标准规定的集中空调系统中冷水机组性能、冷水输送系统的性能情况。可以看出，即使不考虑风机（新风机、排风机、风机盘管风机等）的电耗，集中空调系统冷站的整体性能系数为 4.0 左右；考虑风机输送能耗，集中空调系统的整体性能系数在 3.6～3.9，也就是说目前实际系统的整体性能系数仅为理想排热排湿性能的 10％左右。

目前集中空调系统的性能系数   表 2-8

性能系数	计算公式	参考数值	依 据
冷水机组性能系数 COP_c	制冷机组制冷量与冷机（压缩机）电耗的比值	5.1～5.6	GB 19577—2004 冷水机组能效限定值及能源效率等级Ⅱ级、Ⅰ级
冷冻水输送系数 TC_{chw}	制冷系统供冷量与冷冻泵电耗的比值	41.5	GB 50189—2005 公共建筑节能设计标准，冷冻水输送能效比 0.0241 折算得到
冷却水输送系数 TC_{cdp}	制冷机组冷凝器侧排热量与冷却泵电耗的比值	41.5	GB 50189—2005 公共建筑节能设计标准，冷冻水输送能效比 0.0241 折算得到
冷却塔输送系数 TC_{ct}	冷却塔排热量与冷却塔电耗的比值	150～200	冷却塔产品样本
风机盘管输送系数 TC_{fc}	风机盘管供冷量与风机盘管风机电耗的比值	50～60	GB/T 19232—2003 风机盘管机组
风机输送系数 TC_{fan}	新风机组供冷量与新风风机电耗的比值	20	GB/T 17987—2007 空气调节系统经济运行
冷站整体性能系数	提供给建筑冷量与冷站内所有设备（冷机、冷冻泵、冷却泵、冷却塔）耗电量的比值	4.0～4.3	冷站总电耗包括制冷机组、冷冻水泵、冷却水泵及冷却塔的总耗电
系统整体性能系数 COP_{sys}	提供给建筑冷量与空调系统所有设备耗电量的比值	3.6～3.9	系统总电耗为冷站总电耗和末端风机电耗之和

造成系统实际性能与理想性能差异如此之大的原因是什么？仔细分析理想系统与实际系统各组成部件的性能，可以归纳出如下四方面的主要差别：

（1）实际制冷机与理想卡诺制冷循环的差异。实际制冷机接近卡诺制冷机的程度，即热力完善度，目前可以达到 65% 左右。

（2）由同一系统进行排热、排湿的实际系统与理想独立排热、独立排湿系统的差异。实际系统中，由同一制冷系统制备出冷水（冷空气）对空气进行冷凝除湿，用于建筑的降温和除湿需求。以室内空气状态为 25℃、相对湿度为 60%，北京室外设计参数计算得到，理想排热、排湿效率分别为 36.4 和 37.6。实际系统中由同一冷源冷凝除湿方式，计算得到采用冷凝除湿方式、卡诺制冷机组的排热排湿效率为 17.5（在室外 33.2℃、室内露点 16.6℃ 之间构建的卡诺制冷机的性能系数）。

（3）实际系统的性能必须考虑风机、水泵输配能耗。输配能耗在整个建筑热湿环境营造过程中发挥着重要的作用，在有的建筑中能耗甚至超过制冷机组，占到整个集中空调系统能耗的 50% 以上。降低风机、水泵的输送流量，虽然可以有效降低输送能耗，但会加大整个系统的温差损失，致使制冷系统的冷凝器与蒸发器之间的温差加大，从而降低制冷机组的性能系数。

（4）实际系统的换热能力与理想循环换热能力的差异。一方面，实际系统中换热面积与系统投入的成本成正比，而换热面积对效率的增加水平却是呈现先快速增加然后随着换热面积增加对效率的影响逐渐变缓的趋势。另一方面，实际系统的换热能力受流量匹配的显著影响：当换热两侧流体的流量不匹配时，即使换热面积无穷大，仍然存在换热过程的损失；室内环境是个恒温源，制冷机蒸发器也可视为恒温源，中间有水、空气等作为输送媒介，出于风机、水泵输配能耗的考虑，实际系统中循环风量和水量均为有限数值，使得实际换热体系中必定存在流量不匹配造成的换热损失（温差损失）情况。

以上四个方面原因在实际制冷系统中相互影响。例如，由于实际制冷机的制冷效率低于卡诺制冷机，因而在相同制冷量情况下，实际制冷机冷凝器的排热量将增加，进一步增加了冷凝侧排热系统的负担，实际系统中冷凝器的换热面积、冷凝器侧排热流体的流量都受此影响。实际系统普遍采用的冷凝除湿方式，出于除湿的考虑，即使在理想情况下，制冷机组的蒸发温度也需要等于室内空气的露点温度，室内露点温度比干球温度要低 8℃左右，此 8℃的温差可在一定程度上抵消用于换热面积有限造成的温差损失、由于换热流体流量有限造成的温差损失。图 2-16 在一定程度上定量给出了系统整体性能系数在理想排热排湿过程，以及考虑上述四个方面的因素后，对实际系统性能系数的影响情况。实际系统中综合考虑上述四方面因素对于系统整体性能的影响情况后，最终的结果是实际系统的性能系数仅为利用卡诺制冷机构建的、显热负荷与潜热负荷分开处理的、循环水量与风量无穷大、各换热环节的换热能力无限大的理想排热排热效率（见第 2.2 节）的 10％左右。

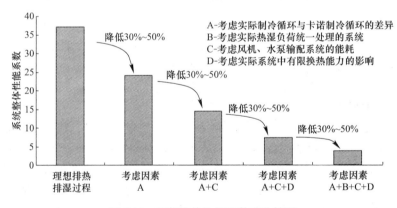

图 2-16　系统整体性能系数变化情况

若想提高空调系统的整体性能，应当针对上述四个方面的影响因素采取措施：

因素 A：需要制冷机性能的进一步提高，提高制冷机自身的热力完善度。目前制冷机的热力完善度（接近理想卡诺制冷机）已在 60％以上，进一步提高其性能非常难。

因素 B：将建筑的显热负荷（降温）处理和潜热负荷（除湿）处理过程分开，可以有效避免此部分损失。

因素 C：设法降低风机和水泵等输配能耗。第 1.3.5 节的分析给出同样冷量情况下，输送空气的能耗远大于输送水的能耗，应尽量避免采用空气作为输送媒介，系统中风量至少要保证新风量的需要。降低换热环节也可有限降低输配系统能耗。

因素 D：提高系统换热器的换热能力。此部分性能的提高受到换热器面积（初投资）的显著制约，而且当换热性能已经比较好（如换热效率70％以上）再进一步提高换热能力需要非常大换热面积的投入。

2.3.2 实际处理过程各环节温度水平

图 1-3 以风机盘管＋新风系统为例，给出了目前典型的集中空调系统以及各环节的温度分布情况。图 2-17 是夏季运行时各环节的温度变化情况，室温和室外湿球温度分别为 25℃与 27℃，因而如果将所有的热量都由空气带走（将所有热源的热量均排到室内空气中），则排除室内余热的理想循环效率为：

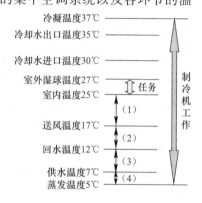

图 2-17 集中空调系统夏季降温除湿时各环节温度示意图

$$COP'_{排热} = \frac{T_A}{T_{O,w} - T_A} = \frac{273 + 25}{27 - 25} = 149 \quad (2\text{-}18)$$

在集中空调系统中，制冷机实际工作的蒸发温度和冷凝温度分别为 5℃和 37℃，则在此温差情况下制冷机的理想效率为：

$$COP_{卡诺制冷机} = \frac{T_{蒸发}}{T_{冷凝} - T_{蒸发}} = \frac{273 + 5}{37 - 5} = 8.7 \quad (2\text{-}19)$$

为了比较系统的实际性能与理想效率的差距，定义实际效率与卡诺循环效率的比值为有效度，用符号 γ 表示：

$$\gamma_{系统} = \frac{COP_{实际制冷机}}{COP'_{排热}} \times 100\% \quad (2\text{-}20)$$

$$\gamma_{制冷机} = \frac{COP_{实际制冷机}}{COP_{卡诺制冷机}} \times 100\% \quad (2\text{-}21)$$

在 5℃蒸发温度和 37℃冷凝温度工作的实际制冷机的效率（COP）如果为 5.5～6.0，则与在这一对温度下工作的卡诺制冷机的效率相比，其有效度 $\gamma_{制冷机}$ 已达到 63％～69％，而整个空调系统接近排余热卡诺循环的有效度 $\gamma_{系统}$ 仅为 4％。也就是说，在图 2-17 所示的蒸发温度、冷凝温度要求下的实际制冷装置的效率已经很接近卡诺循环的效率，但整个空调系统的效率却很低，出现这种情况的原因何在呢？对图 2-17 中从室内温度到冷机蒸发温度之间的温差进行分析如下：环节（4）造成 2℃的温差损失，是被蒸发器面积制约而产生的温差损失；环节（3）造成 5℃的温差损失，是由于以水作为输送冷量即排除热量的媒介时冷媒的进出口温度存在差异，当减少这一温差时，就需要加大流量，但流量的增加将导致水泵功耗的增加；环节（2）是水与空气之间的传热温差，主要受二者之间换热器换热能力的制约；环节（1）是以空气为媒介输送冷量时冷空气与室内状态之间的温差，减小这一环节的温差就需要增加空气循环流量，将导致风机功耗的增加。

在目前空调方式的热湿环境调控过程中，上述处理过程的换热环节较多，至少需经过制冷剂—冷冻水—送风—室内空气的热量传递环节，每个环节都需要一定的传热温差或热量输送温差，累积起来就使得系统的总体换热温差很大。此外，常规空调系统将湿度控制和温度控制两种任务统一调控，为满足除湿需求使得需要的冷源温度必须低于空气露点温度。上述原因共同导致了常规空调处理方式的能量利用效率较低，限制了空调系统的能效水平。

2.3.3 实际建筑热湿负荷比例

图 2-18 给出了建筑总负荷的构成情况，总显热负荷包括围护结构传热、太阳辐射得热、人员、设备、照明产热等建筑显热负荷，以及新风显热负荷；总湿负荷包括室内人员产湿等建筑湿负荷以及新风湿负荷。目前空调方式的排热排湿大都采用表冷器对空气进行冷却和冷凝除湿，再将冷却干燥的空气送入室内，实现排热排湿的目的。如果空调送风仅需满足室内排热的要求，则理论上冷源的温度低于室内空气的干球温度（25℃）即可，考虑传热温差与介质的输送温差，冷源的温度只需要 15～18℃。如果空调送风需满足室内排湿的要求，由于采用冷凝除湿方法，冷源的温度需要低于室内空气的露点温度（16℃），考虑传热温差和介质输送温差，这是现有集中空调系统大都采用 7℃ 冷冻水的原因。通常情况下，显热负荷占大部分，潜热负荷仅占小比例。图 2-19（a）给出了处于不同地点的典型办公建筑（计算模型详见本书附录 C）在供冷季单位建筑面积耗冷量的情况，可以看出处理潜热部分消耗冷量占总冷量的比例在 30% 以内。图 2-19（b）给出了广州地区不同类型的建筑在供冷季的单位建筑面积耗冷量情况，处理潜热消耗的冷量占总耗冷量的30%～40%。因而，在建筑整个供冷季的耗冷量组成中，处理显热负荷所消耗的冷量占大部分。占总负荷一半以上的显热负荷部分，本可采用高温冷源排走的热量却与除湿一起共用 7℃ 的低温冷源进行处理，造成能量利用品位上的浪费。

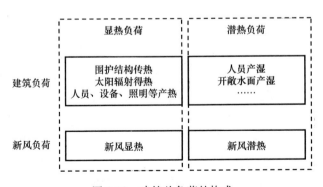

图 2-18 建筑总负荷的构成

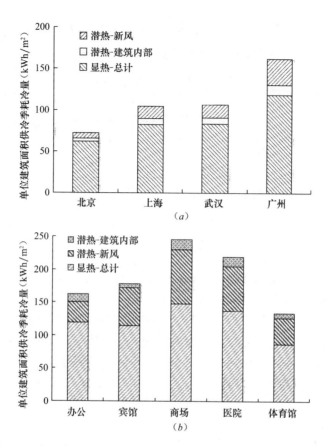

图 2-19 典型建筑单位建筑面积供冷季耗冷量（潜热与显热两部分）

（*a*）不同地区办公建筑；（*b*）广州地区不同类型建筑

当不考虑除湿需求而仅考虑热量排除需求时，空调系统中需要的冷水温度就不再受空气露点温度的限制，只要冷水温度低于空气干球温度即可实现显热热量的排除，在考虑一定换热温差的基础上，需求的冷水温度仍比常规空调方式中的冷水温度有很大提高。同时，冷水温度的增加就可以使得冷水机组的蒸发温度得到提高，制冷系统的效率也能获得很大提高。如果考虑室内全部热源都来自于某一温度为 28℃ 的热表面，则通过供/回水温度为 18/23℃、平均温度为 20.5℃ 的表面依靠辐射换热也能吸收这些热量。此时的蒸发温度可为 16℃，参见图 2-20。

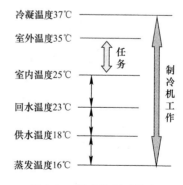

图 2-20 温度控制系统中各环节的温度分布

工作在冷凝温度 37℃、蒸发温度 16℃ 的卡诺制冷机的效率 $COP_{卡诺制冷机}$＝13.8，实际制冷机的效率可以达到 8.5～9.0。此例（图 2-20）与常规空调系统（图 2-17）的比较参见表 2-9。由于实际制冷机的性能系数相差近 40%，因此同样的排除余热任务，制冷机功率相差约 40%。

表 2-9

常规空调系统与温度控制系统用能情况比较

	$COP'_{排热}$	$COP_{卡诺制冷机}$	$COP_{实际制冷机}$	$\gamma_{制冷机}$	$\gamma_{系统}$
图 2-17 系统	149	8.7	5.5~6.0	63%~69%	4%
图 2-20 系统	149	13.8	8.5~9.0	62%~65%	6%

2.4　温湿度独立控制的核心思想及基本形式

2.4.1　温湿度独立控制的基本理念与组成形式

空调系统承担着排除室内余热、余湿、CO_2、异味与其他有害气体的任务。其中：

（1）排除余热可以采用多种方式实现，只要媒介的温度低于室温即可实现降温效果，可以采用间接接触的方式（辐射板等），又可以通过低温空气的流动置换来实现。

（2）排除余湿的任务、排除 CO_2、室内异味与其它有害气体的任务，就不能通过间接接触的方式，而只能通过低湿度或低浓度的空气与房间空气的置换（质量交换）来实现。

通过本章第 2.1.3 节的分析可以看出：排除室内余湿的任务与排除 CO_2、异味所需要的新风量与变化趋势一致，即可以通过新风同时满足排余湿、CO_2 与异味的要求，而排除室内余热的任务则通过其他的系统（独立的温度控制方式）实现。由于无需承担除湿的任务，因而可用较高温度的冷源即可实现排除余热的控制任务。

对照第 1.3 节中现有空调系统存在的问题，温湿度独立控制空调系统（Temperature and Humidity Independent Control of Air-conditioning Systems，简称 THIC 空调系统）可能是一个有效的解决途径。在温湿度独立控制空调系统中，采用温度与湿度两套独立的空调子系统，分别控制、调节室内的温度与湿度，参见图 2-21，从而避免了常规空调系统中热湿联合处理所带来的损失。由于温度、湿度采用独立的控制调节系统，可以满足房间热湿比不断变化的要求，克服了常规空调系统中难以同时满足温、湿度参数的要求，避免了室内湿度过高（或过低）的现象。详细的对比分析参见表 2-10。

如图 2-21 所示，温湿度独立控制空调系统的基本组成为：温度控制的系统与湿度控制的系统，两个系统独立调节分别控制室内的温度与湿度。温度控制系统包括高温冷源、余热消除末端装置，推荐采用水或制冷剂作为输送媒介，尽量不用空气作为输送媒介。由于除湿的任务由独立的湿度控制系统承担，因而显热系统的冷水供水温度不再是常规冷凝除湿空调系统中的 7℃，而可以提高到 16~18℃，从而为天然冷源的使用提供了条件，即使采用机械制冷方式，制冷机的性能系数也有大幅度的提高。余热消除末端装置可以采用辐射板、干式风机盘管等多种形式，由于供水的温度高于室内空气的露点温度，因而不存在结露的危险。

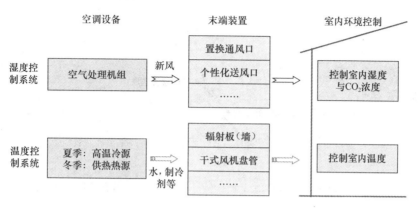

图 2-21 温湿度独立控制空调系统工作原理

湿度控制的系统，同时承担去除室内 CO_2、异味的任务，以保证室内空气质量。此系统由新风处理机组、送风末端装置组成，采用新风作为能量输送的媒介，并通过改变送风量来实现对湿度和 CO_2 的调节。在处理湿度的系统中，可能有新的节能高效方法。由于仅是为了满足新风和湿度的要求，温湿度独立控制空调系统的风量，远小于变风量系统的风量。

温湿度独立控制空调系统的特点分析 表 2-10

序号	目前系统存在的问题	温湿度独立控制空调系统
1	热湿统一处理的损失	避免此部分损失
2	冷热抵消及除湿加湿抵消造成的损失	避免此部分损失
3	难以适应热湿比的变化	采用温度控制子系统和湿度控制子系统，分别调节室内温度与湿度，满足建筑热湿比的变化需求
4	室内末端装置	冬夏共用统一的末端装置；为辐射板夏季应用提供了条件
5	输送能耗	系统循环风量仅为满足人员等要求的新风量，远低于全空气系统的循环风量；温度控制系统推荐采用水或者制冷剂作为输送媒介
6	对室内空气品质的影响	室内余热消除末端装置处于干工况运行，无凝结水

温湿度独立控制方式中的典型空气处理过程如图 2-22（风机盘管加新风系统）所示，与常规空调系统中风机盘管＋新风的空气处理过程（见图 1-2）不同，基于温湿度独立控制的空调理念，室外新风被处理到可以承担室内湿负荷的含湿量状态后再被送入室内，实现湿度控制；风机盘管只用来处理室内显热负荷，承担温度控制任务。

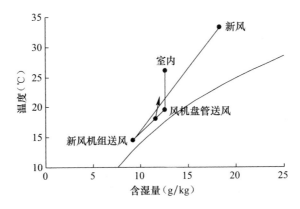

图 2-22　温湿度独立控制方式典型空气处理过程（风机盘管加新风方式）

2.4.2　新风全年运行参数需求

2.4.2.1　新风量需求确定

新风的基本任务是满足室内人员卫生需求，在温湿度独立控制空调系统中，送入室内的新风还承担着排除室内湿负荷的任务。新风量的选取应当遵循以下几条原则：

（1）选取的新风量应当满足相关规范和标准中所规定的满足人员卫生要求的最低新风量需求。

（2）满足排除室内全部湿负荷的需求。在确定了设计新风量之后，新风送风含湿量的确定应当保证能够带走建筑内所有产湿，送风含湿量 d_S 与室内设计状态的含湿量 d_N 存在如下关系：

$$d_S = d_N - \frac{W}{\rho G} \qquad (2-22)$$

式中　W——建筑产湿量，g/h，建筑产湿量的计算方法详见本书附录 A；

　　　G——设计新风量，m^3/h；

　　　ρ——空气密度，kg/m^3。

（3）不超过新风处理装置的处理能力范围。根据选取的新风量计算得到的送风含湿量不应超过处理装置能够处理到的范围，并应核算新风量需求和处理装置能效之间的关系，尽量使得系统在能效较优的情况下运行。

在确定室内设计参数和所选取的人均新风量满足卫生要求规定的最小新风量的基础上，一方面，若人均新风量较低，则会使得需要的送风含湿量较低，对新风处理设备的处理能力和设备运行提出了更高的要求；另一方面，若人均新风量较大，虽然可以使得需求的送风含湿量较高，降低了对新风机组处理能力的要求，但会因增大风量导致新风处理负荷和风机能耗的增加。设计中应综合考虑上述因素来确定人均新风量与送风含湿量。新风量宜依照人员数目等产湿源的变化进行调整，满足人员健康需求和排除室内余湿的需求，同时避免过多送入新风带来浪费。

2.4.2.2 夏季送风参数需求

1. 送风含湿量的选取

在 THIC 空调系统中，新风送风承担排除室内湿负荷的任务，送风含湿量应满足排除室内产湿的要求。不同类型的室内产湿源其产湿特点不同，当室内产湿源以人员为主时，产湿量受人员活动强度、室内设计状态等影响，而送风含湿量则由送风量、产湿量共同决定。图 2-23（a）给出了不同室内设计温度、不同室内相对湿度时对应的室内含湿量水平。以办公室为例，只考虑人员产湿，当人均新风量为 30m³/h 时，不同室内设计状态时要求的新风送风含湿量水平如图 2-23（b）所示；当人均新风量不同时，排除余湿所需求的送风含湿量水平也有所不同，图 2-23（c）给出了室内设计相对湿度为 60%，不同人均新风量时对应的所需送风含湿量水平，可以看出，当室内设计温度为 26℃、相对湿度为 60%时，人均新风量分别为 20m³/h、30m³/h 和 40m³/h 时所需送风含湿量水平分别为 8.1g/kg、9.6g/kg 和 10.4g/kg。

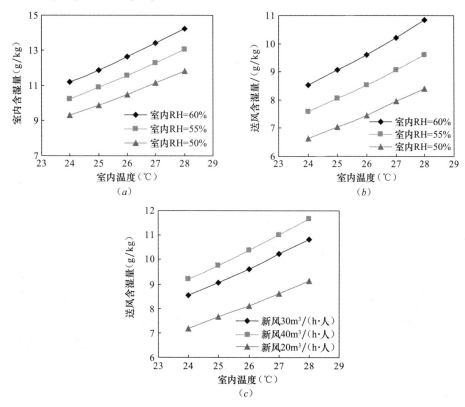

图 2-23　供冷季不同室内参数时的室内含湿量和送风要求含湿量

（a）室内设计含湿量水平；（b）送风含湿量需求（人均新风量 30m³/h）；（c）不同新风量时送风含湿量

2. 送风温度的选取

在温湿度独立控制空调系统中，新风需要被处理到能够承担室内全部湿负荷的含湿量水平，即建筑室内湿负荷全部由新风承担；此时若新风送风温度与室内温度存在差异，就会对建筑室内显热负荷产生影响。当送风温度低于室内温度时，送风还可以承担一部分室内显热负荷，温度控制系统则负责承担剩余的建筑显热负荷，图 2-24 给出了当新风送风温度低于室内温度时 THIC 空调系统中温度、湿度控制系统承担建筑显热负荷的情况。

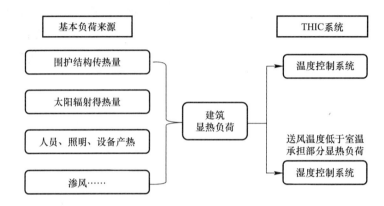

图 2-24 新风送风温度低于室内温度时建筑显热负荷承担情况

对于一般的公共建筑，新风量与人数呈正比，也与新风带来的显热负荷以及人员显热负荷呈线性关系。由于新风量与室内人员显热负荷呈比例关系，而且有着相同的变化趋势，因而可利用低温的新风送风带走室内人员显热负荷。此处分析新风送风带走室内人员显热负荷的可行性。表 2-11 以典型办公建筑为例给出了当人均新风量为 30m³/h、室内设定温度分别为 24～26℃时，不同新风送风温度下送风承担的显热供冷量情况。可以看出：室内设定温度分别为 25℃、26℃时，当新风送风温度分别约为 18℃、20℃时送风能够承担的显热冷量与人员显热发热量相当，即若利用送风在承担室内湿负荷的同时也承担室内人员显热负荷，则所需的送风温度分别为 18℃和 20℃。

不同送风温度时承担的显热冷量比较 表 2-11

送风温度 (℃)	室内设定温度为 26℃		室内设定温度为 25℃		室内设定温度为 24℃	
	人员显热 (W/人)	送风供冷量（W）	人员显热 (W/人)	送风供冷量（W）	人员显热 (W/人)	送风供冷量（W）
17		90.5		80.4		70.4
18		80.4		70.4		60.3
19		70.4		60.3		50.3
20	61.0	60.3	66.0	50.3	70.0	40.2
21		50.3		40.2		30.2
22		40.2		30.2		20.1

2.4.2.3 冬季送风参数需求

冬季室外新风温度较低、含湿量也较低，新风一般需要经过加热加湿处理后才能送入室内。在温湿度独立控制空调系统中，根据室内设计状态和人均新风量指标，可以得到需求的送风含湿量水平，计算公式参见式（2-22）。图 2-25（a）给出了冬季不同室内设计温度、不同室内相对湿度时对应的室内含湿量水平。以典型办公建筑为例，当人均新风量为 30m³/h 时，不同室内设计状态对应的新风送风含湿量需求水平如图 2-25（b）所示。当人均新风量不同时，排除余湿所需的送风含湿量水平也有所不同，图 2-25（c）给出了室内相对湿度为 45%，不同人均新风量时对应的送风含湿量水平。当室内温度为 20℃、相对湿度为 45%（含湿量为 6.5g/kg）时，人均新风量分别为 20m³/h、25m³/h 和 30m³/h 对应的需求送风含湿量分别为 3.6g/kg、4.2g/kg 和 4.6g/kg。以北京冬季室外设计含湿量为 0.7g/kg 为例，新风的送风状态对于室内而言是除湿过程，对于新风机组处理过程而言是对新风的加湿过程。

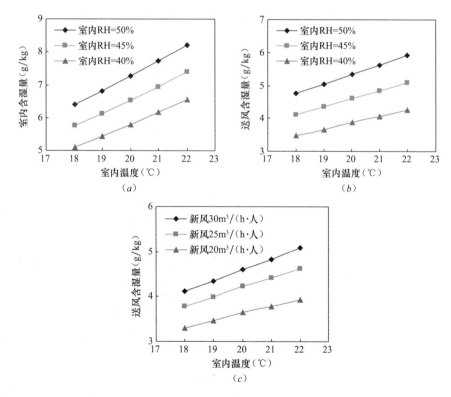

图 2-25　供热季不同室内温度时的室内含湿量和送风含湿量
（a）室内含湿量；（b）送风含湿量；（c）不同新风量时的送风含湿量

冬季新风送风温度应当考虑对人体热舒适的影响，一般情况下送风温度要高于冬季室内设计温度 2～3℃，工程中可根据设备处理能力和人员舒适性需求来选取合理的送风温度。

2.4.3　我国各地区室外气候条件

我国幅员辽阔，各地气候存在着显著差异，图 2-26 给出了我国典型城市的最湿月平均含湿量的情况（中国建筑热环境分析专用气象数据集，2005）。依据室外气象条件可分为干燥地区和潮湿地区，表 2-12 给出了一些代表地区的室外湿度状况。在干燥地区，室外空气比较干燥，空气处理过程的核心任务是对空气的降温处理过程。而在潮湿地区，需要对新风除湿之后才能送入室内，空气处理过程的核心任务是对新风的除湿处理过程。结合我国相关规范的规定：长江以北的区域采暖，以南的区域冬季不采暖。可以按照室外气候条件，将我国划分成三个区域。其中 Ⅰ 区和 Ⅱ、Ⅲ 区的分界线为干燥区域和潮湿区域的分界线，Ⅱ 区和 Ⅲ 区的分界线为我国重要的地理分界线—秦岭淮河一线。区域 Ⅰ 为西北干燥地区，区域 Ⅱ 为秦岭淮河一线以南的潮湿地区，区域 Ⅲ 为秦岭淮河一线以北的潮湿地区。

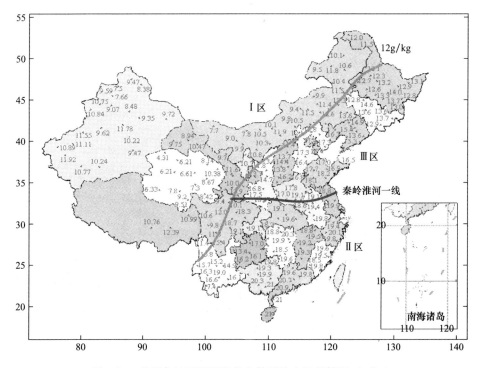

图 2-26　我国各地区最湿月份室外平均含湿量情况（g/kg）

我国主要城市所处气候分区 表 2-12

分 区	夏季对新风的处理需求	冬季对新风的处理需求	代表地区
I区-干燥地区	降温	加热、加湿	博克图、呼玛、海拉尔、满洲里、克拉玛依、乌鲁木齐、呼和浩特、大柴旦、大同、哈密、伊宁、西宁、兰州、阿坝、喀什、平凉、天水、拉萨、康定、酒泉、吐鲁番、银川
II区-潮湿地区（秦岭淮河一线以南）	降温、除湿	—	南京、合肥、重庆、成都、贵阳、武汉、杭州、宁波、长沙、南昌、福州、广州、深圳、海口、南宁
III区-潮湿地区（秦岭淮河一线以北）	降温、除湿	加热、加湿	哈尔滨、长春、沈阳、太原、北京、天津、大连、石家庄、西安、济南、郑州、洛阳、徐州

本书附录 B 给出了美国、欧洲、日本、澳大利亚与新西兰等地夏季室外含湿量的设计值。可以看出美国大陆西部、欧洲北部国家、澳大利亚西南部、新西兰等地的夏季室外空气比较干燥，新风处理过程的核心任务是对于空气进行降温。

再来分析冬季的处理过程，图 2-27 给出了我国各地区冬季室外设计参数对应的含湿量情况。在我国大部分区域，冬季新风的含湿量水平（很多在 1.5g/kg 以下）低于需求的送风含湿量水平，此时新风需要经过加热加湿处理后才能送入室内。

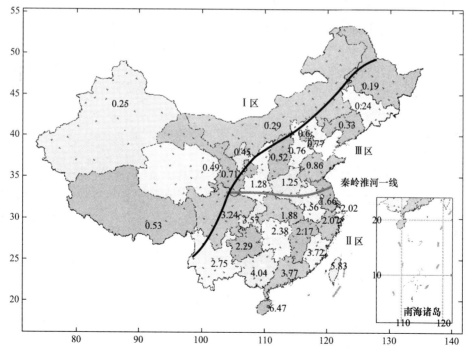

图 2-27 我国各地区冬季室外设计含湿量情况（g/kg）

根据上述分析，可以得到我国不同气候地区对于新风的全年处理需求情况：

区域Ⅰ：西北干燥地区，夏季室外空气非常干燥，对新风主要是降温的处理过程；冬季需要对新风进行加热加湿处理；

区域Ⅱ：东南潮湿地区（秦岭淮河一线以南）：夏季需要对新风进行降温除湿，冬季无采暖需求；

区域Ⅲ：东南潮湿地区（秦岭淮河一线以北）：夏季需要对新风进行降温除湿，冬季需要对新风进行加热加湿处理。

2.5 温湿度独立控制空调系统需求的装置及需要解决的问题

温湿度独立控制的空调理念与常规空调系统热湿耦合控制的思路有很大不同，对空调处理设备和装置的需求也存在差异。如何在满足室内温度、湿度控制需求的前提下，设计合理的处理装置、优化处理流程及提高处理性能等就成为温湿度独立控制空调系统面临的新任务和急需解决的新问题。

2.5.1 余热消除末端装置

在温湿度独立控制空调系统中，冷水的供水温度由常规空调系统的 7℃ 提高到 16～18℃，如何用高温的冷源有效地消除余热是对末端装置提出的新问题。

对于不同的余热来源，如外墙内表面、人体裸露表面和服装表面以及内墙、屋顶、地板表面等，如何根据其温度特点与分布情况采取不同的余热排出方式，如何从热源产生源头上排出余热，减少余热的传热环节，提高余热末端的排热效率，也是余热消除末端装置所面临的关键问题。

2.5.2 送风末端装置

在温湿度独立控制空调系统中，新风用来排除室内的余湿，同时还承担排除 CO_2、室内异味、保证室内空气质量的任务。由于仅是为了满足新风和湿度的要求，如果人均新风量 $30m^3/h$、人均面积为 $5～10m^2$，则室内换气次数为 $1～2$ 次/h，远小于变风量系统的风量。因此，如何设计气流组织有效的输送小风量的新风，是送风末端装置面临的新问题。

现有的空调系统中，采用风阀等方式调节送风量。在温湿度独立控制空调系统中小风量的送风调节系统，风阀等调节方式是否还适用？有无新的调节手段？由于送风仅是为了满足新风和湿度的要求，因此如何有效地布置送风口的位置、设计房间的气流组织形式并根据人员变化情况实现对送风的有效调节，使之高效完成排除室内余湿及其各种污染物的任务就成为对送风末端装置提出的新要求。

2.5.3　高温冷源

由于余湿由单独的新风处理系统承担，因而在温度控制（余热去除）系统中，不再采用7℃的冷水同时满足降温与除湿的要求，而是采用16～18℃的冷水即可满足降温需求。此温度水平的冷源需求为很多自然冷源的使用提供了条件，如深井水、通过土壤源换热器获取冷水、在某些干燥地区通过直接蒸发冷却或间接蒸发冷却方法获取冷水等。表2-13给出了我国部分地区的地下水温度（祝耀升等，1994），可以看出我国不少地区的地下水温度水平可以满足空调系统降温所需冷源的温度需求。

我国部分地区地下水温度　　　　　　　　　　　　表2-13

分　区	地　　　区	地下水温度（℃）
第一分区	黑龙江、吉林、内蒙古全部，辽宁大部，河北、山西、陕西偏北部分，宁夏偏东部分	6～10
第二分区	北京、天津、山东全部，河北、山西、陕西大部，河南南部、青海偏东和江苏偏北一部分	10～15
第三分区	上海、浙江全部，江西、安徽、江苏大部，福建北部，湖南、湖北东部，河南南部	15～20
第四分区	广东、台湾全部，广西大部，福建、云南南部	20
第五分区	贵州全部，四川、云南大部，湖南、湖北西部，陕西和甘肃的秦岭以南地区，广西偏北的一小部分	15～20

即使采用机械压缩制冷方式，由于要求的压缩比很小，根据制冷卡诺循环可以得到，制冷机的理想 COP 将有大幅度提高。如果将蒸发温度从常规空调系统的5℃提高到14～16℃时，当冷凝温度为37℃时，卡诺制冷机的 COP 将从8.7提高到13。对于现有的压缩式制冷机，怎样改进其结构形式，使其在小压缩比时能获得较高的效率，则是对制冷机组制造厂商提出的新课题。

2.5.4　新风处理设备

湿度控制系统的空气处理设备的主要任务是为室内提供达到送风需求的干燥空气。在潮湿地区，夏季对新风需要进行除湿处理，空气的除湿处理方式可以有多种，如冷凝除湿、溶液除湿和固体除湿等，如何根据温湿度独立控制空调系统的特点选取合适的除湿方式、提高除湿处理过程的性能是湿度控制系统空气处理设备所面临的关键问题。而干燥地区夏季新风的处理需求以降温为主，除湿并非主要任务，这时如何选取有效的处理方式满足降温需求也是空气处理装置需要解决的问题。

当有室内排风可以利用时，在新风与室内排风之间进行热回收可以有效回收排风能量，降低新风处理过程的能耗。如何采用有效的热回收方式，在回收热量的同时还能尽量避免新、排风的交叉污染是新风处理设备面临的又一问题。

现有空调机组中，使用多个功能段实现空气的不同处理过程，设备与运行调节都比较复杂，如何构建能满足全年全工况的统一新风处理流程，实现全工况的灵活处理与调节也是新风处理机组所需要解决的问题。

2.6　温湿度独立控制的研究综述及可能形式

2.6.1　关于温湿度独立控制的研究综述

从温湿度独立控制的理念出发，空调系统可以有很多新的形式及处理流程。一直以来，人们都在不断探索新的、合理的建筑热湿环境调控方式，一些研究者也提出了在不同场合、不同条件下适用的空调手段和措施，其中一部分方法实际上已经采用了对温度、湿度分别进行控制的理念，通过不同处理设备和方式实现对温度、湿度的独立调控，本书此处对一些已经提出的空调系统方式进行介绍。

2.6.1.1　独立新风系统

独立新风系统（Dedicated Outdoor Air System，以下简称 DOAS）最早出现在 20 世纪 90 年代的美国，是一种将低温送风设备与其他显热冷却设备结合的空调方式。这种空调方式中采用冷凝除湿新风机组，为了获得较低的送风含湿量，新风机组的处理过程可以与冰蓄冷方式结合，利用冰蓄冷换热得到低温冷水（一般不高于 4℃）用作新风机组冷凝除湿处理新风的冷源。当没有设置冰蓄冷系统时，可采用直接蒸发式制冷系统来实现对新风的除湿。

鉴于处理后的新风温度较低（甚至可能低于 7℃），需要使用高诱导比的诱导风口，尽量降低由于直接送入低温新风而带来的热不舒适感觉。室内剩余部分的显热负荷则由辐射吊顶、干式风机盘管等干式末端设备承担，当利用低温冷水处理新风时，由新风机组流出的冷冻水可直接送入冷辐射吊顶，DOAS 的典型系统形式如图 2-28 所示（殷平，2003）。典型的运行参数是：室内设计状态为温度 25℃、相对湿度 40%，对应的露点温度为 10.5℃；冷水经过水-水换热器被冰蓄冷获取冷水（温度 1.5℃）冷却至 2.5℃，进入表冷器对新风降温除湿后水温升高至 11℃，然后此温度的冷水进入辐射板等显热末端装置对室内降温，流出辐射板的水温为 14℃。室内的设计参数需要处于低湿状态，这样才能保证进入辐射板的冷水温度（11℃）高于其周围空气的露点温度（10.5℃）。

DOAS 在美国提出的初衷主要是为了解决传统集中变风量空调系统在执行 ASHRAE 新风标准中存在的一系列弊病。采用 DOAS 后，空调系统可以实现按照需求将符合标准规定的新风送入房间，解决了变风量空调系统存在的新风量不足问题。从 DOAS 的系统形式及处理方式来看，这种空调系统可以看作是一种温湿度独立控制的空调形式——利用干燥

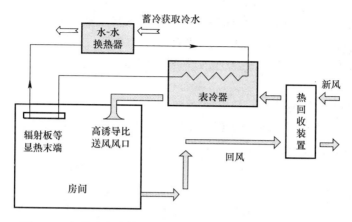

图 2-28　与蓄冷方式结合的 DOAS 形式原理图（殷平，2003）

空气承担室内湿负荷，实现室内湿度控制；利用低温送风和室内辐射末端等承担室内显热负荷，实现室内温度控制。

　　这种与冰蓄冷方式结合的独立新风系统，通入辐射末端的冷水温度较低，容易使辐射末端表面温度低于室内空气露点温度而出现结露；需要降低室内的相对湿度设计水平，从而由于加大了室内外空气的焓差使得新风处理能耗相应增大；而且由于新风负荷和室内显热负荷变化的特点不同，再加上蓄冷方式产生的冷水温度较低，使得部分负荷运行时更容易使得辐射末端表面温度过低，这就限制了上述独立新风系统的应用。从附录 B.2 节对国外冷水机组出水温度的汇总中可以看出，美国并无应用于辐射供冷的冷水机组标准和相关产品，这也反映了 DOAS 应用的局限性。

2.6.1.2　辐射空调方式

　　辐射供冷空调方式最早兴起于欧洲，由于在欧洲很多地方，夏季室外气候普遍较为干燥，室外空气的含湿量水平较低（详见本书附录 B），这时夏季空调基本不需要有除湿的要求，空调系统的主要任务就变成只要满足降温需求即可，也即室内热湿环境的营造过程主要是实现对室内温度的调控。这样，从对室内温度控制即排除显热负荷的视角出发，辐射供冷方式就成为一种适宜的末端显热排除途径。只要将温度水平合适的冷水通入辐射板（保证辐射板表面温度高于周围空气的露点温度），即可用于排除室内显热负荷。而且，供冷与供热可以共用一套末端设备，夏季通过向辐射末端通入冷水实现供冷，冬季则向其中通入热水来实现供热。辐射空调方式在欧洲得到了较为广泛的应用，欧洲已有很多关于辐射供冷或供热方式的研究，特别是近年来结合"高温供冷，低温供热"（High Temperature Cooling and Low Temperature Heating）的相关研究（国际能源署 IEA 建筑和社区系统节能实施协议 ECBCS 的两期 Annex 项目 Annex 37 和 Annex 49），一些成果已应用到实际工程中并取得了良好的效果。

　　辐射供冷方式是一种温度控制的有效方法，在欧洲中北部等气候干燥区域使用时不需要考虑湿度控制的手段，而若将其应用到气候潮湿地区，就需要解决室内湿度控制的问题。在气候潮湿地区，如果未能进行有效地湿度控制调节，使用辐射供冷方式会出现结露现象影响系统的正常使用。需要有另外的设备和装置来进行湿度控制，避免温度控制过程中可能出现的结露现象。

2.6.1.3　湿度优先控制

在医院洁净室等场所，有研究者提出了"湿度优先控制"的热湿环境调控方式（沈晋明等，2007），通过优先进行湿度处理，控制空调系统送风的含湿量来实现对室内湿度的有效调节。洁净室等场所的室内产湿主要来自人，按照"湿度优先处理"的思路，新风量与处理终状态参数应由室内湿负荷确定，并保持相对稳定，新风被处理到可以承担室内湿负荷的状态即能保证室内湿度控制需求。在湿度控制的基础上，可以仅通过对室内回风的降温处理来实现温度的调节控制，从而实现对整个洁净室热湿环境的调控。这种"湿度优先控制"的方式实质上也是一种温湿度独立控制的思路，即利用干燥新风来实现洁净室的湿度控制，再利用降温手段实现温度控制。

从以上对一些空调方式和手段的介绍中可以看出，尽管上述方式在不同场合、不同功能的建筑中适用，但这些方式从根本上都可以看作是基于温湿度独立控制的建筑热湿环境的营造方案。从温湿度独立控制的空调理念出发，不同气候条件、不同类型的建筑可以有不同的热湿环境营造过程解决方案，而如何在实现对建筑热湿环境有效调控、满足室内温湿度等需求的基础上提高各种解决方案的能源利用效率就成为温湿度独立控制的空调方式需要解决的重要问题。

2.6.2　温湿度独立控制的可能形式

根据本书第 1 章对空调系统形式的分析（表 1-3），不同规模建筑的空调系统方案存在很大差异，输送冷量的媒介也不同。从温湿度独立控制的空调理念出发，不同规模、不同功能类型的建筑有不同的空调解决方案。

（1）如表 1-3 所示，在较小规模的公共建筑中，多联式空调机组（也叫变制冷剂流量空调机组，简称 VRF 或 VRV）已经得到越来越广泛的应用，其使用灵活、布置方便等特点很受用户青睐。从温湿度独立控制的视角出发，利用"高温"VRF 机组（工作在较高蒸发温度下）实现温度控制，利用单独的新风处理机组处理新风来实现湿度控制是这种场合温湿度独立控制的可能形式。

（2）在具有一定规模的公共建筑，采用集中式空调系统时，可以利用温度控制与湿度控制系统来分别实现温度、湿度控制。温度控制系统通过输送温度高于常规空调系统的冷媒（如 16～18℃的冷水）来处理显热负荷，湿度控制系统通过向室内输送干燥空气来排出湿负荷实现湿度控制。从温湿度控制的空调理念出发，公共建筑中的可利用的自然资源、空调系统形式及处理设备形式都会发生很大变化。

　　对于不同类型的公共建筑，应用温湿度独立控制的空调理念，可以得到新的空调解决方案，此处对几类典型公共建筑中应用温湿度独立控制空调方式的可能形式进行介绍。

　　1. 办公建筑

　　随着社会经济的持续发展，高档写字楼等大型办公类建筑越来越多地出现，这类场所的空调方式也面临着前所未有的发展机遇。目前，此类建筑多采用常规空调方式，选用风机盘管加新风或全空气空调系统进行室内环境控制。从温湿度独立控制的空调理念出发，在这类建筑中，室内湿负荷主要来自于人员等产湿源，而需求新风量的变化正好与人员数目的变化相关。经过处理的干燥新风直接送到人员所在区域，满足人员对新鲜空气的需求和室内湿度控制需求，另外一个独立的系统专门排除室内多余的热量，满足室内温度控制要求。这样，就可以利用处理后的新风来承担排除室内湿负荷、控制室内湿度的任务，而通过辐射板、干式风机盘管等显热末端装置来承担温度控制任务。按照这样的思路，就有可能使建筑中的每个空间在需要时都能同时满足新鲜空气、温度和湿度的要求。

　　如果室内温度要求在 25℃，那么从原理上讲，任何可以提供低于 25℃ 冷量的冷源都可以充当用于夏季温度控制系统的空调冷源。这样就有可能利用自然冷源或效率非常高的高温冷源（出水温度在 15～20℃ 之间）作为控制室内温度的空调冷源。然而，传统的空调方式在大多数场合却需要温度低得多的冷源，例如一般设计都要求是 7℃ 左右的冷水作为冷源，这是因为传统空调统一考虑室内温度控制和湿度控制。为了满足排除室内湿负荷，采用冷凝除湿方式时就必须有温度足够低的冷源。但在夏季很难找到自然存在的或廉价的 7℃ 冷源，通过机械制冷方式获取低温冷源，其制冷效率要远低于制备 15～20℃ 的高温冷源时的制冷效率。实际上在我国西部地区尽管夏季也出现高温，但空气干燥，露点温度大都低于 15℃。这时可以利用间接蒸发冷却方式利用干空气制备出仅高于露点温度 2～3℃ 的冷水，不需要机械压缩制冷即可产生高温冷水满足温度调节需求。

　　利用 15～20℃ 的高温冷水吸收室内显热调节室内温度，需要相应的末端换热装置。由于此时末端只需要承担显热，同时是利用高于室内露点的高温冷水，因此不会出现结露现象，不会产生冷凝水。这样，可以采用辐射方式，也可以采用风机盘管等空气循环换热方式。

　　2. 高大空间环境

　　对于机场、车站和建筑物中庭等高大空间场所，室内人员一般只在近地面处（＜2m）活动，空调系统的任务即是保证人员活动区的温湿度需求。目前这类空间大多采用全空气空调系统，通过安装在空间上部或中部的射流式喷口送风，使人员活动区处于回流区，全面控制室内空间的热湿环境。这种系统导致夏季空调冷量消耗大，瞬态冷量在 150～200W/m²；冬季有时垂直温差太大，尽管耗热量很大，但人员活动的地面附近仍温度偏低；全年风机电耗高，年风机电耗可达到年制冷机电耗的 2～4 倍。国内目前这类建筑空间的空调系统能耗（不包括采暖热量）一般都在每年 150kWh/m² 以上。

　　根据温湿度独立调节的空调理念，在这些场所可以应用局部、分层控制的手段来实现热湿环境的有效调控，并大幅降低空调能耗。这类场所热湿环境调控的要点在于：（1）尽可能形成垂直方向的温度梯度，使距地面 2m 以上高度的空间夏季温度高，冬天温度低，从而减少冷热负荷；（2）尽可能采用局部的末端方式提供冷热量，而不采用大范围的空气循环供冷供热，从而大幅度降低风机电耗；（3）设法能够实现局部空间的环境调节，以应对局部位置人员密集、冷负荷过高的状况。

采用温湿度独立控制系统，是全面实现上述热湿环境调控要点的有效途径。通过设置专门的新风处理系统，夏季将新风处理到合适的温湿度水平（如 18～20℃、8～10g/kg），冬季也处理到一定的温湿度水平，再通过单独的送风系统采用置换通风或其他下送风方式，将处理后的新风送入各人员聚集区域，使新风直接进入人员活动区，尽可能减少与室内空气的混合。新风量根据各区域可能的人员数量确定，这样，依靠新风基本可以排除人体散热散湿。

在高大空间下部人员活动区设置采用高温冷水（如 18～20℃）和低温热水（35℃左右）循环的供冷供热末端装置，在夏季排除显热、在冬季提供显热（实际上需求量很少）从而满足人员活动区域的温度要求。这种情况下最合适的末端装置是地板辐射方式，高密度地在地板下埋管，并尽可能减小地板表面与盘管间的热阻，使地板表面温度在 20℃左右，基本可以满足人员活动区域的温度调节需求。地板内的埋管可以划分为一个个区域，可采用"通断控制"方式，根据各个区域的温度分别调整各自水路在一个时间周期内（如半个小时）"接通"和"切断"的时间比，从而实现对各区域环境温度的有效控制。

对于地板上安置的物体太多，没有足够的有效辐射面积，以及局部设备密集、发热量高的区域，还可以采用局部的风机盘管方式。这时风机盘管内为 18～20℃ 的高温冷水，高于底部区域的空气露点温度，因此将工作在干工况，不会出现凝水。这样的风机盘管只是降温设备，不承担除湿功能，也不必设置凝水排水管。这样的风机盘管应该是落地式安装的柜式或立柱式形式，送回风方式为侧送侧回或侧送顶回。图 2-29 给出了一种与置换式新风送风合用的风机盘管送风装置。

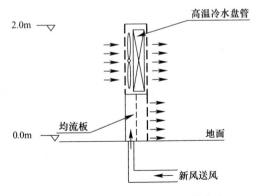

图 2-29 高大空间末端局部调节方案

对于其他功能类型的公共建筑，如宾馆、商场和医院等，也可以从温湿度独立调节的空调理念出发构建新的室内温湿度环境营造系统方式。不同于现有热湿统一调控的常规空调方式，温湿度独立调节的空调方式将为这些场所提供新的热湿环境营造可行方法。此外，在一些特殊用途的公共建筑如档案馆及工业厂房等，利用温湿度独立控制的分析方法，通过对这些场所的使用特性、功能特点等进行分析，也可以得到一些不同于现有处理方式的热湿环境调控方案。

本书后续将针对公共建筑中应用温湿度独立控制的空调形式进行室内温湿度调节的装置和方式进行介绍。

第3章　室内显热末端装置

温湿度独立控制空调系统的末端热湿环境控制过程如图 3-1 所示。温度控制系统的末端设备为换热装置，高温冷水、制冷剂等冷媒输送到末端换热装置后与室内空气、壁面等通过对流、辐射方式进行换热，实现对室内温度的控制。湿度控制系统的末端向室内送入干燥新风，由于送风的含湿量较低，室内产湿源等产生的湿负荷等通过扩散方式扩散到干燥空气中，实现对室内湿度的控制。温度控制系统的末端设备与湿度控制系统的末端设备相互配合，共同完成建筑热湿环境的调节控制任务。本章主要介绍辐射板与干式风机盘管这两种余热去除末端装置。

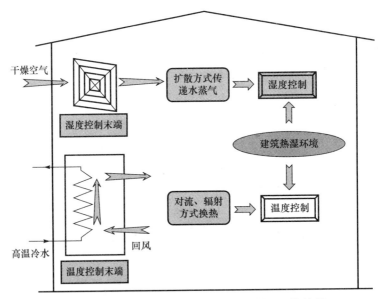

图 3-1　温湿度独立控制空调系统末端热湿环境控制

3.1　辐射板

3.1.1　辐射末端换热特点

在以辐射板为末端换热装置的系统中，冷媒（热媒）先将能量传递到辐射板表面，其表面再通过对流和辐射、并以辐射为主的方式直接与室内环境进行换热。冷媒通常为水，也可以制冷剂为冷媒，将高温的蒸发器（蒸发温度16～18℃）直接作为辐射板，这一系统目前正在研发中。而根据辐射板表面在室内布置位置不同，可构成辐射顶板系统、辐射地板系统、辐射垂直墙壁系统等。辐射末端装置大致划分为两大类：一类是沿袭辐射供暖楼板的思想，将特制的塑料管或金属管直接埋在水泥楼板中，形成辐射地板或顶板；另一类是以金属或塑料为材料，制成模块化的辐射板产品，安装在室内形成辐射吊顶或墙壁，如图3-2所示。

(a) (b)

图 3-2 不同形式的辐射末端

(a) 混凝土辐射地板施工现场；(b) 金属辐射吊顶板

辐射板表面传热包括辐射传热和对流传热，其中辐射传热包括短波辐射（例如太阳光透过透明围护结构照射到辐射板表面）和长波辐射（室内围护结构、设备、人员和灯具表面与辐射板表面之间的长波辐射），如图3-3所示。由于辐射的"超距"作用，即可不经过空气而在表面之间直接换热，因此各种室内余热以短波辐射和长波辐射方式到达辐射板表面后，转化为辐射板内能或通过辐射板导热传递给冷媒、被吸收并带离室内环境。这一过程减少了室内余热排出室外整个过程的换热环节，是辐射板这一末端装置与现有常用空调方式的最大不同。当太阳辐射这些短波辐射通过窗进入到室内辐射板时，辐射板可以直接接收此部分热量，这是相同辐射地板在无太阳辐射和有太阳辐射时，供冷能力可从30～60W/m² 变化到100W/m² 以上的主要原因。

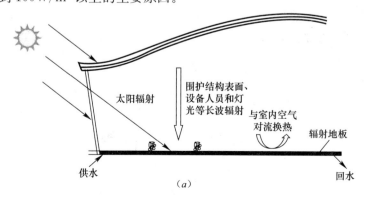

(a)

图 3-3 辐射末端与周围的能量交换（一）

(a) 示意图

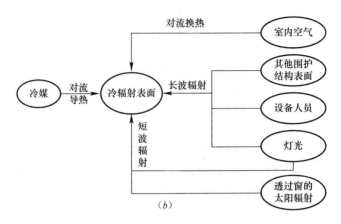

图 3-3 辐射末端与周围的能量交换（二）

（b）简化图

从热阻角度可以清晰地分析从冷媒到辐射板表面、从辐射板表面到室内环境的换热过程，如图 3-4 所示，从而为计算辐射板供冷量、表面温度分布提供一种简化计算方法。

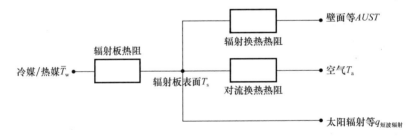

图 3-4 从冷/热媒经过辐射板到室内的换热过程

图 3-4 所示各环节换热过程的计算式如下：

辐射板表面到室内环境的换热过程

$$q = q_{对流} + q_{长波辐射} + q_{短波辐射}$$
$$= h_c(T_a - T_s) + h_r(AUST - T_s) + q_{短波辐射} \tag{3-1}$$

冷/热媒到辐射板表面的换热过程

$$q = \frac{T_s - \overline{T}_w}{R} = \frac{T_s - (T_g + T_h)/2}{R} \tag{3-2}$$

冷/热媒侧

$$q = \frac{\alpha_p \dot{g}(T_h - T_g)}{1 + r} \tag{3-3}$$

式中　　　　　　　　　q——辐射板单位面积有效供冷量，W/m^2；

$q_{对流}$、$q_{长波辐射}$ 和 $q_{短波辐射}$——分别为单位面积辐射板与周围空气的对流换热量，与室内围护结构、设备等表面的长波辐射换热量，照射到辐射板表面的短波辐射得热量，W/m^2；

$AUST$——室内非加热/冷却表面的加权平均温度，℃；

T_a——空气温度，℃；

T_s——辐射板表面平均温度，℃；

$\overline{T}_w$——辐射板内冷/热媒平均温度，℃；

T_g 和 T_h——分别为辐射板供水与回水温度，℃；

h_c 和 h_r——分别为对流换热系数和长波辐射换热系数，$W/(m^2 \cdot ℃)$；

R——辐射板冷/热媒到辐射板表面的热阻，$(m^2℃)/W$；

g——单位面积辐射板的供水量，$m^3/(s \cdot m^2)$；

r——辐射板向邻室传热热损失比例。

从辐射板的换热过程分析来看，室内热源 $q_{对流}$、$q_{长波辐射}$、$q_{短波辐射}$ 和辐射板表面温度 T_s 决定了辐射板与室内环境的换热性能；辐射板热阻 R、冷/热媒温度 $\overline{T}_w$ 和流量 g 反映了辐射板自身性能的影响情况，对辐射板表面温度的均匀性也有很大影响。因此，下面将对上述核心参数展开具体分析。

3.1.2　辐射末端换热重要参数

3.1.2.1　长波辐射换热

从辐射板表面到室内环境的长波辐射换热量 $q_{长波辐射}$ 可用下式表示：

$$q_{长波辐射} = h_r(AUST - T_s) \tag{3-4}$$

长波辐射换热量 $q_{长波辐射}$ 与室内壁面温度和房间尺寸相关。$AUST$ 可以按室内各表面的面积加权，也可以按室内各表面对辐射板的角系数加权（见下式），按角系数加权的方法更加精确。

$$AUST = \sqrt[4]{\sum_{j=1}^{n}\left[F_{s-j}(T_j + 273)^4\right]} - 273 \tag{3-5}$$

式中　F_{s-j}（view factor）——室内第 j 个表面对辐射板的角系数；

T_j——室内第 j 个表面的温度，℃。

图 3-5 给出了辐射板对室内各个表面的角系数以及算例房间尺寸（12m×6m×3m）。图 3-6 和图 3-7 给出了一些室内壁面和设备表面温度的实测数据。以图 3-5（a）为例，计算不同壁面温度情况下的 $AUST$，参见表 3-1。

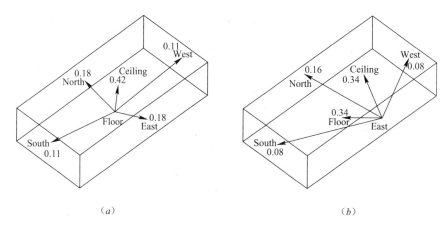

图 3-5 辐射板对室内各个表面角系数算例

(a) 辐射地板; (b) 辐射墙壁

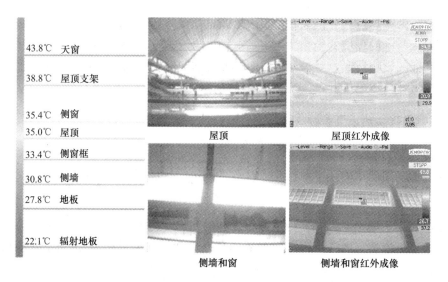

图 3-6 室内壁面温度分布实测结果

不同壁面温度情况下的 *AUST*   表 3-1

壁面	东墙	南墙	西墙	北墙	屋顶	*AUST* (℃)
角系数	0.18	0.11	0.18	0.11	0.42	
1	28	26	26	26	26	26.4
2	30	30	26	26	26	27.2
3	30	26	26	26	35	30.6

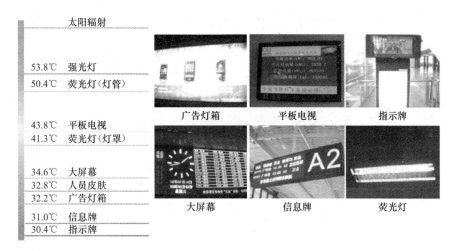

太阳辐射

53.8℃ 强光灯
50.4℃ 荧光灯(灯管)

43.8℃ 平板电视
41.3℃ 荧光灯(灯罩)

34.6℃ 大屏幕
32.8℃ 人员皮肤
32.2℃ 广告灯箱

31.0℃ 信息牌
30.4℃ 指示牌

广告灯箱　　　　平板电视　　　　指示牌

大屏幕　　　　信息牌　　　　荧光灯

图 3-7　室内热源设备表面温度实测结果

长波辐射换热系数（陆耀庆，2008）通过下式求得：

$$h_{\mathrm{r}} = \frac{\sigma \sum_{j=1}^{n} F_{\varepsilon_{s-j}} \left[(T_j + 273)^4 - (T_s + 273)^4 \right]}{AUST - T_s} \tag{3-6}$$

式中　　　　　　　　σ——斯特潘常数，$\sigma = 5.67 \times 10^{-8} \mathrm{W/(m^2 \cdot K^4)}$；

$F_{\varepsilon_{s-j}}$ (radiation interchange factor)——室内第 j 个表面对辐射板的辐射系数，该系数由式
　　　　　　　　　　（3-7）计算，其中 A_s 和 A_j 分别为辐射板的面积和
　　　　　　　　　　表面 j 的面积，$\mathrm{m^2}$；

ε_s 和 ε_j——分别为辐射板的发射率和表面 j 的发射率。

$$F_{\varepsilon_{s-j}} = \frac{1}{\left[(1-\varepsilon_s)/\varepsilon_s \right] + (1/F_{s-j}) + (A_s/A_j)\left[(1-\varepsilon_j)/\varepsilon_j \right]} \tag{3-7}$$

实际上，非金属或刷油漆金属的非反射表面的发射率大约为 0.9，将此值带入上式，辐射系数 $F_{\varepsilon_{s-j}}$ 约为 0.87，可得 $\sigma F_{\varepsilon_{s-j}} \approx 5 \times 10^{-8}$。从辐射板表面到室内环境的长波辐射换热量 $q_{长波辐射}$ 可用下式计算：

$$q_{长波辐射} \approx 5 \times 10^{-8} \left[(AUST + 273)^4 - (T_s + 273)^4 \right] \tag{3-8}$$

由此，得到长波辐射换热系数为：

$$h_{\mathrm{r}} \approx 5 \times 10^{-8} \cdot \left[(AUST + 273) + (T_s + 273) \right] \cdot \left[(AUST + 273)^2 + (T_s + 273)^2 \right] \tag{3-9}$$

在辐射板常用的供冷（辐射板表面温度一般为 16～22℃）和供暖（辐射板表面温度一般为 25～35℃）工作温度范围内，长波辐射换热系数 h_{r} 基本上为常数，为 5.2～5.5W/(m² · ℃)。图 3-8 给出了辐射板长波辐射换热量随着 $AUST$ 与辐射板表面温差的变化情况。

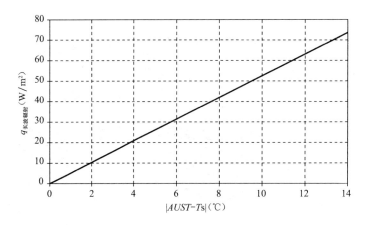

图 3-8 长波辐射换热量随着温差（$AUST$-T_s）的变化情况

对于辐射板的表面温度 T_s，各国标准中规定了辐射地板、顶板、垂直墙壁进行供冷与供热的表面温度限值，如欧洲标准 EN1264 规定：

（1）冬季供热时：一般人员活动停留区，热辐射地板表面温度不能高于 29℃；靠近外围护结构、人员较少到达或停留的区域，热辐射地板表面温度不能高于 35℃；

（2）夏季供冷时：人员静坐区，冷辐射地板表面温度不能低于 20℃；对于人员经常走动、活动量较大的情况，冷辐射地板表面温度不能低于 18℃；任何情况下，冷辐射地板表面温度应高于室内露点温度；

（3）供冷和供暖时：不能超过热辐射不对称性（Thermal Radiation Asymmetry）限值。

3.1.2.2 对流换热系数

从辐射板表面到室内环境的对流换热量 $q_{对流}$ 可用下式计算：

$$q_{对流} = h_c(T_a - T_s) \tag{3-10}$$

式中 T_a——空气温度，℃；

h_c——对流换热系数，W/(m² · ℃)。

对流换热系数除了与辐射板的位置以及供冷、供热情况密切相关，还与辐射板周围的气流流动状况密切相关，表 3-2 汇总了自然对流换热系数的经验公式。自然对流换热系数的大小排序为：地板供暖和顶板供冷＞垂直墙壁供暖和供冷＞顶板供暖和地板供冷。因而，在相同的辐射板表面温度与室内温差情况下，单位面积的顶板供冷量＞垂直墙壁＞地板供冷量，单位面积的地板供暖量＞垂直墙壁＞顶板供暖量。需要注意的是，表中的数据是在自然对流、无强制对流情况下的数据，当辐射板应用环境中送风影响辐射板周围的空气流动时，对流换热系数 h_c 会有所提高。图 3-9 给出了辐射板对流换热量随着辐射板表面与室内空气温差的变化情况，对流换热系数的公式来自《实用供热空调设计手册》（第二版）。

自然对流换热系数 h_c 参考数据   表 3-2

	计算公式或数值	来 源	备 注
顶板供暖和地板供冷	$0.134 \cdot (\Delta T)^{0.25}$	Min et al. 陆耀庆. 实用供热空调设计手册（第二版）	当 $\Delta T = 5 \sim 8$℃时，$h_c = 0.20 \sim 0.23\text{W}/(\text{m}^2 \cdot ℃)$
	$0.87 \cdot (\Delta T)^{0.25}$	陆耀庆. 实用供热空调设计手册（第二版）	平顶供暖时，辐射板之间留有一定间隔（非供暖板），自然对流增强；当 $\Delta T = 5 \sim 8$℃时，$h_c = 1.3 \sim 1.5\text{W}/(\text{m}^2 \cdot ℃)$
	$\dfrac{0.704}{D^{0.601}} \cdot (\Delta T)^{0.133}$	H. B. Awbi，A. Hatton	仅供热工况；当 $\Delta T = 5 \sim 8$℃，$D = 5\text{m}$ 时，$h_c = 0.33 \sim 0.35\text{W}/(\text{m}^2 \cdot ℃)$
	1.0	欧洲标准 EN-1264	标准中给出了包括自然对流换热和长波辐射换热在内的整体计算公式，按照 $h_r = 5.5\text{W}/(\text{m}^2 \cdot ℃)$ 进行估算
地板供暖和顶板供冷	$2.13 \cdot (\Delta T)^{0.31}$	Min et al. 陆耀庆. 实用供热空调设计手册（第二版）	当 $\Delta T = 5 \sim 8$℃时，$h_c = 3.5 \sim 4.1\text{W}/(\text{m}^2 \cdot ℃)$
	$\dfrac{2.175}{D^{0.076}} \cdot (\Delta T)^{0.308}$	H. B. Awbi，A. Hatton	仅供热工况；当 $\Delta T = 5 \sim 8$℃、$D = 5\text{m}$ 时，$h_c = 3.2 \sim 3.7\text{W}/(\text{m}^2 \cdot ℃)$
	$10.8 \cdot (\Delta T)^{0.1} - 5.5$	欧洲标准 EN-1264	标准中给出了包括自然对流换热和长波辐射换热在内的整体计算公式，按照 $h_r = 5.5\text{W}/(\text{m}^2 \cdot ℃)$ 进行估算；当 $\Delta T = 5 \sim 8$℃时，$h_c = 7.2 \sim 7.8\text{W}/(\text{m}^2 \cdot ℃)$
垂直墙壁供暖和供冷	$1.78 \cdot (\Delta T)^{0.32}$	陆耀庆. 实用供热空调设计手册（第二版）	当 $\Delta T = 5 \sim 8$℃时，$h_c = 3.0 \sim 3.5\text{W}/(\text{m}^2 \cdot ℃)$
	$\dfrac{1.823}{D^{0.121}} \cdot (\Delta T)^{0.293}$	H. B. Awbi，A. Hatton	仅供热工况；当 $\Delta T = 5 \sim 8$℃、$D = 5\text{m}$ 时，$h_c = 2.4 \sim 2.8\text{W}/(\text{m}^2 \cdot ℃)$
	2.5	欧洲标准 EN-1264	标准中给出了包括自然对流换热和长波辐射换热在内的整体计算公式，按照 $h_r = 5.5\text{W}/(\text{m}^2 \cdot ℃)$ 进行估算

注：ΔT 指的是换热表面平均温度与室内空气温度之差；$D = \dfrac{4 \times 面积}{周长}$，为换热表面的特征直径。

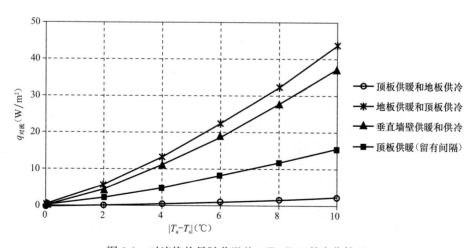

图 3-9 对流换热量随着温差（$T_a - T_s$）的变化情况

以上分析了辐射板与室内环境的长波辐射换热 $q_{长波辐射}$ 和对流换热 $q_{对流}$ 的计算分析方法，上述两部分热量再加上到辐射板表面的短波辐射换热量 $q_{短波辐射}$，即可得到辐射板的总换热量 q（W/m²）：

$$q = h_c(T_a - T_s) + h_r(AUST - T_s) + q_{短波辐射} \tag{3-11}$$

3.1.2.3 辐射板热阻

从辐射板供回水到辐射板表面的热阻定义为：

$$R = \frac{辐射板表面平均温度 - 辐射板内冷/热媒平均温度}{单位面积辐射板换热量} = \frac{T_s - \bar{T}_w}{q} \tag{3-12}$$

辐射板的热阻 R 等于辐射板内供冷/热管到辐射板表面的热阻 R' 和管内冷/热媒与管壁的换热热阻 R'' 之和。

$$R' = \frac{辐射板表面平均温度 - 供冷/热管内壁面温度}{单位面积辐射板换热量} \tag{3-13}$$

$$R'' = \frac{供冷/热管内壁面温度 - 冷/热媒平均温度}{单位面积辐射板换热量} \tag{3-14}$$

以下分别介绍这两部分热阻的情况。

1. 辐射板内供热/冷管到辐射板表面的热阻 R'

辐射板热阻 R' 受辐射板结构形式以及内部结构参数的影响，因而当采用的辐射板结构确定时，在高温供冷和低温采暖工作范围内，热阻 R' 几乎不受温度的影响，为常数。通过求解导热方程，可以得出辐射板热阻的解析表达式，详见本书附录 D。此处以图 3-10 所示的辐射地板结构为例，给出热阻的计算公式，图中 T_z 为室内对流辐射综合温度，$T_z = \dfrac{h_c T_a + h_r AUST}{h_c + h_r}$，℃；$h_z$ 为包括辐射换热和对流换热在内的综合换热系数，$h_z = h_c + h_r$，W/(m²·℃)；δ 为供回水管的外径，mm；L 为供回水管管间距，mm；d_1、d_2 分别为水管距离介质上表面和下表面的距离，mm；L_1、L_2 为覆盖在上层的介质。

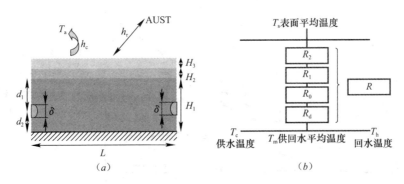

图 3-10 辐射板的结构与热阻示意图

（a）结构示意图；（b）热阻示意图

对于上述结构的辐射板，辐射板热阻 R' 为：

$$R' = \frac{L}{2\pi k_1}\left[\ln\left(\frac{L}{\pi\delta}\right) + \frac{2\pi d_1}{L} + \sum_{s=1}^{\infty}\frac{G(s)}{s}\right] + \frac{H_2}{k_2} + \frac{H_3}{k_3} + \frac{H_d}{k_d}\cdot\frac{L}{\pi\delta} \tag{3-15}$$

其中，λ 为导热系数，$W/(m\cdot℃)$；$G(s)$ 的计算式见下式，其中 $Bi = h_z L/\lambda$。

$$G(s) = \frac{\dfrac{Bi+2\pi s}{Bi-2\pi s}e^{-\frac{4\pi s}{L}d_2} - 2e^{-\frac{4\pi s}{L}(d_1+d_2)} - e^{-\frac{4\pi s}{L}d_1}}{\dfrac{Bi+2\pi s}{Bi-2\pi s} + e^{-\frac{4\pi s}{L}(d_1+d_2)}} \tag{3-16}$$

当混凝土辐射地板的结构由下至上依次为：豆石混凝土（70mm）、水泥砂浆（25mm）、花岗岩（25mm），供回水管外径 20mm，供回水管间距 150mm 时，辐射地板的热阻 R' 为 0.098（$m^2\cdot℃/W$）。对于抹灰形式的毛细管辐射板（外径为 3.35mm），当填充导热系数为 0.45W/(m·℃) 的石膏，填充层厚度为 20mm，供回水管间距为 15mm 时，毛细管辐射板的热阻 R' 为 0.046（$m^2\cdot℃/W$）。

对于图 3-2（b）所示的金属辐射板，金属辐射板从板基部（与水管接触）到板端部的换热过程可以简化为图 3-11 所示的形式。金属辐射板的厚度 δ 一般在 0.5~2.0mm 范围内，间距 L 一般在 70~200mm 范围内，由于金属材料的导热性能比较好，可将辐射板简化为沿着厚度方向温度均匀一致，其温度仅沿着间距方向发生变化的一维换热过程，由此得到辐射板端部温度与基部温度的关系为：

$$T_{s,端部} = T_z - (T_z - T_{s,基部})/ch\left(\frac{L}{2}\sqrt{\frac{2h_z}{\lambda\delta}}\right) \tag{3-17}$$

单位面积辐射板的供冷量为：

$$q = h_z\cdot(T_z - T_{s,端部})\cdot th\left(\frac{L}{2}\sqrt{\frac{2h_z}{\lambda\delta}}\right)\Big/\left(\frac{L}{2}\sqrt{\frac{2h_z}{\lambda\delta}}\right) \tag{3-18}$$

因此，按照式（3-13）的定义，金属辐射板的热阻 R' 为：

$$R' = \frac{1}{h_z}\left[\left(\frac{L}{2}\sqrt{\frac{2h_z}{\lambda\delta}}\right)\Big/th\left(\frac{L}{2}\sqrt{\frac{2h_z}{\lambda\delta}}\right) - 1\right] \tag{3-19}$$

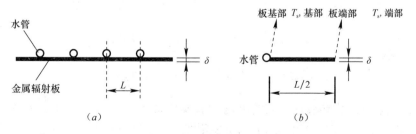

图 3-11 金属辐射板的结构形式

（a）金属辐射板结构形式；（b）金属辐射板简化换热模型

图 3-12 给出了铝质辐射板端部温度及热阻 R' 随着不同辐射板厚度和间距的变化规律，辐射板的 $h_c=4.5\mathrm{W/(m^2 \cdot ℃)}$，$h_r=5.5\mathrm{W/(m^2 \cdot ℃)}$。当空气与辐射板温差在端部与在基部的比值在 $0.8\sim1.0$ 范围内时，辐射板的热阻 R' 小于 0.015（$\mathrm{m^2 \cdot ℃}$）/W。

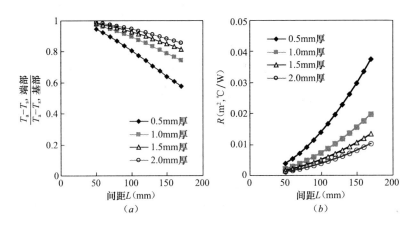

图 3-12　铝质辐射板端部温度及热阻 R'

（a）空气与辐射板温差在端部与在基部的比值；（b）辐射板热阻 R'

2. 辐射板管内冷/热媒与管内壁的换热热阻 R''

管内水与壁面的对流换热系数 h_w 可按照以下公式进行计算（陆耀庆，2008），其中 Re 和 Pr 分别为雷诺数和普朗特数；λ 为导热系数，$\mathrm{W/(m \cdot K)}$；d 为供回水管的内径，m；l 是管长，m。

$Re\leqslant2300$

$$h_w = 1.86(Re \cdot Pr)^{1/3}\left(\frac{d}{l}\right)^{1/3}\frac{\lambda}{d} \tag{3-20}$$

$2300<Re\leqslant10000$

$$h_w = 0.012(Re^{0.87}-280)Pr^{0.4}\left[1+\left(\frac{d}{l}\right)^{2/3}\right]\frac{\lambda}{d} \tag{3-21}$$

$$h_w = 0.023Re^{0.8}Pr^{0.4}\frac{\lambda}{d} \quad（供冷）$$

$\mathrm{Re}>10000$
$$\tag{3-22}$$
$$h_w = 0.023Re^{0.8}Pr^{0.3}\frac{\lambda}{d} \quad（供热）$$

常用辐射板供冷/供热管内水与管壁的对流换热系数如图 3-13 所示，其中 l 取为 5m。层流状态（$Re\leqslant2300$）时，管内水对流换热系数远小于过渡状态（$2300<Re\leqslant10000$）和旺盛紊流状态（$Re>10000$）。

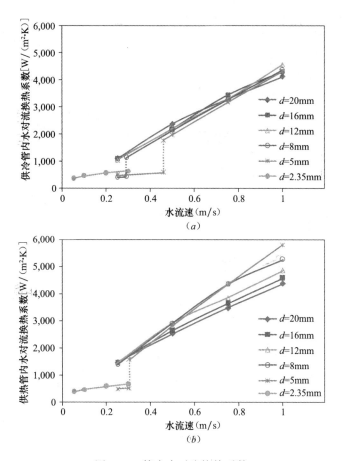

图 3-13　管内水对流换热系数

（*a*）供冷时管内水对流换热系数（冷水温度 20℃）；（*b*）供热时管内水对流换热系数（热水温度 40℃）

　　将管内水与壁面的对流换热系数 h_w 按照管内壁面积和辐射板表面积的比值折算，可以得到冷/热媒与管壁的等效换热热阻 R'' 如下式所示，其中 L 为供回水管管间距。

$$R'' = \frac{1}{h_w} \cdot \frac{L}{\pi d} \qquad (3-23)$$

　　辐射板的供冷/供热管，一般采用热塑性塑料管或金属管，常用 $\Phi20$、$\Phi25$ 等管材，金属辐射板常用 $\Phi10$、$\Phi15$ 的管材，轻薄型辐射板也会采用 $\Phi7$ 的塑料管，管内水流速一般为 0.5～1.0m/s。此外，毛细管型辐射板中采用 $\Phi3.35$ 的塑料管作为毛细管，流速通常为 0.05～0.2m/s。常用辐射板内水与管壁换热系数和等效换热热阻如表 3-3 所示。管内水流速越高，相应的对流换热系数 h_w 越大，冷/热媒与管内壁的等效换热热阻 R'' 越小。

辐射板管内冷/热媒与管内壁的换热热阻 R'' 表3-3

管外/内径	水流速	管间距	供冷工况（20℃水）		供热工况（40℃水）	
			h_w	R''	h_w	R''
mm	m/s	mm	W/(m²·K)	m²·K/W	W/(m²·K)	m²·K/W
25/20	0.25	300/200	1097	0.0044/0.0029	1468	0.0033/0.0022
	0.5		2371	0.0020/0.0013	2504	0.0019/0.0013
	0.75		3280	0.0015/0.0010	3463	0.0014/0.0009
	1.0		4128	0.0012/0.0008	4360	0.0011/0.0007
20/16	0.25	300/200	1076	0.0055/0.0037	1463	0.0041/0.0027
	0.5		2198	0.0027/0.0018	2618	0.0023/0.0015
	0.75		3429	0.0017/0.0012	3621	0.0016/0.0011
	1.0		4317	0.0014/0.0009	4559	0.0013/0.0009
16/12	0.25	200/100	1030	0.0052/0.0026	1441	0.0037/0.0018
	0.5		2191	0.0024/0.0012	2902	0.0018/0.0009
	0.75		3275	0.0016/0.0008	3836	0.0014/0.0007
	1.0		4572	0.0012/0.0006	4829	0.0011/0.0005
10/8	0.25	150/75	392	0.0152/0.0076	1368	0.0044/0.0022
	0.5		2134	0.0028/0.0014	2902	0.0021/0.0010
	0.75		3272	0.0018/0.0009	4335	0.0014/0.0007
	1.0		4361	0.0014/0.0007	5236	0.0011/0.0006
7/5	0.25	150/75	459	0.0208/0.0104	476	0.0201/0.0100
	0.5		1963	0.0049/0.0024	2814	0.0034/0.0017
	0.75		3168	0.0030/0.0015	4332	0.0022/0.0011
	1.0		4321	0.0022/0.0011	5783	0.0017/0.0008
3.35/2.35	0.05	20/10	345	0.0078/0.0039	358	0.0076/0.0038
	0.1		435	0.0062/0.0031	451	0.0060/0.0030
	0.2		548	0.0049/0.0025	568	0.0048/0.0024
	0.3		627	0.0043/0.0022	650	0.0042/0.0021

对于混凝土结构和轻薄型辐射板冷/热媒与管壁的等效换热热阻 R'' 与辐射板热阻 R' 的比值一般小于5%，在工程设计计算中可以忽略。而在金属辐射板（$R' \approx 0.01 \text{m}^2 \cdot \text{K/W}$）和毛细管型辐射板（$R' = 0.02 \sim 0.06 \text{m}^2 \cdot \text{K/W}$）中，冷/热媒与管壁的等效换热热阻 R'' 与辐射板热阻 R' 的比值一般在10%～25%范围内，需要考虑其影响。

3.1.2.4 辐射板表面温度不均匀性分析

1. 室内热源均匀、辐射板无局部遮挡情况

辐射板表面的平均温度直接影响辐射板的换热量。在夏季供冷工况下，辐射板表面的最低温度需要高于其周围空气的露点温度，否则会出现辐射板表面结露的现象。对于图3-10所示的辐射板结构，考虑到辐射板表面的最高温度与最低温度之差小于（或等于）辐

射板的供回水温度，所以可以定义辐射板的衰减系数 S，S 为一个小于或等于 1 的常数，且 S 不随供回水温度变化而变化：

$$S = \frac{T_{s,max} - T_{s,min}}{T_g - T_h} \tag{3-24}$$

式中　$T_{s,max}$、$T_{s,min}$——分别为辐射板表面的最高温度和最低温度，℃；

　　　　T_g 和 T_h——分别为辐射板的供水温度与回水温度，℃。

根据附录 D，在工程误差允许范围内，可将 S 简化为：

$$S \approx 1 / \left[\left(\frac{h_z}{k\beta_1} + 1 \right) \frac{e^{\beta_1 H}}{2} \right] \tag{3-25}$$

其中 $\beta_1 = \frac{L}{\pi}$，$H = H_1 + H_2 + H_3$，$k = \frac{k_1 e^{\beta_1 H_1} + k_2 e^{\beta_1 H_2} + k_3 e^{\beta_1 H_3}}{e^{\beta_1 H_1} + e^{\beta_1 H_3} + e^{\beta_1 H_3}}$

因此，辐射板表面的最低温度为：

$$T_{s,min} = T_s - \frac{S}{2}(T_g - T_h) \tag{3-26}$$

对于混凝土结构的辐射地板以及抹灰形式的毛细管辐射板，当室内热源均匀、辐射板局部无遮挡时，其表面温度分布较为均匀，表面的平均温度与最低温度的差值一般在 0.5℃ 以内。

对于图 3-2 (b) 所示的金属辐射板，辐射板表面的最低温度一般位于辐射板基部，$T_{s,min} = T_{s,基部} \approx$ 冷水的进口温度；辐射板表面平均温度为下式所示，其中 T_z 为室内对流辐射综合温度，℃；h_z 为包括辐射换热和对流换热在内的综合换热系数，W/(m²·℃)。

$$T_s = T_z - (T_z - T_{s,基部}) \cdot th\left(\frac{L}{2}\sqrt{\frac{2h_z}{\lambda\delta}}\right) / \left(\frac{L}{2}\sqrt{\frac{2h_z}{\lambda\delta}}\right) \tag{3-27}$$

辐射板表面的平均温度与最低温度的差值为：

$$T_s - T_{s,基部} = (T_z - T_{s,基部}) \cdot \left(1 - th\left(\frac{L}{2}\sqrt{\frac{2h_z}{\lambda\delta}}\right) / \left(\frac{L}{2}\sqrt{\frac{2h_z}{\lambda\delta}}\right)\right) \tag{3-28}$$

对于金属辐射板，其表面温度分布不易均匀，表面的平均温度与最低温度的差值可以达到 1.5~3℃。

对于图 3-11 和图 3-12 所示的铝质辐射板结构形式及相应的热阻情况，图 3-15 给出了辐射板端部温度随着不同辐射板厚度和间距的变化规律，T_z 为 26℃，板基部温度为 20℃。

(1) 当辐射板间距 $L = 70mm$，辐射板厚度为 0.5mm、1.0mm、1.5mm 和 2.0mm 时，相应的辐射板端部温度比基部温度分别高出 0.6℃、0.3℃、0.2℃ 和 0.2℃，在此情况下采用 0.5mm 厚度的辐射板其表面温度已比较均匀。

(2) 当辐射板间距 $L = 140mm$，辐射板厚度为 0.5mm、1.0mm、1.5mm 和 2.0mm 时，相应的辐射板端部温度比基部温度分别高出 2.0℃、1.1℃、0.8℃ 和 0.6℃，在此情况下采用 0.5mm 厚度的辐射板其表面温度分布的均匀性较差。

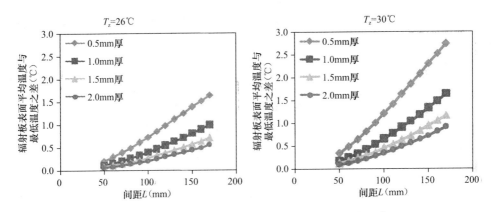

图 3-14 金属辐射板表面的平均温度与最低温度的差值

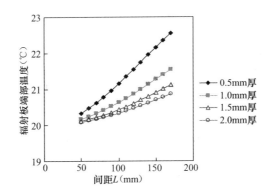

图 3-15 金属辐射板端部温度的变化情况

辐射板的供冷量与其表面的平均温度密切相关，而结露则对辐射板表面的最低温度提出了要求，需要该最低温度高于周围空气的露点温度。因此，辐射板表面温度越均匀，即辐射板表面的平均温度与最低温度越接近，在保证辐射板不结露情况下，辐射板的供冷能力越大。

2. 室内热源不均匀或辐射板有局部遮挡情况

当冷/热媒温度确定时，辐射板表面温度与室内热源状况密切相关。由式（3-1）和式（3-2）联立，即可得到辐射板表面平均温度为：

$$T_s = \frac{h_c \cdot T_a + h_r \cdot \text{AUST} + \overline{T}_w/R + q_{短波辐射}}{h_c + h_r + 1/R} \tag{3-29}$$

根据上式，即可得到辐射板表面平均温度的变化为：

$$\Delta T_s = \alpha_1 \cdot \Delta T_a + \alpha_2 \cdot \Delta \text{AUST} + \alpha_3 \cdot \Delta \overline{T}_w + \beta \cdot \Delta q_{短波辐射} \tag{3-30}$$

其中，上式中的系数 α 和 β 分别为：

$$\alpha_1 = \frac{h_c}{h_c + h_r + 1/R}, \quad \alpha_2 = \frac{h_r}{h_c + h_r + 1/R}, \quad \alpha_3 = \frac{1/R}{h_c + h_r + 1/R}, \quad \beta = \frac{1}{h_c + h_r + 1/R}$$

$$(3\text{-}31)$$

当室内热源状况（太阳辐射、壁面温度等）发生变化时，即使在同样的供回水温度下，辐射板表面温度也会发生明显变化。式（3-30）可量化分析各种因素对于辐射板表面温度的影响。当空气温度、供回水温度不发生变化，仅是由于遮挡等因素导致部分辐射板有太阳辐射、部分辐射板未接收到太阳辐射以及辐射板周围壁面温度发生变化时，辐射板表面平均温度的变化可简化为：

$$\Delta T_s = \alpha_2 \cdot \Delta AUST + \beta \cdot \Delta q_{短波辐射} \qquad (3\text{-}32)$$

图 3-16 给出了不同热阻的辐射板在供冷与供热情况下，对于系数 α_2 和 β 的影响情况。可以看出：热阻小的辐射板在室内热源状况变化时表面温度变化较小，而热阻大的辐射板表面温度则受室内热源状况的影响较大。对于热阻 R 为 0.1（m²·K）/W 的辐射地板供冷而言，当壁面温度变化 $\Delta AUST = 5℃$ 时，辐射板表面平均温度的变化 $\Delta T_s = 1.7℃$；当太阳辐射强度变化 $\Delta q_{短波辐射} = 50W/m²$ 时，$\Delta T_s = 3.2℃$。

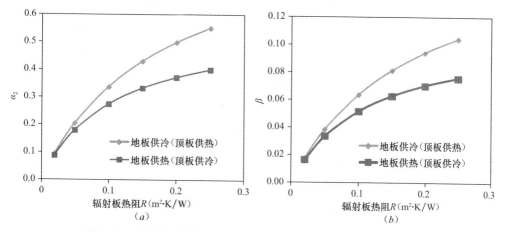

图 3-16　辐射板不同热阻情况及安装位置对于系数 α_2 和 β 的影响
（a）壁面温度的影响因子 α_2；（b）太阳辐射的影响因子 β

图 3-17 给出了室内热源变化时（室内壁面温度 AUST 由 26℃ 到 28℃，太阳辐射由 0W/m²、20W/m² 到 50W/m²），不同热阻的辐射地板在同样的冷媒温度（平均水温为 18℃）下，辐射地板表面温度的差异情况。在同一时刻以图中 $T_a = 26℃$，$AUST = 28℃$ 的工况为例，当有遮挡等因素导致不同位置的辐射地板接受太阳辐射的差异 $\Delta q_{短波辐射}$ 为 50W/m² 时，辐射板表面温度差异如下：

（1）小热阻的辐射板（热阻 $R = 0.05m² \cdot K/W$），有遮挡的辐射板表面温度为 20.1℃，直接接收太阳辐射的辐射板表面温度为 22.1℃，两者相差 2℃；

（2）大热阻的辐射板（热阻 $R = 0.2m² \cdot K/W$），有遮挡的辐射板表面温度为 23.2℃，直接接收太阳辐射的辐射板表面温度为 28.0℃，两者相差近 5℃。

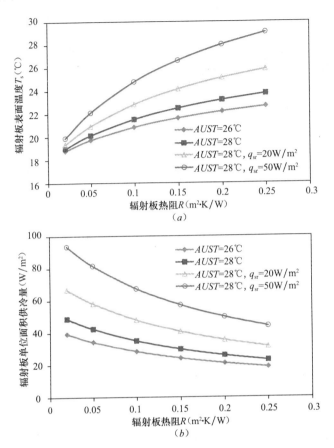

图 3-17　不同热阻辐射板表面温度和对应供冷量的变化
（a）辐射板表面温度的变化；（b）单位面积供冷量

因而，当室内的热源不均匀或者局部有遮挡时，热阻大的辐射板表面温度不均匀性加大，而热阻小的辐射板受此影响较小。

通过上述辐射板热阻和辐射板表面温度不均匀性的分析可以看出：

（1）热阻较大（对应混凝土辐射地板、抹灰形式的毛细管辐射板等形式）的辐射板：当室内的热源均匀、辐射板局部无遮挡时，其表面温度分布较为均匀，供水温度与辐射板表面温度的差异较大；而当室内的热源不均匀或者局部有遮挡时，不同位置的辐射板表面温度差异较大，需要充分考虑此情况的影响。

（2）热阻较小（对应金属辐射板等形式）的辐射板：当室内的热源均匀、辐射板局部无遮挡时，其表面温度分布不易均匀，水温与辐射板表面温度的差异较小；当室内的热源不均匀或者局部有遮挡时，不同位置的辐射板表面温度差异较小。

3.1.2.5 辐射板冷/热媒管路布置与流动阻力

辐射板内供冷/供热管的布置形式很多，混凝土结构辐射地板和轻薄型辐射地板内供冷/供热管的常用布置形式如图 3-18 所示，其中以回折型布置时地面温度分布最均匀；毛细管型辐射板内供冷/供热管的布置形式如图 3-19 所示；金属辐射板内供冷/供热管的典型布置形式如图 3-20 所示。

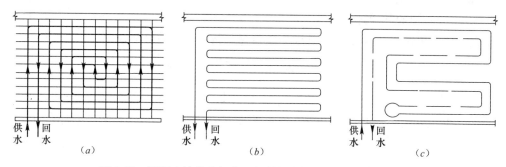

图 3-18　混凝土结构和轻薄型辐射板内供热/冷管的布置形式
(*a*) 回折型布置；(*b*) 平行型布置；(*c*) 双平行布置

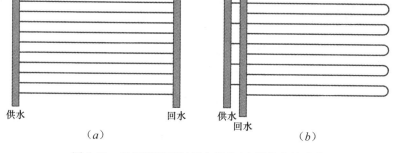

图 3-19　毛细管型辐射板内供热/冷管的布置形式
(*a*) 供回水异侧；(*b*) 供回水同侧

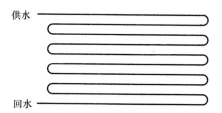

图 3-20　金属辐射板内供热/冷管的布置形式

管路的压力损失 ΔP 包括沿程阻力损失 ΔP_m 和局部阻力损失 $\sum \Delta P_j$，计算式如下：

$$\Delta P = \Delta P_m + \sum \Delta P_j = \left(\lambda \frac{L}{d} + \Sigma \xi_j\right)\frac{\rho v^2}{2} = L \cdot R_L + \Sigma \xi_j \cdot \frac{\rho v^2}{2} \tag{3-33}$$

式中 R_L——比摩阻（单位长度摩擦压力损失），Pa/m；

λ——摩擦阻力系数；

ξ_j——局部阻力系数；

L、d——分别为管道长度和内径，m；

ρ——冷/热媒的密度，kg/m³；

υ——冷/热媒的流速，m/s。

水泵的功率可用下式计算，其中 G 为水流量，m³/s；η 为水泵效率：

$$W = \frac{G \cdot \Delta P}{\eta} \tag{3-34}$$

混凝土结构、轻薄型和金属辐射板供冷/供热管内流速通常为 0.5～1.0m/s，为紊流或过渡流，单位长度摩擦压力损失 R_L 值可按图 3-21 取值。毛细管型辐射板毛细管内流

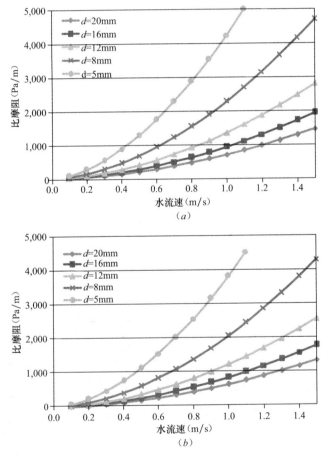

图 3-21 混凝土结构、轻薄型和金属辐射板内供热/冷管的比摩阻

（a）冷水温度 20℃；（b）热水温度 40℃

速通常为 $0.05\sim0.2\mathrm{m/s}$，为层流，比摩阻 R_L 参见图 3-22。局部阻力系数可按表 3-4 取值。

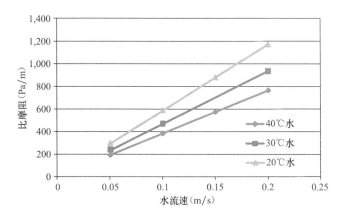

图 3-22　毛细管席供热/冷管的比摩阻

局部阻力系数　　　　　　　　　　　表 3-4

管路附件	曲率半径≥5d₀ 的90°弯头	直流三通	旁流三通	合流三通	分流三通	直流四通
ξ值	0.3～0.5	0.5	1.5	1.5	3.0	2.0
管路附件	分流四通	乙字弯	括弯	突然扩大	突然缩小	压紧螺母连接件
ξ值	3.0	0.5	1.0	1.0	0.5	1.5

为了满足供冷需求，可以选择不同管径和管间距的辐射板。图 3-23 给出了在 $T_\mathrm{a}=26℃$，$AUST=30℃$时，同样水管管径、不同管间距时辐射地板的单位面积供冷量。可选

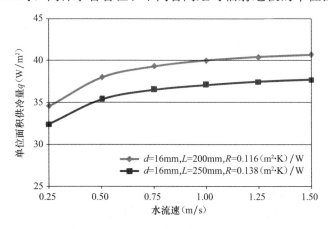

图 3-23　辐射地板单位面积供冷量（$T_\mathrm{a}=26℃$，$AUST=30℃$）

71

择不同管间距和管内水流速，实现同样的辐射板供冷能力。若需要的供冷量为 36W/m²时，表 3-5 给出了不同管间距及对应的水流速情况，可以看出：流动阻力有显著差异，相对应的水泵能耗相差 6 倍。

相同供冷量时（$q=36W/m^2$）不同管间距的辐射地板阻力情况　　　　表 3-5

编号	管内径 d	管间距 L	辐射热阻 R	水流速	流量	管长	比摩阻	总阻力	泵耗
	mm	mm	m²·K/W	m/s	kg/s	m	Pa/m	kPa	W
1	16	200	0.116	0.35	0.07	125	146	19.5	1.7
2	16	250	0.138	0.72	0.14	100	518	55.5	10.1

注：$T_a=26℃$，$AUST=30℃$，各支路供冷面积 5m×5m，供水温度均为 18℃，水泵效率 80%。

对于同一辐射板类型、相同的冷/热媒管径情况下，内部冷/热媒管路串并联结构形式不同时，冷/热媒在管内的流速、经过的管长不同。相比并联管路而言，串联管路内部的水流速提高、同样辐射板敷设面积情况下冷/热媒流经的管长加大。管内水流速提高，会降低管内冷/热媒与管壁的换热热阻 R'' 的数值（见第 3.1.2.3 节），但同时会带来流动阻力的显著增加。工程应用中，需权衡辐射板换热热阻 R 和流动阻力 ΔP 的综合影响，确定适宜的管路布置敷设方式。

3.1.2.6　辐射板热惯性分析

对于辐射末端热惯性的分析采用自动控制中"时间常数"的概念，用时间常数作为时间尺度来度量辐射末端达到稳定传热所需的时间。首先用能量方程描述单位面积辐射板换热的动态过程：

$$C\frac{dT_s}{d\tau} = \frac{1}{R}(T_w - T_s) + h_c \cdot (T_a - T_s) + h_r \cdot (AUST - T_s) + q_{短波辐射} \quad (3-35)$$

式中　C——单位面积辐射板填充材料（如混凝土等）的热容，J/(m²·℃)。

当辐射板应用环境没有短波辐射，而且辐射板周围壁面温度与空气温度相同时，辐射板的时间常数 T 可以表示为：

$$T = \frac{C}{1/R + h_c + h_r} = \frac{\sum_i c_{p,i}\rho_i\delta_i}{1/R + h_c + h_r} \quad (3-36)$$

式中，$c_{p,i}$、ρ_i 和 δ_i 分别为辐射板各层材料的比热（kJ/kg/℃）、密度（kg/m³）和厚度（m）。

时间常数可作为辐射板热惯性大小的衡量标准，图 3-24 给出了典型混凝土结构的辐射地板以及抹灰毛细管辐射板结构的表面平均温度随时间变化的曲线图，图中竖线的位置即为依据式（3-36）计算得出的时间常数。从计算结果看，抹灰毛细管辐射板的时间常数在 10min 左右，而混凝土结构的辐射地板的时间常数在 4h 左右，因而毛细管型辐射板的热惯性较小，在实际应用中可较快达到稳定的供冷/供热效果。

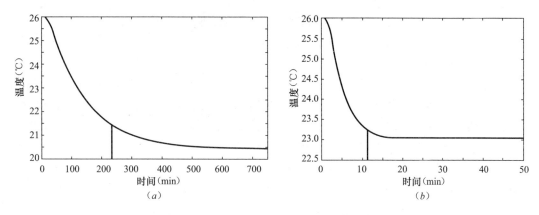

图 3-24 典型结构的辐射板表面温度变化与时间常数

（a）混凝土结构辐射地板；（b）抹灰毛细管辐射板

3.1.3 不同类型辐射板自身性能

3.1.3.1 混凝土结构辐射地板

辐射地板通常由混凝土与辐射盘管共同构成，是一种"水泥核心"的结构形式。它沿袭了辐射供暖楼板思想而进行设计，将特制的塑料管（如高交联度的聚乙烯 PE 为材料）或不锈钢管，在楼板浇筑前将其排布并固定在钢筋网上，浇筑混凝土后，就形成"水泥核心"结构。这一结构在欧洲的瑞士等国得到较广泛的应用，在我国住宅建筑如北京锋尚国际公寓等工程中也有少量的试点应用，如图 3-25 所示。这种辐射板结构工艺较成熟、造价相对较低。由于混凝土楼板具有较大的蓄热能力，因此可以利用此类型辐射板实现蓄能。但从另一方面看，系统惯性大、启动时间长、动态响应慢，有时不利于控制调节，需要很长的预冷或预热时间。

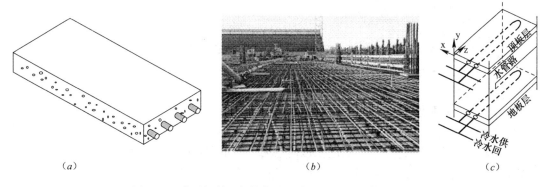

图 3-25 典型辐射地板结构及形式（Koschenz 等，1999）

（a）示意图；（b）浇筑混凝土前的情景；（c）系统结构示意图

表 3-6 给出了一些典型结构形式的混凝土辐射地板的热阻以及时间常数，花岗岩辐射地板的热阻集中在 0.1（m²℃）/W 左右，塑胶地板的热阻在 0.15～0.2（m²·℃）/W，辐射地板的时间常数集中在 3～4h。从上述辐射地板热惯性的计算结果可以看出，这类辐射末端的时间常数较长，即需要一定的时间才能达到较为稳定的供冷/供热效果。因而应用混凝土型辐射地板采暖/供冷方式时，与风机盘管末端方式相比，混凝土辐射地板末端具有较大的热惯性。在风机盘管中，通过风机强制对流，实现室内空气与盘管内水流的换热。但在辐射板中，从管内冷媒/热媒到辐射板表面一般通过导热的方式进行热量的传递。由于内部材料的厚度较厚，辐射地板的热惯性问题非常显著。当应用于机场、铁路客站等 24h 连续运行的建筑时，辐射地板的蓄热特性和热惯性并无显著影响；但对于每日仅运行一段时间的建筑，应用辐射地板时就需要对其热惯性给予充分的关注。

典型结构形式的混凝土辐射地板的热阻与时间常数　　　　表 3-6

结构（由下至上）		供回水管外径（mm）	供回水管间距（mm）	辐射板热阻（m²·℃/W）	时间常数（h）	
					地板供冷	地板供热
结构 I	豆石混凝土（70mm）、水泥砂浆（25mm）、花岗岩（25mm）	20	150	0.098	3.8	3.2
结构 II	豆石混凝土（70mm）、水泥砂浆（25mm）、花岗岩（25mm）	20	200	0.116	4.2	3.4
结构 III	豆石混凝土（70mm）、水泥砂浆（25mm）、花岗岩（25mm）	20	250	0.138	4.6	3.7
结构 IV	豆石混凝土（70mm）、水泥砂浆（25mm）、花岗岩（25mm）	25	200	0.107	4.0	3.3
结构 V	豆石混凝土（50mm）、水泥砂浆（25mm）、花岗岩（25mm）	25	200	0.098	3.2	2.6
结构 VI	豆石混凝土（70mm）、水泥砂浆（25mm）、塑胶地面（3mm）	25	200	0.160	3.7	2.9
结构 VII	豆石混凝土（70mm）、水泥砂浆（25mm）、塑胶地面（5mm）	25	200	0.200	4.1	3.1

注：表中辐射板热阻为 R' 的数值（热阻 $R=R'+R''$），R'' 的数值相对于 R' 而言很小（参见表 3-3）。

各材料导热系数取值分别为：豆石混凝土为 1.84W/（m·℃）；水泥砂浆为 0.93W/（m·℃）；花岗岩为 3.93W/（m·℃）；PERT 塑料水管为 0.4W/（m·℃）；塑胶地面为 0.05W/（m·℃）。

3.1.3.2 轻薄型辐射地板

轻薄型辐射地板是一种热惯性较小的辐射地板形式。相对于热惯性较大的混凝土填充式辐射地板，该方式将管路直接铺设在带沟槽的保温板中，或者将管路与保温板制成一体化模块，然后可直接将装饰地板铺设在保温模板或模块上。

目前，轻薄型辐射地板主要包括两类：一类是预制沟槽保温板，另一类是预制轻薄辐射板。预制沟槽保温板地面将水管设在带预制沟槽的泡沫塑料保温板的沟槽中，水管与保温板沟槽尺寸吻合且上皮持平,一般敷有金属板或金属膜构成的均热层,是一种不需要填充混凝土即可直接铺设面层的辐射地板形式,如图 3-26 所示。预制轻薄辐射地板是由保温基板、支撑龙骨、塑料水管、铝箔层等组成的一体化薄板,如图 3-27 所示。轻薄型辐射地板是近十年内发展起来的新型辐射地板形式,目前已在一些住宅采暖中使用。它的特点是结构简单、施工方便、管路易于维修;而且由于在此类辐射地板中没有混凝土填充层,所以整个地板系统占用的空间高度仅 2~7cm,重量也大大降低。

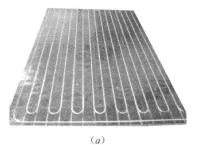
(a)

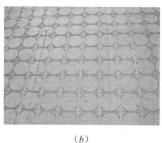
(b)

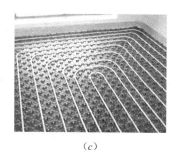
(c)

图 3-26 典型预制沟槽保温板形式
(a) 形式Ⅰ;(b) 形式Ⅱ;(c) 形式Ⅲ

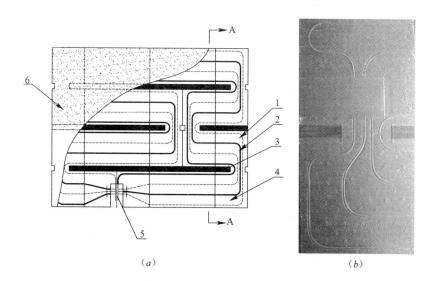

(a)

(b)

图 3-27 典型预制轻薄供暖板形式
(a) 供暖板平面示意图;(b) 供暖板实物图
1—加热管(供水端);2—加热管(回水端);3—龙骨;4—保温基板;5—支路分集水器;6—铝箔

表 3-7 给出了典型结构形式的轻薄型辐射地板的热阻以及时间常数,辐射地板的热阻集中在 0.2~0.3 (m² · ℃)/W。对于表中结构Ⅲ形式需要水泥砂浆找平的辐射地板,时

间常数约为 1h。对于结构Ⅰ、Ⅱ、Ⅳ形式的辐射地板，时间常数为 0.2~0.3h。从轻薄型辐射地板热惯性的计算结果可以看出，这类辐射末端的时间常数较小，即在较短时间内即可达到较为稳定的供冷/供热效果。因而应用轻薄型辐射地板采暖/供冷方式时，与混凝土型辐射地板末端相比热惯性大大减小，启动时间短、动态响应快。

典型结构形式的轻薄型辐射地板的热阻与时间常数　　　　表 3-7

结构（由下至上）		供回水管外径（mm）	供回水管间距（mm）	辐射板热阻（m²·℃/W）	时间常数（h）	
					地板供冷	地板供热
结构Ⅰ	保温板（30mm）、铝箔（0.1mm）木地板（10mm）	20	250	0.340	0.32	0.25
结构Ⅱ	保温板（25mm）、铝箔（0.1mm）木地板（10mm）	16	150	0.239	0.27	0.22
结构Ⅲ	保温板（25mm）、水泥砂浆找平层和地砖（30mm）	16	150	0.204	1.17	0.96
结构Ⅳ	保温层（12mm）、铝箔（0.12mm）木地板（10mm）	7	75	0.272	0.25	0.20

注：表中辐射板热阻为 R' 的数值（热阻 $R=R'+R''$），R'' 的数值相对于 R' 而言很小（参见表 3-3）。

3.1.3.3 毛细管型辐射板

毛细管型辐射板一般以塑料为材料，制成直径小（外径为 2~3mm）、间距小（10~20mm）的密布细管，两端与分水、集水联箱相连，形成"冷网格"结构，见图 3-28。塑料管内水流速很低，一般在 0.05~0.2m/s 之间，与人体毛细管内流速相当，俗称毛细管结构。这一结构可与金属板结合形成模块化辐射板产品，也可直接与楼板或吊顶板连接，因而在改造项目中得到较广泛应用。

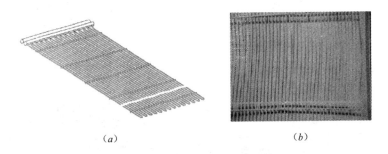

（a）　　　　　　　　　　　　　（b）

图 3-28 毛细管型辐射板示意图
（a）结构示意图；（b）样品，俯视局部

毛细管与金属板结合的模块化辐射板需要保证毛细管与金属板之间良好的接触，才能实现很好的传热效果。图 3-29 所示的一种辐射板结构，塑料毛细管与金属板之间无粘结，毛细管直接放在金属板上面，导致了很大的传热阻力，供冷能力显著低于不采用金属板的裸装毛细管结构。在应用此形式的毛细管辐射板时，需要对此问题给予足够的关注。

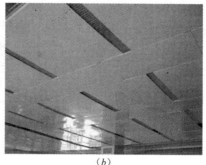

(a)　　　　　　　　　　　(b)

图 3-29　毛细管与金属板结合的辐射板

(a) 加装固定条使毛细管紧贴金属板；(b) 安装后辐射板照片

表 3-8 给出了几种典型抹灰结构的毛细管辐射板组成及对应的热阻情况，毛细管外径为 3.35mm。毛细管辐射板的热阻和时间常数均显著低于混凝土结构的辐射地板，其热阻集中在 0.02～0.06（m² · ℃）/W 范围内，时间常数在 5～15min。

典型结构抹灰形式的毛细管辐射板的热阻与时间常数　　　　　　表 3-8

填充层材料		填充层厚度（mm）	供回水管间距（mm）	热阻 R'（m² · ℃/W）	热阻 R''（m² · ℃/W）	总热阻 R（m² · ℃/W）	时间常数（min）		
							顶板供冷	垂直壁面供冷或供暖	顶板供暖
结构 I	石膏 [λ＝0.45W/(m·K)]	20	15	0.046	0.004～0.007	0.050～0.053	11	12	13
结构 II	石膏 [λ＝0.87W/(m·K)]	20	15	0.025	0.004～0.007	0.029～0.032	7	8	8
结构 III	石膏 [λ＝0.45W/(m·K)]	20	30	0.063	0.008～0.013	0.071～0.076	13	15	16
结构 IV	石膏 [λ＝0.45W/(m·K)]	10	15	0.024	0.004～0.007	0.028～0.031	4	4	4
结构 V	水泥砂浆 [λ＝1.5W/(m·K)]	20	15	0.015	0.004～0.007	0.019～0.022	8	9	9

注：辐射板热阻 R'' 与管内流速密切相关，表中数据是在 0.05～0.2m/s 常用流速范围内的热阻数值，流速越大相应的热阻 R'' 越小。

3.1.3.4　平板金属吊顶辐射板

此种辐射板是以金属，如铜、铝和钢为主要材料制成的模块化辐射板产品，主要用作吊顶板。从辐射板的剖面结构来看，其中间是水管，上面是保温材料和盖板，管下面通过特别的衬垫结构与下表面板相连，参见图 3-30。由于这种结构的辐射吊顶板集装饰和环境调节功能于一体，是目前应用较为广泛的辐射板结构。此类型辐射板质量大、耗费金属较多，价格偏高，并且由于辐射板厚度和小孔的影响，其肋片效率较低，用红外热成像仪对辐射板表面温度分布进行测量时发现，表面温度分布不易均匀，如图 3-31 所示，这种表面温度特性与前述的混凝土辐射地板、抹灰毛细管辐射板等存在较大差异。

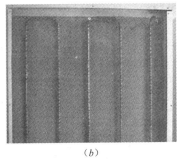

（a） （b） （c）

图 3-30 平顶金属吊顶辐射板

（a）样品全景；（b）样品俯视局部；（c）安装后的室内场景

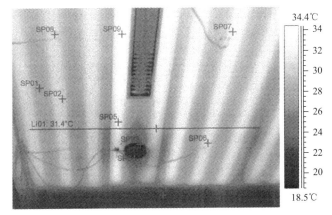

图 3-31 辐射板表面温度分布（AIB VINCOTTE 红外热成像仪）

根据图 3-11 和图 3-12 在不同金属板厚度与管间距情况下的辐射板热阻分析结果，当空气与辐射板温差在端部与在基部的比值在 0.8～1.0 范围内（当空气温度为 26℃、辐射板表面基部温度为 20℃，辐射板表面端部温度不高于 21.2℃）时，金属辐射板的热阻小于 0.015（m²·℃）/W。表 3-9 给出了一些典型结构尺寸的金属辐射板的热阻与时间常数。金属辐射板的时间常数非常小，在 0.5min 以内。

典型结构形式的金属辐射板的热阻与时间常数（铝制辐射板）　　　　表 3-9

金属辐射板厚度 δ（mm）	供回水管间距 L（mm）	热阻 R'（m²·℃/W）	热阻 R''（m²·℃/W）	总热阻 R（m²·℃/W）	时间常数（min）	
					顶板供冷	顶板供暖
结构 I	0.5	80	0.009	0.001～0.002	0.010～0.012	0.2	0.2
结构 II	0.5	100	0.014	0.001～0.002	0.015～0.016	0.2	0.2
结构 III	1.0	100	0.007	0.001～0.002	0.008～0.009	0.3	0.3
结构 IV	1.0	140	0.013	0.001～0.003	0.014～0.016	0.5	0.5
结构 V	1.5	140	0.009	0.001～0.004	0.010～0.013	0.5	0.5

注：辐射板热阻 R'' 与管内流速密切相关，表中数据是在 0.4～0.8m/s 流速范围内的热阻数值，流速越大相应的热阻 R'' 越小。

3.1.3.5 强化对流换热的金属吊顶辐射板

在采用辐射末端装置供冷时，为防止辐射板表面结露，要求辐射板的表面温度需高于周围空气的露点温度，从而限制了辐射板的单位面积供冷量。在一定的辐射板安装面积下，增加对流换热能力是提高辐射板单位面积供冷量的一个有效措施。图 3-32 给出了一种对流强化式辐射板的实物图和安装效果图，辐射板对流换热面积是辐射板辐射换热面积的 1.2～1.6 倍，即辐射板对流换热面积比辐射换热面积增加了 20%～60%。

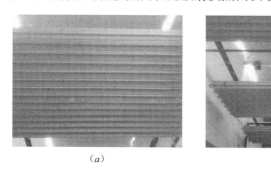

(a) (b)

图 3-32　强化对流型金属辐射板实物图

(a) 实物图；(b) 安装效果图

此种辐射板存在着与上述介绍的平板金属吊顶辐射板同样的问题，金属耗量较大，辐射板的表面温度分布不易均匀，图 3-33 给出了强化对流型金属辐射板表面温度均匀性的分析示意图。强化对流型金属辐射板和平顶金属吊顶辐射板这两种辐射板的结构形式类似，仅是前者采用一定的角度倾斜安装辐射板以增加单位投影面积辐射板的对流换热部分的换热能力，这两种金属辐射板可采用相同的分析方法，不同金属板厚度与盘管间距对于辐射板表面温度均匀性的影响参见图 3-12 和图 3-15，辐射板的热阻与时间常数参见表 3-9。

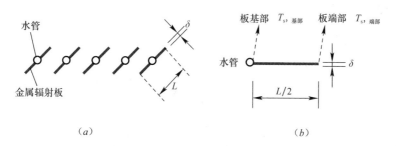

(a) (b)

图 3-33　强化对流型金属辐射板换热过程简化模型

(a) 金属辐射板示意图；(b) 简化换热模型

3.1.3.6 五种不同类型辐射板的性能汇总

表 3-10 对比了本节所介绍的五种不同类型辐射板的性能，对于平顶金属吊顶辐射板和对流强化型金属辐射板，辐射板热阻沿着板厚度 δ 方向的热阻很小，主要热阻为沿着间

距 L 方向的热阻，因而其表面温度分布不易均匀，但辐射板表面的最低温度接近管内供水温度。对于混凝土辐射地板、抹灰形式毛细管辐射板，辐射板沿着厚度方向的热阻很大，导致其表面温度分布较为均匀，但辐射板表面温度（或最低温度）与管内供水温度差距较大。

不同类型的辐射板性能对比 表3-10

	辐射板热阻 $R = R' + R''$		时间常数	辐射板表面温度分布均匀性		辐射板表面最低温度与管内供水温度差异
	R' [(m² · ℃)/W]	R'' [(m² · ℃)/W]		室内热源均匀、无遮挡	室内热源不均匀或局部有遮挡*	
混凝土辐射地板	一般 0.1（花岗岩）	一般 <0.005	一般 3～4h	表面温度比较均匀，S 很小	表面温度差异较大 $\alpha_2 \approx 0.25 \sim 0.4$ $\beta \approx 0.05 \sim 0.08$	差异大
轻薄型辐射地板	一般 0.2～0.3	一般 <0.005	一般 15～20min	表面温度比较均匀，S 很小	表面温度差异较大 $\alpha_2 \approx 0.4 \sim 0.6$ $\beta \approx 0.07 \sim 0.11$	差异大
抹灰形式毛细管辐射顶板	一般 0.02～0.06	0.005 左右	一般 5～15min	表面温度比较均匀，S 很小	表面温度差异较小 $\alpha_2 \approx 0.1 \sim 0.25$ $\beta \approx 0.02 \sim 0.05$	差异较大
平板金属辐射顶板	一般 <0.02	一般 <0.005	1min 以内	表面温度不易均匀，$S \approx 1$	表面温度差异小 $\alpha_2 \approx 0.04 \sim 0.08$ $\beta \approx 0.01$	接近管内供水温度
强化对流型金属辐射顶板	一般 <0.02	一般 <0.005	1min 以内	表面温度不易均匀，$S \approx 1$	表面温度差异小 $\alpha_2 \approx 0.04 \sim 0.08$ $\beta \approx 0.01$	接近管内供水温度

＊辐射板表面平均温度变化 $\Delta T_s = \alpha_2 \cdot \Delta AUST + \beta \cdot \Delta q_{短波辐射}$，$\alpha_2$ 无量纲，β 的单位为（m² · ℃）/W。

3.1.4 关于辐射板表面温度不均匀性的讨论

辐射板的供冷量/供热量与辐射板表面的平均温度密切相关。而在夏季供冷情况下，除了关心辐射板的供冷能力之外，还密切关注辐射板表面的最低温度，此最低温度需要高于辐射板周围空气的露点温度，否则辐射板表面会有结露危险，影响辐射板的正常使用。下面分成室内热源均匀、辐射板局部无遮挡；室内热源不均匀或辐射板局部有遮挡两种情况进行详细分析。

3.1.4.1 室内热源均匀、辐射板无局部遮挡情况

对于平顶金属吊顶辐射板和对流强化型金属辐射板，由于金属辐射板的管内供水温度≈辐射板表面的最低温度，因而可以很容易根据辐射板内供水温度来控制调节辐射板表面最低温度，使之运行在"无结露"工况。当负荷变化时，辐射板表面的温度分布也会不同，影响程度因辐射板间距 L、辐射板厚度 δ 而不同。维持室内空气温度 $T_a = 26℃$，室内其他壁面温度 $AUST$ 从 26℃ 增大到 37℃，相应辐射板供冷量从 60W/m² 增大至 120W/m² 时：

（1）$L=100$mm，$\delta=2.0$mm 的辐射板，其表面平均温度与最低温度之差从 0.2℃ 增大到 0.4℃；

（2）$L=100$mm，$\delta=0.5$mm 的辐射板，温差从 0.8℃ 增大到 1.6℃；

（3）$L=150$mm，$\delta=2.0$mm 的辐射板，温差从 0.5℃ 增大到 0.9℃；

（4）$L=150$mm，$\delta=0.5$mm 的辐射板，温差从 1.8℃ 增大到 3.6℃。

可见，辐射板间距 L 较小、厚度 δ 较大的辐射板表面均匀性较好，而且不易受负荷变化影响。

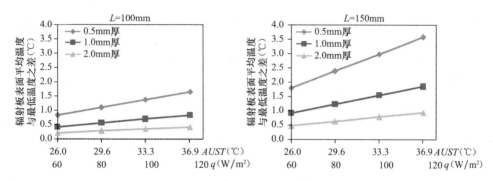

图 3-34　负荷变化对金属辐射板表面温度均匀性的影响（辐射板表面平均温度均为 20℃）

对于混凝土辐射地板、轻薄型辐射地板、抹灰形式毛细管辐射板，则需要进一步分析供水温度与辐射板表面最低温度的关系，从而确定出适宜的供水参数。由于轻薄型辐射地板目前主要在采暖中使用，因而下面将重点分析混凝土辐射地板和抹灰形式毛细管辐射板在典型运行参数下，供水温度与辐射板表面最低温度的关系，参见表 3-11 和表 3-12。

表 3-11 以结构 I 形式的混凝土辐射地板为例，给出了在相同供回水平均温度 T_w、不同供回水温差情况下，辐射地板的表面平均温度、表面最低温度和供冷量在不同工况下的变化情况。可以看出：在同样 T_w、不同供回水温差时，同样室内环境参数情况下，辐射板的表面平均温度和供冷量几乎相同；由于辐射板的热阻较大，因而辐射板的表面最低温度与平均温度的差异较小，在表中所示的工况下其温差在 0.2℃ 以内；辐射板的供水温度显著低于辐射板表面的最低温度。对于表 3-12 所示的抹灰形式毛细管辐射板也呈现出相同的规律。

3.1.4.2　室内热源不均匀或辐射板有局部遮挡情况

对于辐射板而言，受太阳直射的影响，局部单位面积热负荷可能达到 100W/m² 以上，此时受到太阳直射的辐射板表面和未被太阳直射的表面之间就会出现明显的温差。如图 3-35 所示，未被座椅遮挡的辐射地板受到较强的太阳短波辐射影响，而在座椅下方被遮挡的区域则不受太阳直射辐射的影响，此时这二者的地板表面温度将会存在明显的差异。

表 3-11

不同供回水参数对混凝土辐射地板供冷性能的影响（结构Ⅰ）

工　况	主要参数	供回水平均温度 16℃				供回水平均温度 18℃				供回水平均温度 20℃			
		供13.5 回18.5	供14 回18	供14.5 回17.5	供15℃ 回17℃	供15.5 回20.5	供16 回20	供16.5 回19.5	供17 回19	供17.5 回22.5	供18 回22	供18.5 回21.5	供19 回21
工况 1：$T_a=26℃$，$AUST=26℃$，$q_{短波辐射}=0$	表面最低温度（℃）	19.3	19.3	19.3	19.4	20.6	20.6	20.7	20.7	21.9	21.9	22.0	22.0
	表面平均温度（℃）	19.5	19.5	19.5	19.5	20.8	20.8	20.8	20.8	22.1	22.1	22.1	22.1
	供冷量（W/m²）	35.4	35.4	35.4	35.4	28.3	28.3	28.3	28.3	21.2	21.2	21.2	21.2
工况 2：$T_a=26℃$，$AUST=28℃$，$q_{短波辐射}=50W/m²$	表面最低温度（℃）	23.1	23.2	23.2	23.3	24.4	24.5	24.5	24.6	25.8	25.8	25.8	25.9
	表面平均温度（℃）	23.3	23.3	23.3	23.3	24.6	24.6	24.6	24.6	25.9	25.9	25.9	25.9
	供冷量（W/m²）	74.8	74.8	74.8	74.8	67.8	67.8	67.8	67.8	60.7	60.7	60.7	60.7

表 3-12

不同供回水参数对抹灰形式毛细管顶板供冷性能的影响（结构Ⅰ）

工　况	主要参数	供回水平均温度 16℃				供回水平均温度 18℃				供回水平均温度 20℃			
		供13.5 回18.5	供14 回18	供14.5 回17.5	供15℃ 回17℃	供15.5 回20.5	供16 回20	供16.5 回19.5	供17 回19	供17.5 回22.5	供18 回22	供18.5 回21.5	供19 回21
工况 1：$T_a=26℃$，$AUST=26℃$，$q_{短波辐射}=0$	表面最低温度（℃）	19.0	19.0	19.0	19.1	20.3	20.3	20.4	20.4	21.6	21.7	21.7	21.7
	表面平均温度（℃）	19.2	19.2	19.2	19.2	20.5	20.5	20.5	20.5	21.8	21.8	21.8	21.8
	供冷量（W/m²）	62.0	62.0	62.0	62.0	48.7	48.7	48.7	48.7	35.6	35.6	35.6	35.6
工况 2：$T_a=28℃$，$AUST=28℃$，$q_{短波辐射}=0W/m²$	表面最低温度（℃）	19.3	19.4	19.4	19.4	20.6	20.7	20.7	20.8	22.0	22.0	22.1	22.1
	表面平均温度（℃）	19.5	19.5	19.5	19.5	20.8	20.8	20.8	20.8	22.2	22.2	22.2	22.2
	供冷量（W/m²）	68.8	68.8	68.8	68.8	55.6	55.6	55.6	55.6	42.6	42.6	42.6	42.6

当室内的热源不均匀或者辐射板局部有遮挡时，根据第 3.1.2.4 节和表 3-10 的分析可以看出：热阻较大的辐射板（对应混凝土辐射地板、抹灰形式的毛细管辐射板等形式）表面温度的差异情况，受不均匀热源或局部遮挡的影响比热阻小的辐射板更为严重，而且辐射地板受地面遮挡的影响尤为显著。下面以一高大空间候车厅中座椅遮挡为例，说明室内遮挡对辐射地板换热性能的影响。该候车厅东西长 440m，南北宽 160m，高 25m；在候车厅两侧分别有用于票务、商铺、

图 3-35　遮挡对辐射地板性能的影响

办公等的房间（各宽约 20m），这部分区域有独立的空调控制，与候车大厅相对独立。建筑示意图如图 3-36 所示，围护结构信息如表 3-13 所示。

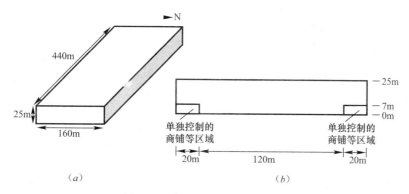

图 3-36　高大空间候车厅示意图
（a）候车厅尺寸；（b）候车厅剖面图

候车厅围护结构信息　　　　　　　　　　　　　　　　　　表 3-13

项　目	结　构	K 值 [W/(m²·K)]
屋面	钢屋架结构	0.6
屋顶透明部分（25%）	卡普隆板（聚碳酸酯中空板）	2.7
外墙	砖墙及混凝土柱	1.0
外墙透明部分（36%）	断桥铝合金 Low-E 中空玻璃（离线，双钢化），中空 12mm，内充氩气	2.3

候车厅的空调系统采用辐射地板与风机盘管相结合的方式，此处仅分析室内温度控制的情况：

（1）新风送风温度为 25℃，新风量按照 10m³/(h·人)×0.67 人/m²，即 6.7m³/(m²·h) 的新风量选取；

（2）辐射地板采用 Φ20 的 PERT 管，回字形盘管，管间距为 150mm，管长 120m；管内水流速为 0.5m/s；供水温度为 15℃；

（3）风机盘管提供的冷量进行补充，调节近地面空气温度，使该区域平均温度在 25℃。

重庆典型气象年 7 月 20 日 7:00～19:00 的室外空气温度和太阳辐射强度如图 3-37 所示。选取 9:00、12:00、17:00 三个典型时刻为例，对比有座椅遮挡及无遮挡情况下辐射地板表面温度、供冷能力以及对壁面温度和空气温度的影响。对图 3-36 中横截面按图 3-38 进行划分，候车厅内辐射地板编号分别为 1、2 和 3，有座椅遮挡的部分划分为 2-1、2-2 和 2-3。图 3-39 和表 3-14 分别给出了辐射板有无座椅遮挡情况下，大空间内空气温度的对比情况。

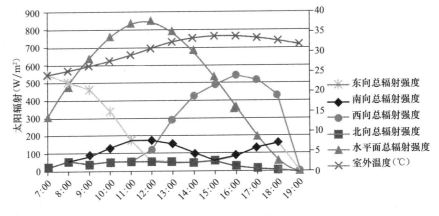

图 3-37 室外气象参数

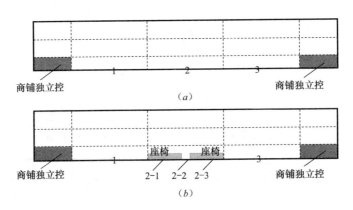

图 3-38 空间划分示意图

（a）无座椅遮挡；（b）有座椅遮挡

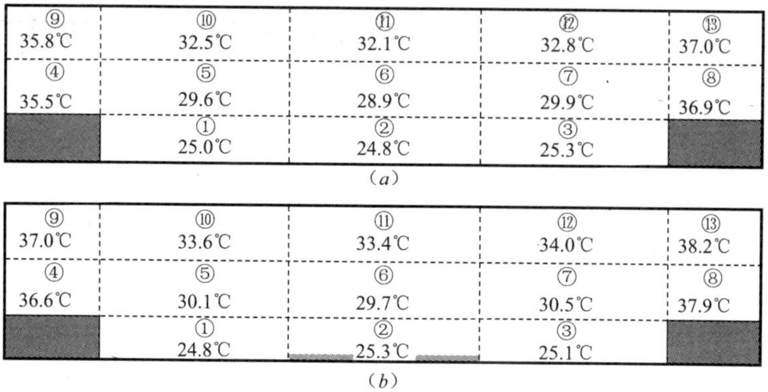

⑨ 35.8℃	⑩ 32.5℃	⑪ 32.1℃	⑫ 32.8℃	⑬ 37.0℃
④ 35.5℃	⑤ 29.6℃	⑥ 28.9℃	⑦ 29.9℃	⑧ 36.9℃
	① 25.0℃	② 24.8℃	③ 25.3℃	

(a)

⑨ 37.0℃	⑩ 33.6℃	⑪ 33.4℃	⑫ 34.0℃	⑬ 38.2℃
④ 36.6℃	⑤ 30.1℃	⑥ 29.7℃	⑦ 30.5℃	⑧ 37.9℃
	① 24.8℃	② 25.3℃	③ 25.1℃	

(b)

图 3-39 辐射地板供冷系统有座椅遮挡和无座椅遮挡时空气温度对比（12:00）

（a）无座椅遮挡；（b）有座椅遮挡

辐射地板供冷系统有座椅遮挡和无座椅遮挡时空气温度对比　　　　表 3-14

		①	②	③	④	⑤	⑥	⑦	⑧	⑨	⑩	⑪	⑫	⑬
9:00	无遮挡	24.7	24.8	25.6	29.7	27.2	27.2	28.4	34.1	30.4	28.9	28.9	30.1	33.9
	有遮挡	24.6	25.0	25.5	30.6	27.7	27.8	28.9	34.9	31.3	29.8	29.9	30.9	34.9
12:00	无遮挡	25.0	24.8	25.3	35.5	29.6	28.9	29.9	36.9	35.8	32.5	32.1	32.8	37.0
	有遮挡	24.8	25.3	25.1	36.6	30.1	29.7	30.5	37.9	37.0	33.6	33.4	34.0	38.2
17:00	无遮挡	24.4	24.6	25.1	26.4	25.5	25.7	26.3	29.1	26.8	26.2	26.5	26.9	29.1
	有遮挡	24.6	24.6	25.3	27.0	26.0	26.1	26.7	29.8	27.5	26.8	27.2	27.6	29.8

在 9:00、12:00 和 17:00 三个不同时刻，有座椅遮挡及无遮挡情况下辐射地板表面温度、供冷能力以及其他壁面平均温度的情况如表 3-15～表 3-17 所示，可以看出：

座椅遮挡对地板表面温度和供冷能力的影响（9:00）　　　　表 3-15

时间：9:00	无座椅遮挡①			有座椅遮挡②				
	地面1	地面2	地面3	地面1	地面2-1	地面2-2	地面2-3	地面3
供水温度（℃）	15.0	15.0	15.0	15.0	15.0	15.0	15.0	15.0
回水温度（℃）	18.9	18.9	19.1	19.2	16.1	19.4	16.1	19.5
地板表面温度（℃）	22.0	22.0	22.4	22.7	16.9	22.9	16.9	23.1
吸收太阳辐射量（W/m²）	51.0	51.0	51.0	51.0	0.0	51.0	0.0	51.0
长波辐射供冷量（W/m²）	46.6	45.9	51.7	57.0	16.1	60.4	16.1	62.2
对流供冷量（W/m²）	4.0	4.2	4.8	2.9	12.1	3.1	12.1	3.7
地板总供冷量（W/m²）	101.6	101.1	107.4	110.9	28.2	114.5	28.2	116.9
其他补充供冷（W/m²）	12.0	12.0	12.0	18.0	18.0	18.0	18.0	18.0

① 其他壁面（室内侧）平均温度：屋顶 34.6℃，北墙 37.7℃，南墙 30.1℃。

② 其他壁面（室内侧）平均温度：屋顶 36.5℃，北墙 38.6℃，南墙 31.0℃。

座椅遮挡对地板表面温度和供冷能力的影响（12:00）　　　表 3-16

时间：12:00	无座椅遮挡①			有座椅遮挡②				
	地面 1	地面 2	地面 3	地面 1	地面 2-1	地面 2-2	地面 2-3	地面 3
供水温度（℃）	15.0	15.0	15.0	15.0	15.0	15.0	15.0	15.0
回水温度（℃）	20.3	20.2	20.3	20.7	16.1	20.9	16.1	20.8
地板表面温度（℃）	24.5	24.5	24.7	25.4	17.0	25.8	17.0	25.5
吸收太阳辐射量（W/m²）	68.0	68.0	68.0	68.0	0.0	68.0	0.0	68.0
长波辐射供冷量（W/m²）	69.2	68.9	70.9	83.4	16.9	88.6	16.9	85.1
对流供冷量（W/m²）	0.7	0.5	1.0	-0.9	12.5	-0.7	12.5	-0.6
地板总供冷量（W/m²）	138.0	137.4	140.0	150.5	29.4	156.0	29.4	152.5
其他补充供冷（W/m²）	24.0	24.0	24.0	35.0	35.0	35.0	35.0	35.0

① 其他壁面（室内侧）平均温度：屋顶 41.8℃，北墙 38.7℃，南墙 36.5℃。
② 其他壁面（室内侧）平均温度：屋顶 44.3℃，北墙 39.8℃，南墙 37.4℃。

座椅遮挡对地板表面温度和供冷能力的影响（17:00）　　　表 3-17

时间：17:00	无座椅遮挡①			有座椅遮挡②				
	地面 1	地面 2	地面 3	地面 1	地面 2-1	地面 2-2	地面 2-3	地面 3
供水温度（℃）	15.0	15.0	15.0	15.0	15.0	15.0	15.0	15.0
回水温度（℃）	17.4	17.5	17.5	17.6	16.0	17.8	16.0	17.7
地板表面温度（℃）	19.3	19.5	19.5	19.7	16.9	20.1	16.9	20.0
吸收太阳辐射量（W/m²）	20.0	20.0	20.0	20.0	0.0	20.0	0.0	20.0
长波辐射供冷量（W/m²）	34.1	36.8	37.2	40.8	15.3	47.0	15.3	44.0
对流供冷量（W/m²）	7.7	7.7	8.3	7.4	11.6	6.8	11.6	8.0
地板总供冷量（W/m²）	61.8	64.5	65.5	68.2	26.9	73.8	26.9	72.0
其他补充供冷（W/m²）	0.0	0.0	0.0	0.0	0.0	0.0	0.0	0.0

① 其他壁面（室内侧）平均温度：屋顶 28.6℃，北墙 32.0℃，南墙 26.8℃。
② 其他壁面（室内侧）平均温度：屋顶 29.8℃，北墙 32.6℃，南墙 27.5℃。

（1）被座椅遮挡的辐射地板表面温度较低，回水温度相比未遮挡部分低 2～4℃，单位面积供冷量远低于未被座椅遮挡时的供冷量。

（2）由于座椅遮挡了太阳辐射和屋顶、外墙内表面等与地板的辐射换热，辐射地板的有效供冷面积减少，因此总供冷量显著减少；在无座椅遮挡时，辐射地板供冷量约为 60～140W/m²，被座椅遮挡的辐射地板仅能提供约 30W/m² 冷量，如图 3-40 所示。

3.1.5　关于辐射板自适应性的讨论

除了冷/热媒的温度水平外，辐射板的供冷/供热能力与室内热源（空气温度、壁面温度、太阳辐射）状况密切相关，这是与风机盘管等对流式换热末端非常大的区别所在。式 (3-29) 定量描述了辐射板表面温度随着室内热源、换热系数与辐射板自身热阻的变化情况。以下分别以夏季和冬季两季节的工况为例进行说明。

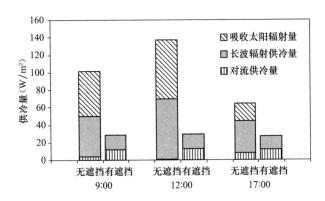

图 3-40　座椅遮挡情况对辐射地板供冷能力的影响

采用辐射板进行供冷，以热阻 $R=0.1\text{m}^2\cdot\text{℃}/\text{W}$ 的辐射地板为例，当室内温度为 26℃、供回水平均温度为 16℃ 时：

（1）周围壁面温度 AUST 为 26℃、无太阳直射辐射时，辐射地板表面的平均温度为 19.5℃，单位面积辐射地板供冷量为 35.4W/m²；

（2）AUST＝28℃、无太阳直射辐射时，地板表面的平均温度升高到 20.1℃，单位面积辐射地板的供冷量为 42.2W/m²，比前者增加了 20%；

（3）AUST＝26℃、太阳辐射强度为 50W/m² 时，地板表面的平均温度升至 22.7℃，单位面积辐射地板供冷量为 68.1W/m²，比没有太阳辐射情况下的供冷能力提高了近1倍。

采用辐射板进行供热，以热阻 $R=0.1\text{m}^2\cdot\text{℃}/\text{W}$ 的辐射地板为例，当室内和壁面温度均为 20℃、供回水温度为 40/30℃ 时：

（1）没有太阳辐射时，辐射地板表面的平均温度为 27.9℃，单位面积辐射板的供热量为 70.6W/m²；

（2）照射到辐射板的太阳辐射强度为 30W/m² 时，辐射地板表面的平均温度为 29.5℃，单位面积辐射板的供热量为 54.8W/m²，比前者降低了 22%；

（3）照射到辐射板的太阳辐射强度为 50W/m² 时，辐射地板表面的平均温度上升至 30.6℃，单位面积辐射板的供热量仅为 44.2W/m²，比没有太阳辐射情况下的供热能力降低了近 40%。

由上述两例的分析可以看出：辐射板的供冷/供热能力受室内环境的显著影响。当有太阳光直接照射到辐射板表面，它会被辐射板吸收并传递给冷媒（或热媒），从而增加单位面积辐射板的供冷量（冬季为减少辐射板的供热量）。同样可以分析出壁面温度变化对辐射板供冷/供热能力的影响情况：单位面积辐射板的供冷/供热能力呈现出与室内负荷相同的变化规律，当负荷加大时（太阳辐射、壁面温度变化等），辐射板供冷/供热能力也随之增加，即辐射板具有一定的"自适应性"或称"自调节"特性。辐射板的这种"自适应"特性，能够在一定程度上避免室内温度的波动，例如冬季当有太阳辐射进入室内时，在一些建筑中可能出现室温失调过热的状况，而对于辐射板这类末端装置，则在一定程度上降低了室温超调的风险。

3.1.6 对室内热舒适的影响

辐射板通过辐射形式与人体换热，因此对室内人体热舒适的衡量标准不可仅用室内空气温度一个参数，需要引入操作温度（Operative Temperature）的概念，操作温度定义如下：

$$T_{OP} = \frac{h_c T_c + h_r T_r}{h_c + h_r} \tag{3-37}$$

式中　h_c——对流换热系数，$W/(m^2 \cdot K)$；

　　　T_c——人员周围空气温度，℃；

　　　h_r——辐射换热系数，$W/(m^2 \cdot K)$；

　　　T_r——等效辐射温度（Mean radiant temperature），℃。

等效辐射温度由角系数与壁面温度决定，通常地板有较大的角系数，降低地板表面温度可有效降低操作温度。表 3-18 和表 3-19 分别计算了大空间环境（长×宽×高：100m×30m×20m）的操作温度和办公室环境（长×宽×高：5m×5m×3m）的操作温度。采用辐射地板供冷，若室内空气温度设定与没有采用地板时相同，则操作温度降低；若保证操作温度相同，那么采用辐射地板可提高室内设定空气温度。

大空间中典型工况下操作温度计算　　　　　　　　　　　　表 3-18

	角系数	无辐射地板情况的温度分布（℃）	有辐射地板情况的温度分布（℃）	
			达到相同空气温度	达到相同操作温度
顶	0.09	38.0	38.0	38.0
侧墙	0.42	28.0	28.0	28.0
地板	0.29	26.0	21.0	21.0
遮挡	0.2	26.0	26.0	26.0
空气		26.0	26.0	28.6
辐射温度		27.9	26.5	26.5
操作温度		27.2	26.3	27.2

办公室中典型工况下操作温度计算　　　　　　　　　　　　表 3-19

	角系数	无辐射地板情况的温度分布（℃）	有辐射地板情况的温度分布（℃）	
			达到相同空气温度	达到相同操作温度
顶	0.31	26.0	26.0	26.0
侧墙	0.33	28.0	28.0	28.0
地板	0.18	26.0	21.0	21.0
遮挡	0.18	26.0	26.0	26.0
空气		26.0	26.0	27.6
辐射温度		26.7	25.8	25.8
操作温度		26.4	25.8	26.4

3.2　干式风机盘管

3.2.1　与传统湿工况风机盘管的差异

在冷凝除湿空调系统中，送入风机盘管的冷水温度约为7℃，空气被降温除湿，空气中的凝水汇集到凝水盘中，并通过凝水管排出，如图3-41所示。风机盘管带有凝水盘及冷凝水管路，不仅使得设备复杂，而且凝水盘也很有可能成为微生物滋生的温床。

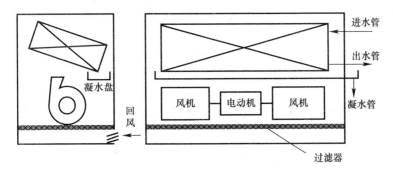

图 3-41　带凝水盘的风机盘管示意图

在温湿度独立控制空调系统中，风机盘管仅用于排除室内余热，承担温度控制任务，因而冷水的供水温度提高到16～18℃左右，高于室内空气露点温度，盘管内并无凝水产生。

由于供水温度的提高，与传统湿工况运行的风机盘管相比，干式风机盘管冷水与室内的换热温差大幅减小，以室内温度26℃为例，干式风机盘管表面温度为18℃时与室内的换热温差为8℃；对于传统风机盘管（7℃供水），若表面温度为9℃，则风机盘管与室内的换热温差达17℃，即干式风机盘管与室内的换热温差仅为传统湿式风机盘管的一半左右。换热温差的减小降低了干式风机盘管单位面积的换热能力，干式风机盘管设计研究的关键是如何实现在较小换热温差下的高效换热。在承担相同显热负荷时，与湿式风机盘管相比，干式风机盘管需要投入更多的换热面积或更大的风量。

风机功耗的表达式为：

$$P = \frac{\Delta p \cdot G}{\eta} \tag{3-38}$$

式中　P——风机功耗，W；

　　　Δp——压降，Pa；

G——风量，m^3/s；

η——风机效率。

换热过程风量的增加并不一定意味着风机能耗的增加，由于干式风机盘管换热过程不会出现凝水、压降较小。从风机功耗的表达式可以看出，尽管干式风机盘管增加了换热风量，但换热过程压降的减小可以避免由于风量过大带来的风机电耗的大幅增加。与传统湿式风机盘管相比，由于不需要考虑排除凝水的问题，风机盘管的结构就可以大大简化并形成一些新的结构设计。典型的设计思路是：

（1）选取较大的盘管换热面积、但较少的盘管排数，以降低空气侧流动阻力；

（2）选用新的管束排布方式，尽量使得空气与冷水逆流换热，改善换热效果；

（3）选用大流量、小压头、低电耗的贯流风机或轴流式风机，或以自然对流方式实现空气侧的流动；

（4）选取灵活的安装布置方式，例如吊扇形式，安装于墙角、工位转角等角落，充分利用无凝水盘和凝水管所带来的灵活性。

3.2.2 沿用湿工况风机盘管结构形式的干式风机盘管

"干式风机盘管"与"传统风机盘管干工况运行"是两个不同的概念。典型湿式风机盘管的结构形式如图3-42（a）所示，其中冷水管路与空气总体呈叉流接触形式。利用现有的风机盘管，在供水温度比较高时运行，也具有一定的消除显热的能力，但存在明显问题：它不是针对如何提高显热处理能力为目标进行研制的。表3-20以FP-68型号的风机盘管为例，给出了普通湿工况风机盘管直接运行于干工况的性能，该风机盘管在7℃/12℃冷水运行情况下，供冷量为3826W，显热冷量占总冷量的比例为71%。而将此风机盘管直接运行于16℃/21℃高温冷水情况下，风机盘管的供冷量为989W，供冷量仅为7℃冷水工况的26%。

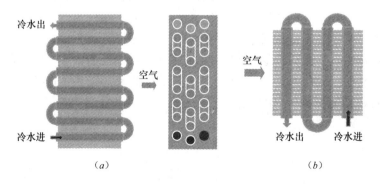

图3-42 风机盘管结构形式对比

（a）普通风机盘管结构形式；（b）准逆流结构形式

风机盘管性能对比（FP-68 型） 表 3-20

	普通风机盘管	普通风机盘管干工况运行	干式风机盘管
进风干球温度（℃）	27.0	26.0	26.0
进风湿球温度（℃）	19.5	18.7	18.7
进口水温（℃）	7.0	16.0	16.0
出口水温（℃）	12.0	21.0	21.0
出风干球温度（℃）	14.5	22.2	19.8
出风湿球温度（℃）	13.6	17.4	16.6
水流量（m³/h）	0.685	0.181	0.294
供冷量（W）	3826	989	1604
水阻力（kPa）	18.1	3.2	11.4
风机功率（W）	61	63	61
单位风量供冷量［W/(m³·h)］	6.0	1.3	2.2

（资料来源：张秀平，徐北琼，田旭东等.《干式风机盘管机组》标准中名义工况温度条件和产品基本规格的研究. 流体机械，2011，39（8）：59-63。）

温湿度独立控制空调系统中的干式风机盘管的冷水进口温度（如16℃）明显高于传统风机盘管（7℃），这样干式风机盘管中冷水温度与室温之间的差值变小，如何提高干式风机盘管的换热性能则是需要解决的重要问题，这需要从结构形式、翅片间距、水管管径等多方面进行优化设计。"干式风机盘管"是专门为适应温湿度独立控制空调系统而开发的设备。田旭东、张秀平等（2009，2011）详细介绍了传统风机盘管用于温湿度独立控制空调系统的适用性分析以及专门开发的干式风机盘管的性能。表 3-20 同时给出了新开发的干式风机盘管的性能，干式风机盘管换热器采用了 3 排新型开窗铝翅片（肋片宽度 92mm、厚度 0.115mm、间距 1.6mm）、Φ7 小铜管（管横向和纵向间距分别为 18.2mm 和 21mm）准逆流设计，如图 3-42（b）所示，减小空气、管程换热热阻，提高传热系数。开发的干式风机盘管供冷量为 1604W，比普通风机盘管直接在干工况下运行的供冷量提高了 62%。

3.2.2.1 标准中湿工况风机盘管性能

表 3-21 给出了国家标准《风机盘管机组》GB/T 19232—2003 中对于风机输入功率、额定工况下供冷量与供热量的要求。在额定供冷情况下，室内干球温度为 27.0℃、湿球温度为 19.5℃，冷水进/出口温度为 7℃/12℃（室温与冷水进出口平均温度的差值为 17.5℃），风机盘管单位风量的供冷量为 5.3W/(m³/h)；单位输入功率的供冷量在 49～59W/W 范围内（其中单位输入供冷的显热供冷量为 40W/W 左右，约占总冷量的 75%）。

湿工况风机盘管性能（低静压机组，国家标准）　　　　　表 3-21

型　号	额定风量 (m³/h)	输入功率 (W)	额定供冷工况			额定供热工况		
			供冷量 (W)	单位风量供冷量 [W/(m³·h)]	单位风机电耗供冷量 (W/W)	供热量 (W)	单位风量供热量 [W/(m³·h)]	单位风机电耗供热量 (W/W)
FP-34	340	37	1800	5.3	49	2700	7.9	73
FP-51	510	52	2700	5.3	52	4050	7.9	78
FP-68	680	62	3600	5.3	58	5400	7.9	87
FP-85	850	76	4500	5.3	59	6750	7.9	89
FP-102	1020	96	5400	5.3	56	8100	7.9	84
FP-136	1360	134	7200	5.3	54	10800	7.9	81
FP-170	1700	152	9000	5.3	59	13500	7.9	89
FP-204	2040	189	10800	5.3	57	16200	7.9	86
FP-238	2380	228	12600	5.3	55	18900	7.9	83

供冷工况：室内干球温度 27.0℃、湿球温度 19.5℃；冷水进口温度 7℃、出水温度 12℃。
供热工况：室内干球温度 21.0℃，热水进口温度 60.0℃，热水流量与供冷工况冷水流量相同。

3.2.2.2　标准中干式风机盘管性能

表 3-22 给出了行业标准《干式风机盘管机组》（报批稿）中对于干式风机盘管的性能要求。在名义供冷工况下，室内干球温度为 26.0℃、湿球温度为 18.7℃，冷水进/出口温度为 16℃/21℃（室温与冷水进出口平均温度的差值为 7.5℃），干式风机盘管单位风量的供冷量为 2.0W/(m³·h)；单位输入功率的供冷量在 18～22W/W 范围内。与传统湿工况风机盘管相比，由于冷水供水温度的提高，干式风机盘管单位风机输入功率的供冷量明显减小，仅为湿工况盘管中显热部分供冷量（40W/W）的 50% 左右。

干式风机盘管性能（低静压机组，行业标准）　　　　　表 3-22

型　号	额定风量 (m³/h)	输入功率 (W)	名义供冷工况			名义供热工况		
			供冷量 (W)	单位风量供冷量 [W/(m³·h)]	单位风机电耗供冷量 (W/W)	供热量 (W)	单位风量供热量 [W/(m³·h)]	单位风机电耗供热量 (W/W)
FP-34	340	37	680	2.0	18	1490	4.4	40
FP-51	510	52	1020	2.0	20	2240	4.4	43
FP-68	680	62	1360	2.0	22	2990	4.4	48
FP-85	850	76	1700	2.0	22	3740	4.4	49
FP-102	1020	96	2040	2.0	21	4500	4.4	47
FP-136	1360	134	2720	2.0	20	5980	4.4	45
FP-170	1700	152	3400	2.0	22	7480	4.4	49
FP-204	2040	189	4080	2.0	22	8970	4.4	47
FP-238	2380	228	4760	2.0	21	10470	4.4	46

供冷工况：室内干球温度 26.0℃、湿球温度 18.7℃；冷水进口温度 16℃、出水温度 21℃。
供热工况：室内干球温度 21.0℃，热水进口温度 40.0℃，热水流量与供冷工况冷水流量相同。

在干式风机盘管标准中，冷冻水进出盘管水温采用 16℃/21℃，进出口水温差为 5℃，与传统湿工况运行的风机盘管的 5℃ 水温差保持一致。这样干式风机盘管与传统湿工况运行风机盘管的冷冻水输送温差一致，冷水输配系统的能耗保持一致。

根据表 3-22 所示风机盘管的冬季供热性能，可以计算出在相同热水流量、不同供水温度和室温情况下，干式风机盘管的供热性能，计算结果参见表 3-23。以 FP-34 型的风机盘管为例，当室温为 21℃ 时，40℃ 热水进口温度对应的供热量为 1490W，35℃ 热水进口温度对应的供热量为 1098W；当室温为 20℃ 时，40℃ 进口热水和 35℃ 进口热水对应的供热量分别为 1568W 和 1176W，远大于表 3-22 所示夏季供冷量 680W。因而，采用干式风机盘管的室内显热末端时，一般供水温度在 35℃ 即可满足冬季的供热需求。

干式风机盘管冬季供热量　　　　　　　　表 3-23

型　号	供水 40℃时供热量（W）			供水 35℃时供热量（W）		
	室温 21℃	室温 20℃	室温 19℃	室温 21℃	室温 20℃	室温 19℃
FP-34	1490	1568	1647	1098	1176	1255
FP-51	2240	2358	2476	1651	1768	1886
FP-68	2990	3147	3305	2203	2361	2518
FP-85	3740	3937	4134	2756	2953	3149
FP-102	4500	4737	4974	3316	3553	3789
FP-136	5980	6295	6609	4406	4721	5036
FP-170	7480	7874	8267	5512	5905	6299
FP-204	8970	9442	9914	6609	7082	7554
FP-238	10470	11021	11572	7715	8266	8817

3.2.2.3　标准中湿工况风机盘管与干式风机盘管性能对比

由表 3-21 和表 3-22 所示的标准测试工况可以看出：湿工况风机盘管与干式风机盘管在冬季、夏季的测试工况均不相同，无法直接用供热量或者供冷量进行对比。采用根据冬季供热量及供回水温度反算出风机盘管的传热能力 KF，并比较两种风机盘管在相同风量情况下的传热能力 KF 的差异。传热能力的计算式如下：

$$KF = \frac{Q_h}{\Delta t_{m,h}} \qquad (3-39)$$

式中　Q_h——额定工况（或名义工况）下供热量，W；

　　　K——传热系数，W/（m² · ℃）；

　　　F——传热面积，m²；

　　$\Delta t_{m,h}$——供热工况的对数平均温差，℃。

图 3-43 给出了传统湿工况风机盘管和干式风机盘管标准中规定换热性能的对比情况。以处理风量为 340m³/h 的风机盘管为例，传统湿工况风机盘管要求的 $KF=120$W/℃，而干式风机盘管要求的 $KF=215$W/℃，要满足干式风机盘管标准中对性能的规定，就需要

从结构流程、翅片的结构形式（开缝翅片、间距等）、水管管径等多方面进行优化分析，使产品性能满足要求。

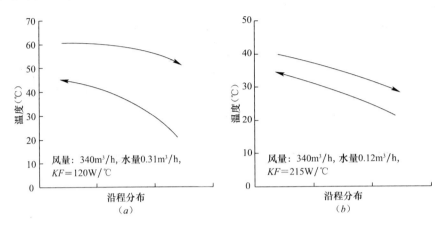

图 3-43 湿工况风机盘管与干式风机盘管 KF 对比

(a) 湿工况风机盘管，进水温度 60℃；(b) 干式风机盘管，进水温度 40℃

需要思考的问题是：目前沿用湿工况风机盘管思路开发的干式风机盘管的性能，虽明显超过传统风机盘管在高温冷水干工况运行的性能，但是单位输入功率的供冷量（类似制冷机 COP＝制冷量/制冷机输入功率，可定义风机盘管的输送系数＝制冷量/风机盘管输入功率）仅在 20W/W 左右。而传统湿工况风机盘管的输送系数却在 50～60W/W 的水平上（其中显热供冷部分的输送系数在 40W/W 左右）。如何利用风机盘管没有凝水的优势，设计出新颖的结构形式，降低风机盘管阻力，使其输送系数保持在较高水平是需要产品设计进一步思考的问题。

3.2.3 新结构形式的干式风机盘管

由于冷水与室内换热温差的减少，使得同样面积的风机盘管在干工况下的换热性能比原来有凝水的湿工况大幅降低，沿用湿工况风机盘管的思路来设计干式风机盘管，即使在换热器流型等方面进行了较大努力，但风机盘管的输送系数却大幅降低。相比于传统 7℃冷水的湿工况风机盘管系统，干式风机盘管系统中制冷机组的性能系数 COP 大幅提高，但干式风机盘管的输送系数却大幅降低，在一定程度上制约了整个系统的性能提高。因此，需要充分利用干工况没有凝水的优势，实现思路的创新，提高干式风机盘管的输送性能，以下列举两例进行说明。

3.2.3.1 "仿吊扇式"干式风机盘管

仿吊扇式的吊装方式，如图 3-44 所示，只需在空气通路上布置换热盘管，减少阻力环节，降低所需风机的压头。同时，此方式可使风机盘管成本和安装费大幅度降低，并且不再占用吊顶空间。

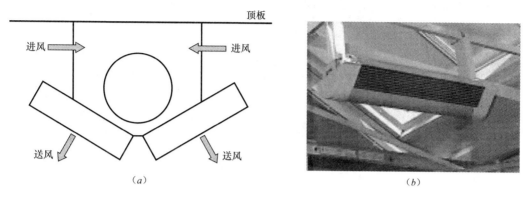

（a）

（b）

图 3-44 仿吊扇形式的风机盘管
（a）示意图；（b）安装照片（美国卡内基梅隆大学）

3.2.3.2 "贯流型"干式风机盘管

图 3-45 和图 3-46 为目前欧洲已出现的新型贯流型干式风机盘管的断面结构和安装实例。图中所示的干式风机盘管产品（Danfoss 公司）为模块化设计，在长度方面可灵活改变，与建筑物的尺寸很容易配合。在风扇和导流板之间放置了特殊的材料 VORTEX 以消除由于高风速引起的噪声。电机为直流无刷型，效率很高，并且可在 400～3000r/min 的范围内进行连续调节。单位风机功率的夏季供冷量在 50～60W/W。

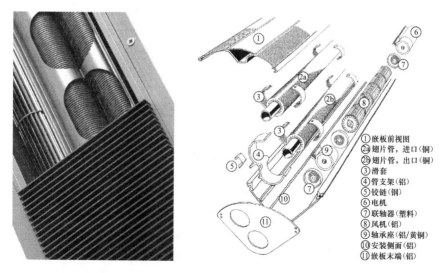

①嵌板前视图
②a 翅片管，进口（铜）
②b 翅片管，出口（铜）
③滑套
④管支架（铝）
⑤铰链（钢）
⑥电机
⑦联轴器（塑料）
⑧风机（铝）
⑨轴承座（铝/黄铜）
⑩安装侧面（铝）
⑪嵌板末端（铝）

图 3-45 紧凑式干式风机盘管产品示意图（Danfoss 公司）

图 3-46 干式风机盘管应用效果图

图 3-45 所示的贯流型干式风机盘管（Danfoss 公司）在供热工况下散热量随水温和风速的变化关系见图 3-47。其中额定输出热量按 60℃供水、50℃回水、20℃室温及 1500rpm 风速定义。厂家给出的干式风机盘管输出冷热量见表 3-24，其中 ΔT 为供回水温度的平均值与房间空气温度间的差值。从图 3-47 及表 3-24 的数据中可注意到风速增加可明显提高输出能力。因此，干式风机盘管可直接通过改变风机转速调节供冷量，实现对室温的连续调节。

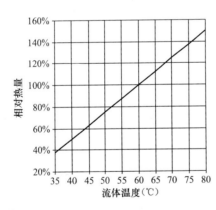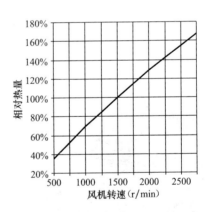

图 3-47 水温和风速与额定输出热量的相对关系

干式风机盘管输出冷热量   表 3-24

风机盘管输送能力	风 速	
	1500rpm	2800rpm
$\Delta T=35$℃时，每米的热输出能力	400W	730W
$\Delta T=9$℃时，每米的冷输出能力	110W	190W

前述 Danfoss 研发的贯流型干式风机盘管由于其使用时轴承偏心造成的噪声问题未在市场上广泛推广应用，但其输送系数在 $50\sim60W/W$ 范围内，达到与传统湿工况运行的风机盘管相同的输送系数。因此，如何更好地利用干式风机盘管没有凝结水的特点，充分发挥在结构上的优势，设计适用于干式工况的新颖的结构形式，进一步提高风机盘管的性能则是需要更进一步的工作。

第4章 新风处理方式

在温湿度独立控制空调系统中，送入新风的目的是为了满足室内人员卫生需求和排除室内余湿，即要求的送风含湿量低于室内设计含湿量水平（其差值用于带走室内人员等产湿）。在我国西北干燥地区，室外的空气本身非常干燥，新风处理的主要目的是对其降温，在保证送风含湿量需求的基础上可通过蒸发冷却等方法进行降温处理。而在潮湿地区，室外的空气含湿量比较高，需要对新风除湿处理后才能送入室内，新风处理的主要目的是对其除湿，可采用冷凝除湿、溶液除湿、固体除湿等多种方法。本章将在明确湿度控制系统对新风送风参数需求的基础上，分别介绍我国不同气候条件下的各种新风处理方法。

4.1 新风处理基本装置

4.1.1 我国不同气候区域对新风处理装置的需求

第2.4.2节分析了温湿度独立控制空调系统中对新风处理参数的需求，根据需求的新风送风参数，可以确定对新风处理装置的基本要求。依据室外新风参数的变化，新风处理装置应当满足不同工况下对新风的处理能力要求。第2.4.3节分析了我国不同地区的冬夏室外参数情况，按照夏季和冬季对于新风的不同处理需求，可以分成Ⅰ、Ⅱ、Ⅲ三个区域，如图4-1所示。

1. 西北干燥地区（Ⅰ区）：夏季对新风降温、冬季对新风加热加湿

在我国西北干燥地区，夏季新风只需要经过降温处理即可送入室内。图4-2给出了乌鲁木齐典型年气象数据，全年的室外含湿量均处于较低水平。利用室外空气干燥的特点，蒸发冷却方式可以作为新风降温处理的有效手段，本章第4.2节将具体介绍蒸发冷却方式处理新风的方法和相应装置。在此区域，冬季室外新风温度和含湿量均很低，需要对新风进行加热加湿处理。

2. 东南潮湿地区——秦岭淮河一线以南（Ⅱ区）：夏季对新风降温除湿

在温湿度独立控制空调系统中，通过向室内送入干燥的空气来承担建筑所有的湿负荷。在我国东南地区夏季气候潮湿，图4-3和图4-4分别给出了上海、广州两个城市的典型年气象数据。7、8月份的月平均含湿量，上海接近19g/kg，广州则超过20g/kg。新风需要经过除湿处理后才能送入室内。按照我国20世纪80年代的采暖通风设计规范，这一地区不考虑冬季采暖，因而仅需考虑夏季的空调处理过程。

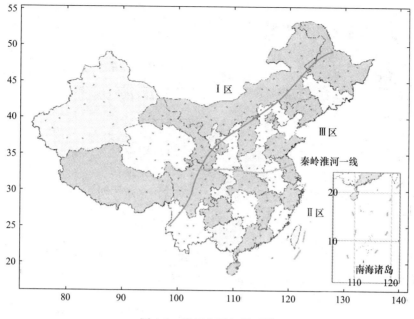

图 4-1 我国主要气候区域

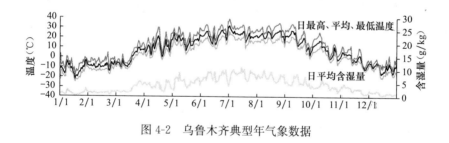

图 4-2 乌鲁木齐典型年气象数据

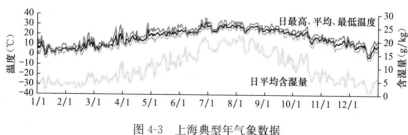

图 4-3 上海典型年气象数据

　　随着社会的发展和人们生活水平的提高，长江流域由于冬季室外温度在 10℃ 以下，有时也会短暂出现低于零度的天气，长江流域这一地区的采暖需求也逐渐被提到日程，本书第 7 章将详细分析长江流域附近建筑的冬季采暖需求以及全年的空调系统运行情况。

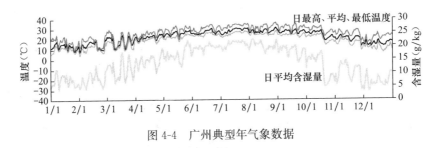

图 4-4　广州典型年气象数据

3. 东南潮湿地区——秦岭淮河一线以北（Ⅲ区）：夏季对新风降温除湿、冬季对新风加热加湿

在此区域内，夏季室外空气温度和含湿量均较高，冬季室外温度和含湿量均处于较低水平。图 4-5 给出了北京典型年的气象数据，7、8 月份的月平均含湿量分别为 17.4g/kg 和 15.6g/kg，1、2 月份的月平均含湿量约为 1g/kg。夏季需要实现对新风的降温除湿处理过程，冬季需要对新风加热加湿。与Ⅱ区的夏季处理过程相比，在Ⅲ区室外最高含湿量水平与Ⅱ区相当，但室外持续高含湿量的时间相对较短。

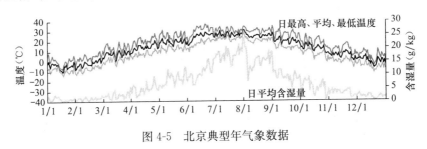

图 4-5　北京典型年气象数据

基于第 2.4.2 节对新风送风参数的需求和上述我国不同地区对新风处理装置的性能要求，可以通过多种空气处理方法和形式来实现新风的处理过程，以下介绍用于新风处理的各种基本装置。

4.1.2　热回收装置

新风负荷在整个空调负荷中占有较大的比例，设法降低新风处理能耗，是建筑节能的一个重要内容。采用热回收技术，充分回收室内排风的冷（热）量，是降低新风处理能耗的一个重要手段。热回收装置可以分为显热回收和全热回收两种形式。显热回收仅能回收室内排风的显热部分。由于在空调排风可供回收的能量中，潜热占较大的比例（在气候潮湿的地区更为显著），因此全热回收装置具有较高的热回收效率，空调系统采用全热回收装置相对于显热回收装置而言，有更大的节能潜力。目前采用的显热回收装置主要有：板式显热回收器、转轮显热回收器等；全热回收装置主要有：板翅式全热回收器、转轮式全热回收器以及溶液式全热回收器等，几种常用的热回收装置的性能与特点如表 4-1 所示。

板翅式全热回收装置在新风、排风之间用隔板分隔成三角形、U形等不同断面形状的空气通道，利用特殊材质的纸或膜供新、排风进行热质交换，实现全热回收。本节重点介绍转轮式全热回收器与溶液式全热回收器。

常用热回收装置性能比较　　　　　　　　　　　　　表 4-1

	板 式	热管式	转轮式	板翅式	溶液吸收式
能量回收形式	显热	显热	显热或全热	全热	全热
交换介质（芯体材料）	金属或非金属	金属	金属或非金属	非金属	溶液
能效评价	显热效率	显热效率	显热或全热效率	全热效率	全热效率
热回收效率（%）	50～80	50～70	50～85	50～75	50～85
迎面风速（m/s）	1.0～5.0	2.0～4.0	2.0～5.0	1.0～3.0	1.5～2.5
压力损失（Pa）	100～1000	100～500	100～300	100～500	150～370
排风泄漏率（%）	0～5	0～5	0.5～10	0～5	—
机械运动部件	无	无	有	无	有
允许空气含尘量	较低	中	较低	低	高
维护保养	较难	容易	较难	困难	中
适用风量	较小	中	较大	较小	较小
主要适用系统及条件	需显热回收的一般通风空调系统	空气有轻微尘量或温度较高的系统	允许新风和排风有适当交叉渗透的较大风量系统	需全热回收、空气较清洁且投资要求较低的系统	需全热回收，可对空气有净化作用的系统

注：摘自《空调系统热回收装置选用与安装》中国计划出版社，2006。

表 4-2 给出了典型工况下新风与排风全热回收段的性能，其中室内设计状态为温度 26℃、相对湿度 60%（对应的含湿量为 12.6g/kg），回风量与新风量之比为 0.8，全热回收装置的效率为 60%。

排风全热回收典型工况性能　　　　　　　　　　　表 4-2

新 风			全热回收后新风			全热回收后排风		
温度（℃）	含湿量（g/kg）	焓值（kJ/kg）	温度（℃）	含湿量（g/kg）	焓值（kJ/kg）	温度（℃）	含湿量（g/kg）	焓值（kJ/kg）
35.0	22.0	91.6	30.7	17.5	75.6	31.4	18.3	78.3
30.0	22.0	86.4	28.1	17.5	72.9	28.4	18.3	75.1
35.0	16.0	76.2	30.7	14.4	67.6	31.4	14.7	69.0
30.0	16.0	71.0	28.1	14.4	64.9	28.4	14.7	65.9

4.1.2.1 转轮式全热回收装置

转轮式全热回收装置利用经过特殊加工的涂有吸湿材料的纸等加工成蜂窝状的转轮，利用传动装置使转轮不停低速转动，参见图 4-6。转速通常在 8～10r/min（折合 480～600r/h）。当壁面吸湿材料对应的水蒸气分压力低于被处理空气的水蒸气分压力时，水蒸气就从空气进入固体吸湿材料中，实现对空气的除湿过程。随着转轮的旋转，吸湿后的固体吸湿材料将进入转轮的再生区域，温度较高的再生空气流过有固体吸湿材料的通道，实现吸湿材料的脱附，从而恢复吸湿材料的吸水性能。在转轮转动的过程中，新风、排风以相逆方向流过转轮的上、下半部，实现两者间的全热交换。

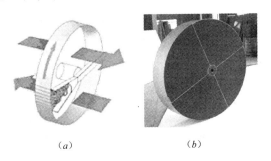

(a)   (b)

图 4-6　转轮式热回收装置

(a) 机组流程图；(b) 转轮的转芯

4.1.2.2　溶液式全热回收装置

图 4-7 是一个典型的单级溶液全热回收装置的工作原理图，上层为排风通道，下层为新风通道，新风和排风分别用 a 和 r 表示，溶液状态用 s 表示。该单级全热回收装置由两个单元喷淋模块和一溶液泵组成，利用溶液的循环流动实现了能量从室内排风到新风的传递过程。考虑夏季利用室内排风对新风进行预冷和除湿的过程。开始运行时，溶液泵从下层单元喷淋模块底部的溶液槽中把溶液输送至上层单元喷淋模块的顶部，溶液自顶部的布液装置喷淋而下润湿填料，并与室内排风在填料中接触，溶液被降温浓缩，排风被加热加湿后排到室外。降温浓缩后的溶液从上层单元喷淋模块底部溢流进入下层单元喷淋模块顶部，经布液装置均匀地分布到下层填料中。室外新风在下层填料与溶液接触，溶液被加热稀释，空气被降温除湿。溶液重新回到底部溶液槽中，完成循环。夏季工况下，与新风接触和与排风接触的单元喷淋模块分别作为除湿装置与再生装置使用；冬季工况与夏季工况相反。

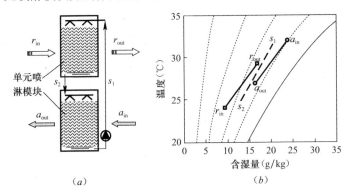

(a)   (b)

图 4-7　单级溶液式全热回收装置

(a) 工作原理；(b) 空气处理过程

多个单级全热回收装置可以串接起来，组成多级全热回收装置，如图4-8所示（图中共有三级），新风和排风逆向流经各级并与溶液进行热质交换，每一级内溶液的温度与浓度由新风和室内排风的状态参数决定。

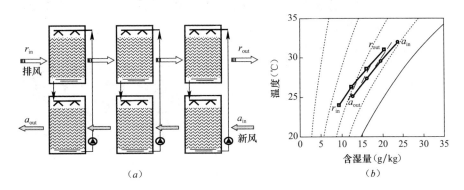

（a）　　　　　　　　　　　　　　　　　（b）

图4-8　三级溶液式全热回收装置
(a) 工作原理；(b) 空气处理过程

4.1.3　除湿装置

不同的新风除湿处理方式原理有所差异，图4-9给出了冷凝除湿、溶液除湿和转轮除湿三种除湿方式的空气处理过程。冷凝除湿方式对空气处理的过程中，空气先被降温，温度降低到露点温度后水蒸气开始变为液态水析出，除湿后的空气状态接近饱和，温度较低。转轮除湿方式对空气处理的过程中，空气状态近似沿等焓线变化，除湿后的空气温度显著高于室内温度。溶液除湿方式可以将空气直接处理到需要的送风状态点，送风的温度低于室内空气温度。本节将介绍冷凝除湿、利用固体吸湿材料与液体吸湿材料的除湿方法。

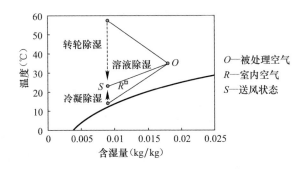

图4-9　不同除湿方式的空气处理过程

4.1.3.1　冷凝除湿方法

冷凝除湿方法是利用低温冷水或制冷剂等冷媒通过表冷器盘管与空气接触，使空气温度降低到露点后再进行除湿的方式，冷凝除湿方式的原理如图 4-10 所示。温度较低的冷媒（冷冻水或制冷剂）进入表冷器，湿空气经过表冷器时温度降低，达到饱和状态后如果继续降温湿空气中的水蒸气就会凝结析出。图 4-11 给出了采用表冷器冷凝除湿方式，被处理空气所能达到的状态在图示三角形区域内。经过表冷器后，湿空气的含湿量、温度均降低，出口空气接近饱和状态。

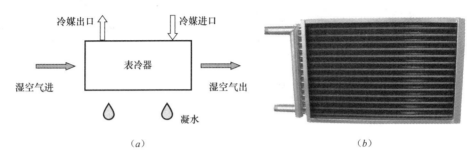

图 4-10　冷凝除湿方式原理图

（a）冷凝除湿原理；（b）实际表冷器产品

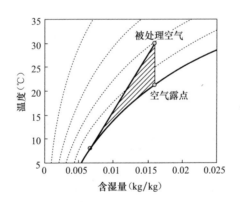

图 4-11　采用表冷器冷凝除湿方式的空气处理范围

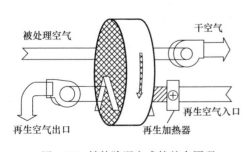

图 4-12　转轮除湿方式的基本原理

4.1.3.2　固体吸湿材料除湿方法

利用固体吸湿材料的除湿装置有转轮式和固定式两种。转轮式除湿可实现连续的除湿和再生，应用较为广泛，参见图 4-12。除湿转轮与上一节介绍的全热回收转轮结构类似，在转轮上布满蜂窝状的通道，通道的壁面含有固体吸湿材料，当空气流过这些通道时，与壁面的吸湿材料进行热湿交换从而实现对空气的处理过程。对于除湿转轮，通常转轮的 3/4 扇区为被处理空气通道，剩余的 1/4 扇区为再生空气通道；除湿转轮的优化转速通常在 0.2～0.5r/min（折合 12～30r/h）。在全热回收、除湿两种不同使用情况下，对于转轮吸湿材料的性能要求有着明显的差异。在张立志等人的文章中，详细分析了不同使用情况下对于转轮性能的要求，对于除湿过程，Ⅰ型吸湿材料比较有利；对于全热回收过程，Ⅲ型吸湿材料比较有利。

固体吸附床则是一种常见的固定式固体吸湿处理装置，不同于转轮除湿方式不断转动轮体的方式，吸附床通过直接切换吸湿侧和再生侧来实现固体吸湿剂吸湿与再生过程的交替。图 4-13 给出了一种固定式固体吸附除湿设备的工作原理（张立志等，2002）。在前半个周期内，左边吸附床作为再生装置，右边吸附床作为除湿装置。湿空气进入图 4-13 右侧的除湿装置，冷却水进入该除湿装置冷却固体吸附剂带走除湿过程中释放的潜热。再生空气经过加热器加热后进入左侧再生装置，带走固体吸湿剂中的水分，实现固体吸湿剂的再生。在后半个周期内，左边吸附床作为除湿装置使用，冷却水进入左侧吸附床，右边吸附床作为再生装置，再生空气经过加热后进入右侧吸附床，从而完成整个除湿—再生过程。由于固体吸附床除湿过程中空气的出口参数并不恒定而是周期式变化（需要风阀、水阀的周期切换），在很大程度上制约了固定吸附床除湿方式的应用。

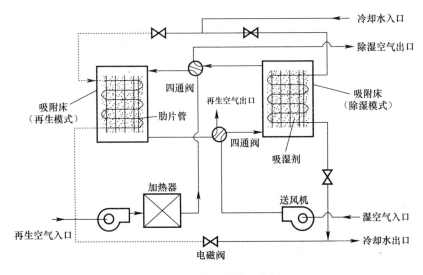

图 4-13　固体吸附床工作原理

4.1.3.3　液体吸湿材料除湿方法

典型的溶液除湿—再生循环过程工作原理如图 4-14 所示，左侧为除湿过程，右侧为再生过程。当空气中的水蒸气分压力大于溶液表面的水蒸气分压力时，水蒸气会由气相（空气）向液相（溶液）传递。随着质量传递过程的进行，空气的水分含量（含湿量）减少，即完成对空气的除湿过程。在除湿过程中，溶液由于吸收水分而被稀释，被稀释后溶液表面的水蒸气分压力逐渐增大，与空气间的压力差减小而失去了除湿能力。这时，被稀释后溶液需要进行再生，图中给出的是由热水提供溶液浓缩再生过程所需的热量。由此完成除湿——再生一个完整的溶液循环处理过程。

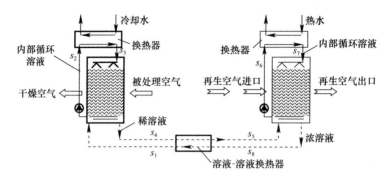

图 4-14　典型溶液除湿—再生过程工作原理

除湿与再生装置是溶液除湿空调系统的核心部件，其热质交换过程直接影响整个空调系统的性能。根据是否有外界冷（热）量参与溶液与空气的热质交换过程，可将除湿器（再生器）分成绝热型与内冷（热）型两种形式，参见图 4-15。除湿装置与再生装置的传热传质性能类似，仅是传递的方向相反而已，因此以下以除湿装置为例进行详细介绍。绝热型除湿器多采用喷淋塔或填料塔形式。在喷淋塔式除湿器中，空气的压降损失较小，但

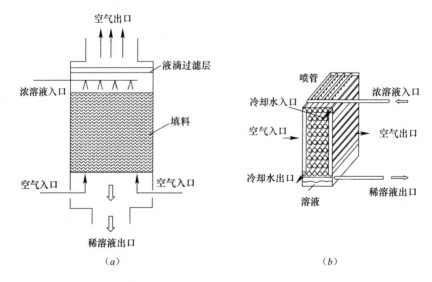

图 4-15　绝热型与内冷型热质交换装置

(a) 绝热型；(b) 内冷型

溶液与空气之间的传质过程进行得不充分，出口空气还存在较为明显的带液现象，影响室内空气品质与人体健康。填料塔式除湿器的除湿效率明显高于前者，因而近年来研究得较多的是填料塔除湿器，参见图 4-15（a）。填料作为溶液和空气接触的媒介起到了增加二者接触面积的作用，可以分为散装填料与规整填料两种形式。在文献报道的填料塔形式的除湿实验装置中，早期的研究工作主要集中在散装填料的性能分析，如鞍形、弧鞍形填料、鲍尔环填料等。规整填料相对于散装填料而言，以其特定的规则几何形状，规定了气液流路，在提供较大气液接触面积的同时有效降低了流体阻力。

由于在除湿过程中，传质过程所伴随的水分相变潜热的释放使得溶液与空气接触体系的温度升高。绝热型除湿装置，一般选择较大的溶液流量来抑制除湿过程的温升，保持溶液具有较低的表面蒸汽压。为了提高除湿效率，可以在除湿过程中进行冷却，即采用外加的冷量带走除湿过程中释放的相变潜热从而保持溶液具有较强的除湿能力。内冷型除湿装置多采用降膜结构，外界冷源可以是冷空气、冷水、制冷剂等。

内冷型结构对装置工艺要求很高，需要严格保证溶液通道与冷却通道的隔绝。由于制造工艺的问题，目前使用较多的仍是填料塔式的绝热型装置。为了充分发挥绝热型与内冷型的优势，江亿等提出了可调温单元喷淋模块，模块由级间溶液、级内喷淋的溶液、外部冷/热源组成，参见图 4-16。溶液从底部溶液槽内被溶液泵抽出，经过显热换热器与冷媒（或热媒）换热，吸收（或放出）热量后送入布液管。通过布液管将溶液均匀地喷洒在填料表面，与空气进行热质交换，然后由重力作用流回溶液槽。该装置有三股流体参与传热传质过程，分别为空气、溶液和提供冷量或热量的冷媒或热媒。循环喷淋的溶液在进入填料之前，首先经过换热器被冷却/加热，从而增强喷淋溶液的除湿/加湿能力。内部循环喷淋的溶液流量要满足传热传质的流量要求，外部流动的级间溶液流量满足热湿匹配即可（李震，2004），因而后者的流量仅为前者流量的 1/10 左右。以图 4-16 所示的可调温单元模块为基础，多个组合起来，可构建出多种形式的除湿装置（新风机组）与再生装置。

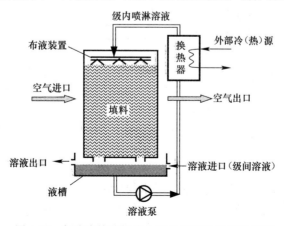

图 4-16　气液直接接触式全热换热装置结构示意图

4.1.4 加湿装置

对空气加湿的方式多种多样，可利用上一节介绍的溶液循环实现对新风的加湿处理，

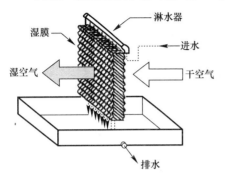

图 4-17 湿膜蒸发式加湿工作原理

空调系统常用的空气加湿方式包括湿膜蒸发式加湿、干蒸汽加湿、电极式加湿和超声波加湿等。湿膜蒸发式加湿的工作原理如图 4-17 所示，水经过淋水器分配后喷洒到湿膜材料上，空气流经湿膜材料时，水蒸发为蒸气进入空气，实现对空气的加湿处理。湿膜加湿器的加湿过程实际上就是空气的蒸发冷却过程，在冬季工作时，现有做法一般通过提高进口空气的温度来保证加湿的效果。

干蒸汽加湿的工作原理如图 4-18 所示，饱和蒸汽经过弯管流入蒸发室，设置了折流板保证饱和蒸汽顺利流入蒸发室，流经蒸发室后饱和蒸汽继续经过干燥室排除所有水滴，保证流出的是干蒸汽，调节阀用来调节进入喷管的干蒸汽量。干蒸汽经过喷管喷出，使蒸汽在整个风管宽度范围内均匀扩散，实现对空气的加湿。

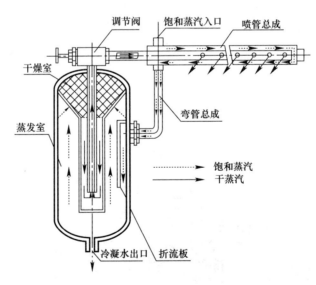

图 4-18 干蒸汽加湿工作原理

电极式加湿是通过将电极置于水中，以水作为电阻，通入电流后水被加热而产生蒸汽后，再将蒸汽送入需要加湿的空间，实现对空气的加湿。电热式加湿利用电热元件对水加热来产生蒸汽，其使用与电极式加湿方式类似。不同加湿方式的适用条件不同，当有蒸汽

源可利用时，应优先考虑干蒸汽加湿方式，医院洁净手术室等场所通常采用这种加湿方式；当无蒸汽源可利用时，可选取湿膜加湿方式、电极式或电热式加湿方式等。

4.2　Ⅰ区的新风处理（西北干燥地区）

在我国西北部干燥地区，夏季室外含湿量很少出现高于 12g/kg 的情况。这时，可以通过向室内通入适量的干燥新风来达到排除室内余湿的目的，此时新风处理机组的主要任务是对新风进行降温。一般根据当地夏季室外空气状况，由直接或间接蒸发冷却新风机组制备 18～21℃、8～10g/kg 的新风送入室内，带走房间的全部湿负荷和部分显热负荷。蒸发冷却方式的送风状态取决于当地的干、湿球温度，在系统流程设计中，应正确地确定蒸发冷却的级数，合理控制送风除湿能力，以满足室内湿度要求。

4.2.1　夏季蒸发冷却方式处理新风

利用蒸发冷却制备冷空气的方式，包括直接蒸发冷却方式、间接蒸发冷却方式以及间接与直接结合的蒸发冷却方式。直接蒸发冷却与间接蒸发冷却方式制备冷空气的装置原理及空气处理过程分别参见图 4-19 和图 4-20（黄翔，2010）。直接蒸发冷却过程对空气冷却的极限温度为进口空气的湿球温度，间接蒸发冷却方式出口空气的极限温度为进口空气的露点温度。在间接蒸发冷却过程中，被处理空气仅温度降低、含湿量不发生变化，实现的是等湿降温过程。图 4-20 所示的是外冷式间接蒸发冷却装置，由蒸发冷却装置和显热换热器两个组件组成。间接蒸发冷却装置也可在直接蒸发冷却模块中嵌入显热换热过程，增加干通道冷却进风，从而实现内冷式间接蒸发冷却装置。

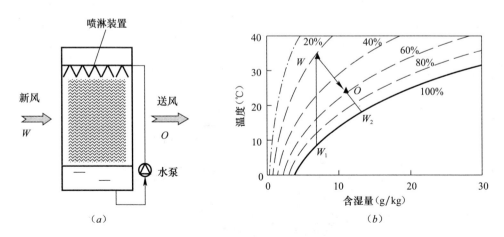

图 4-19　直接蒸发冷却空气处理装置

（a）直接蒸发冷却模块；（b）空气处理过程

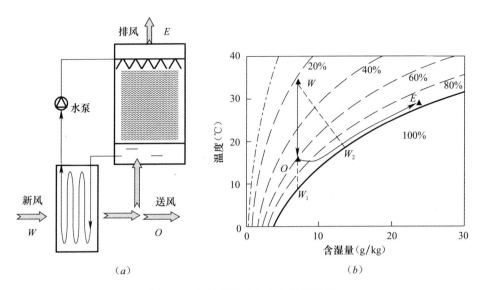

图 4-20　间接蒸发冷却空气处理装置
(a) 外冷式间接蒸发冷却模块；(b) 空气处理过程

在上述直接蒸发冷却装置与间接蒸发冷却装置基础上，可以组成多级的蒸发冷却装置。图 4-21 所示为两组间接蒸发冷却装置构成的两级蒸发冷却系统，图 4-22 为间接、直接蒸发冷却相结合的两级蒸发冷却系统（谢晓云，江亿，2010；黄翔，2010）。在间接蒸发冷却装置中，二次风（即参与直接蒸发冷却过程的空气）的来源决定了进口空气可能被冷却的极限温度，当二次风为一次风出风的一部分时，如图 4-21 所示，间接蒸发冷却装置出口空气的极限温度为进口空气的露点温度。在图 4-22 所示的空气处理过程中，新风首先经过间接蒸发冷却等湿降温，之后经过直接蒸发冷却模块降温加湿，其空气处理过程如图 4-22 (b) 所示，应用这种方式，空气被冷却的温度可低于室外空气的湿球温度，介于室外湿球温度和室外露点温度之间。

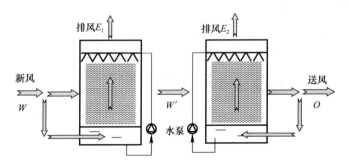

图 4-21　两级内冷式间接蒸发冷却新风处理过程

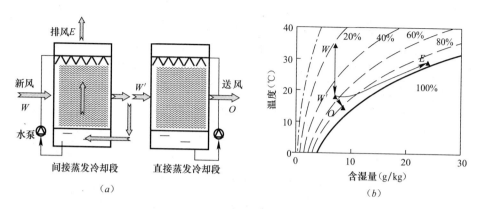

图 4-22 间接、直接相结合的空气处理过程
(a) 装置原理图；(b) 空气处理过程

对于直接蒸发冷却、间接蒸发冷却以及直接和间接相结合的三种蒸发冷却方式，可通过式（4-1）和式（4-2）来统一表示其出口空气参数。室外新风状态 W、相应的露点状态 W_1、湿球状态 W_2，经过蒸发冷却处理后的送风状态为 O，参见图 4-19 和图 4-20。送风状态的温度和含湿量可分别表述为（谢晓云，江亿，2010）：

$$t_O = t_W - \eta_1 \cdot (t_W - t_{W1}) - \frac{r}{c_{p,m}}(d_O - d_W) \qquad (4\text{-}1)$$

$$d_O = d_W + \eta_2 \cdot (1 - \eta_1) \cdot (d_{W2} - d_W) \qquad (4\text{-}2)$$

式中　r——水蒸气的汽化潜热；

$c_{p,m}$——湿空气的比热容；

η_1——过程中的间接蒸发冷却段以室外露点温度为极限的装置效率；

η_2——系统中直接蒸发冷却模块对空气加湿的装置效率。η_1 和 η_2 的定义如下式所示：

$$\eta_1 = \frac{t_W - t_1}{t_W - t_{W1}} \qquad (4\text{-}3)$$

$$\eta_2 = \frac{d_W - d_O}{d_W - d_2} \qquad (4\text{-}4)$$

式中　t_1——间接蒸发冷却出口空气干球温度；

d_2——直接蒸发冷却段进口空气的湿球温度下饱和空气的含湿量。

由此，对三种不同的蒸发冷却方式，可得到式（4-1）和式（4-2）中各系数的不同取值：

（1）直接蒸发冷却方式：$\eta_1 = 0$；$0 < \eta_2 \leqslant 1$；

（2）间接蒸发冷却方式：$\eta_2 = 0$；$0 < \eta_1 < 1$；

（3）间接、直接相结合方式：$0 < \eta_1 < 1$，$0 < \eta_2 < 1$。

对于内冷式或外冷式间接蒸发冷却装置，由式（4-3）表示的间接蒸发冷却的露点效率 η_1 取决于一、二次风的比例和直接蒸发冷却过程的空气与水流量比，还取决于间接蒸发冷却模块的传热能力。对于间接、直接结合方式处理空气，由式（4-2）可知，间接蒸

发冷却段的效率 η_1 越高，系统对送风加湿的效率越低，这是由于间接蒸发冷却段的效率越高，出口空气越接近饱和线，其再通过直接蒸发冷却加湿降温的驱动力越小。

对于目前各类蒸发冷却方式制备冷空气的装置，直接蒸发冷却装置结构简单，对空气加湿的效率 η_2 可达到 90% 甚至更高；而间接蒸发冷却装置，相对于室外露点温度而定义的空气降温效率 η_1 一般在 40%～70% 之间，取决于装置的结构形式与参数（谢晓云，江亿，2010）。表 4-3 给出了新疆典型城市的各种蒸发冷却装置的出口空气状态，η_1 取为 60%，η_2 取为 90%。

蒸发冷却方式处理空气状态参数　　　　表 4-3

地　区	大气压力 kPa	夏季室外计算参数				直接蒸发冷却方式（一级）出口空气		间接蒸发冷却方式（一级）出口空气		间接、直接相结合方式（两级）出口空气	
		干球温度（℃）	湿球温度（℃）	露点温度（℃）	含湿量（g/kg）	温度（℃）	含湿量（g/kg）	温度（℃）	含湿量（g/kg）	温度（℃）	含湿量（g/kg）
阿勒泰	93.4	30.6	18.7	12.6	9.9	26.3	14.2	19.8	9.9	18.1	11.6
克拉玛依	96.9	34.9	19.1	9.4	8.2	29.2	13.9	19.6	8.2	17.3	10.5
伊宁	94.2	32.2	21.4	15.7	12.9	28.2	16.9	22.3	12.9	20.7	14.5
乌鲁木齐	91.8	34.1	18.5	7.5	8.5	28.5	14.1	18.1	8.5	15.9	10.8
吐鲁番	101.3	40.7	23.8	12.3	11.8	34.5	18.0	23.7	11.8	21.2	14.3
哈密	93.1	35.8	20.2	11.3	9.9	30.1	15.6	21.1	9.9	18.8	12.2
喀什	87.2	33.7	19.9	13.4	11.4	28.6	16.5	21.5	11.4	19.5	13.4
和田	86.2	34.3	20.4	13.6	12.2	29.3	17.2	21.9	12.2	19.9	14.2

4.2.2　冬季对新风的加湿处理

4.2.2.1　机组整体工作原理

在干燥地区，冬季室外新风温度、含湿量都较低，需要经过加热加湿处理后才能送入室内。图 4-23 给出了冬季典型的新风处理装置及空气处理过程。室外低温、干燥的新风首先进入加热器中被加热，之后再进入喷淋塔中被加湿，达到适宜的参数后再送入室内。

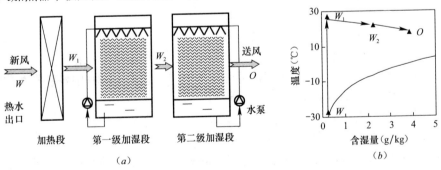

图 4-23　干燥地区新风冬季加湿处理过程

（a）装置原理图；（b）空气处理过程

4.2.2.2　对于加热器位置的探讨

目前常用的加湿处理过程中，为了获得较好的加湿效果，通常在加湿过程中对水或空气进行加热。在加热过程中，加热器可以用来加热水，也可以用来加热空气。在利用水对空气加湿时，一些实际工程通常将空气加热到一定温度后再与水进行热质交换实现加湿，运行中经常会出现加湿效果不理想（湿度加不上去）的情形，出现这种情况的原因是什么？是否由于加热对象的不同而影响了最终的加湿效果呢？

以利用水对空气加湿过程为例，原理如图 4-24 所示，其中加热器可以用来加热进口的空气，也可以用来加热进口的喷淋水。下面针对典型工况的空气加湿处理过程进行分析，比较不同加热方式时的空气加湿处理效果。当空气和水的初始温度均为 20℃，空气、水的质量流量分别为 1kg/s、0.4kg/s，加热器的加热量为 28kW，喷淋塔中空气与水热湿传递过程的传递单元数 NTU_m 为 1 时，分别计算加热水和加热空气时的空气加湿过程，结果如图 4-25 和表 4-4 所示。

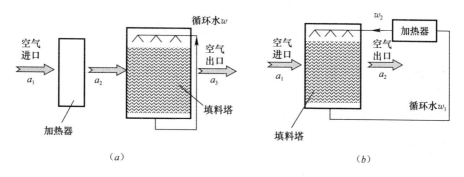

图 4-24　空气加湿处理过程

（a）加热进口空气；（b）加热进口水

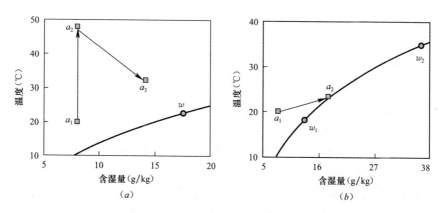

图 4-25　不同加热方式时空气加湿过程处理结果

（a）加热进口空气；（b）加热进口水

不同空气加湿过程计算结果比较 表 4-4

加热对象	喷淋塔进口参数			喷淋塔出口参数			空气加湿量 (g/kg)
	$t_{a,in}$ (℃)	$\omega_{a,in}$ (g/kg)	$t_{w,in}$ (℃)	$t_{a,out}$ (℃)	$\omega_{a,out}$ (g/kg)	$t_{w,out}$ (℃)	
空气	47.9	8.0	23.2	32.3	14.2	23.2	6.2
水	20.0	8.0	34.8	23.2	17.8	18.1	9.8

注：表中 t 为温度，ω 为含湿量；下标 a 代表空气，w 代表水；下标 in 代表进口，out 代表出口。

从表 4-4 的计算结果可以看出，当加热器用来加热进口空气时，加湿过程空气能够获得的最大加湿量为 6.2g/kg；当加热进口水时，空气能够获得的最大加湿量为 9.8g/kg，即后一种加热方式比前一种多出 58% 的加湿量。因此，对于如图 4-17 所示的湿膜加湿器，对进口水进行加热的方式可以比加热进口空气的方式获得更优的空气加湿处理效果。这也解释了为何有些工程中会出现加热空气获得的加湿效果不理想的问题，通过改变加热对象，将相同的加热量用来加热水即可获得较为理想的加湿效果。

4.3 Ⅱ区的新风处理（潮湿地区——秦岭淮河一线以南）

在此区域内，夏季室外温度和含湿量都很高，需要实现对新风的降温除湿处理过程。如何实现高效的新风除湿处理过程是此区域新风处理的关键。本节重点介绍冷凝除湿、溶液除湿与固体吸湿材料除湿三种方式。

4.3.1 冷凝除湿新风处理方式

冷凝除湿方法在空调系统中得到了广泛应用，同样也可以应用到温湿度独立控制空调方式中。常规空调系统通常采用低温冷水（7℃）对新风进行处理，新风在处理后温度和含湿量均降低。以风机盘管加新风的空调系统形式为例，新风通常被处理到与室内含湿量相同的状态后再送入室内，建筑内的人员等湿源产生的湿负荷则由工作在湿工况的风机盘管负责处理。THIC 空调系统中通过向室内送入干燥空气来排除室内湿负荷，新风需要被处理到低于室内含湿量、能够排除室内湿负荷的状态。与常规空调系统相比，THIC 空调系统要求的送风含湿量要更低，因而对新风处理设备提出了更高的性能要求。

以北京夏季设计点的室外气象参数干球温度 33.2℃、湿球温度 26.4℃（对应的含湿量为 19.1g/kg）为例，当室内设计状态为温度 26℃、相对湿度 60%（对应的含湿量为 12.6g/kg），只考虑人员产湿时，常规空调系统中新风处理到与室内含湿量相同的状态即 12.6g/kg；当人均新风量为 30m³/h 时，根据式（2-22）的计算结果，THIC 空调系统中新风需要被处理到的含湿量水平为 9.6g/kg，常规空调系统和 THIC 空调系统中新风处理后的参数如表 4-5 所示。利用 7℃冷水对新风进行处理，以新风量为 12000m³/h 为例，依据常规空调系统和 THIC 空调系统的新风处理需求分别选取适合的表冷器排数、冷水流速等，结果如表4-6所示。从计算选型结果来看，常规空调系统使用4排的表冷器即可满足需求。由于THIC空调系统中需要将新风处理到更为干燥的状态，因而选取的表冷器排数要多于常规空调系统，6排表冷器可满足THIC系统的除湿需求。

新风冷凝除湿后的送风参数　　　　表4-5

空调系统类别	干球温度（℃）	相对湿度（%）	含湿量（g/kg）	湿球温度（℃）	焓值（kJ/kg）
常规空调系统	18.5	95	12.6	17.9	50.6
THIC空调系统	14.2	95	9.6	13.8	38.6

表冷器选型结果　　　　表4-6

空调系统方式	析湿系数	表冷器型号	排数	迎面风速（m/s）	冷水流速（m/s）	全热交换效率
常规空调系统	2.14	JW20-4	4	1.78	1.01	0.56
THIC空调系统	2.29	JW20-4	6	1.78	1.39	0.72

采用冷凝除湿方式对新风进行处理时，由于冷源温度较低，新风进口温度与冷源温度之间存在较大差异，两股流体间的换热过程存在较大的温度不匹配，会带来较大的传热损失（刘晓华等，2011）。为了减少这种由于高低温差别较大的流体直接接触带来换热损失，利用合理的高温冷源对新风进行预冷从而实现新风的分级处理过程可以有效改善处理效果。另一方面，新风经过冷凝除湿方式处理后的状态接近饱和，在满足送风含湿量需求的情况下，送风温度一般较低，不适宜直接送入室内。为了避免再热过程带来能量浪费，可利用排风进行再热或利用新风自身进行再热。以下分别对新风的预冷处理方法和再热方式进行介绍。

4.3.1.1　排风热回收预冷新风

通常建筑门窗等处的气密性较好时，在向建筑送入新风的同时需要从室内排出部分空气来维持室内空气的平衡。通过设置合理的排风系统，有组织地引出排风，并在新风与排风之间进行热回收，可以回收一部分能量。对于图4-26给出的带有全热回收装置的冷凝

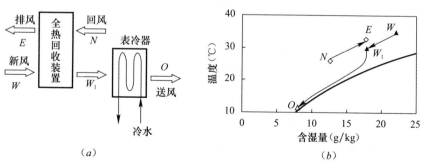

图4-26　采用排风全热热回收预冷装置的冷凝除湿系统
（a）系统工作原理；（b）空气处理过程

除湿新风处理系统，室外新风（W）经过全热回收后焓值降低，变化到 W_1 点，冷凝除湿过程需要处理的焓差减小，有效降低了新风处理的能耗，图中全热回收装置的显热回收效率取为 0.6、潜热回收效率取为 0.55。

4.3.1.2　采用高温冷水预冷新风

为了提高新风除湿处理过程的效率，可以利用 THIC 空调系统中的高温冷水（16～18℃）先对室外新风进行预冷处理，然后再用低温冷水对预冷后的新风进一步除湿，如图 4-27 所示。高温冷水可以来源于地下水等自然冷源，也可来自高温冷水机组。预冷过程中新风可以从室外的高温高湿状态被冷却至饱和或接近饱和状态，预冷阶段的主要任务是对室外不饱和新风的降温处理，空气由 W 点被冷却至 W_1 点，除湿并非这一阶段的主要任务；再利用低温冷水对饱和空气进行除湿处理，空气由 W_1 点被处理到 O 点，满足送风含湿量的要求。这一系统利用高温冷水进行预冷，充分利用了制取高温冷水的高温冷源效率较高的优点。

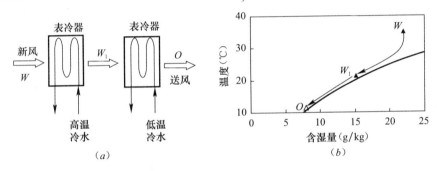

图 4-27　采用高温冷水预冷装置的冷凝除湿系统
（a）系统工作原理；（b）空气处理过程

当室外新风参数变化或需求的送风参数变化时，为充分利用高温冷水进行预冷，新风机组通过调节低温冷水的流量等措施来保证最终的送风参数满足要求。以需求的送风含湿量为 8g/kg（温度 11.5℃、相对湿度 95%）为例，表 4-7 给出了不同室外工况时利用高温冷水预冷处理新风时的新风焓降，其中预冷阶段的高温冷水温度为 16℃。从表中的结果可以看出，当室外温度较高、含湿量水平较高时，预冷阶段的新风焓降较大；预冷部分新风的焓降约占整个新风处理过程焓降的 50% 左右，即利用高温冷水预冷可以承担 50% 左右的新风处理负荷，有效提高了新风处理过程的能效。

典型工况预冷阶段新风焓降比较　　　　　　表 4-7

新　风			预冷阶段新风焓降（kJ/kg）	除湿阶段新风焓降（kJ/kg）	预冷部分焓降比例
温度（℃）	含湿量（g/kg）	焓值（kJ/kg）			
35	22	91.6	32.7	27.2	54.7%
30	22	86.4	29.1	25.6	53.2%
35	16	76.2	22.0	22.5	49.4%
30	16	71.0	18.3	21.0	46.7%

　　如图 4-27 所示利用高温冷水预冷的新风机组除湿处理过程需要通入低温冷水，这就使系统同时存在两套冷水输配系统。为了更灵活地布置新风处理机组，一些采用高温冷水预冷的冷凝除湿机组对其空气处理过程进行了改进，图 4-28 给出了一种新型的冷凝除湿新风机组的空气处理过程原理。在这种冷凝除湿的新风机组中，新风首先经过高温冷水（16～18℃）的预冷处理，高温冷水则来自 THIC 空调系统中的高温冷源设备。经过预冷处理后的新风再经过独立的热泵系统的蒸发器进一步除湿，以达到送风含湿量的要求，热泵系统的冷凝器侧可采用室内排风或冷却水带走冷凝器的排热量。在如图 4-28 所示的冷凝除湿新风处理装置中，蒸发器侧制冷剂直接膨胀蒸发，新风通过盘管与制冷剂直接换热后被除湿；利用室内回风经过独立热泵系统的冷凝器将热量带走。此新风处理装置设有内置的独立热泵循环进行除湿处理，整个空调系统中仅需一套高温冷水输配系统进行预冷，机组布置更加灵活、方便。

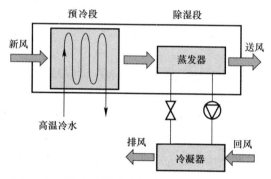

图 4-28　某种独立冷源形式的冷凝除湿新风机组原理图

　　上述介绍的各种冷凝除湿方式处理新风装置存在的一个普遍问题是：经过冷凝除湿后的送风温度偏低，当送风含湿量在 8～10g/kg 时，送风温度为 11.5～14.8℃。若如此低温的送风直接进入人员活动区，则会影响人员的热舒适，需要采用诱导性（扩散性）非常好的风口，并对气流组织进行仔细校核。而且，由于新风的送风温度比较低，可能出现室内温度偏低的问题。由于建筑室内显热负荷受到室外气象条件的显著影响，而室内湿负荷则主要与人员等产湿源数目变化有关。当室内人员数目变化不大即室内湿负荷一定时，湿度控制需求的新风送风含湿量也就一定，相应地冷凝除湿后的新风状态也就一定。此时若部分负荷即室外气温、太阳辐射等较低时，建筑显热负荷较低，若直接将冷凝除湿后的新风送入室内，新风提供的冷量可能大于建筑显热负荷，就可能使房间温度过低，造成室内过冷。因而，直接将冷凝除湿后的新风送入室内，还有可能造成部分负荷时室内过冷，还需要考虑将冷凝除湿后的新风进行"再热"，达到合适的温度后再送入人员活动区。再热方式可以有常规的电加热、蒸汽再热等途径，但这些再热方式会带来能源的浪费，在实际工程中应当尽量避免，除特殊工艺要求外不采用电再热、蒸汽再热方式。利用室内排风或新风自身进行再热等都是可行的方式，能够实现对冷凝除湿后空气的再热处理，并尽量减少再热过程带来的能量消耗。

4.3.1.3　利用室内排风再热送风

图 4-29 给出了一种再热送风的方式，除湿处理后的新风（*L*）与室内回风（*N*）之间进行显热热回收，实现了对新风的再热处理（*L* 到 *O*）。回风经过与除湿处理后的新风之间的显热回收后温度降低（*N₁*），之后再进入全热回收装置与新风进行全热换热，对新风进行预冷（*W* 到 *W₁*）。上述过程利用回风对除湿后新风进行再热，回风又将再热过程获得的冷量携带至全热回收段并部分释放给新风，实现了对新风的预冷。

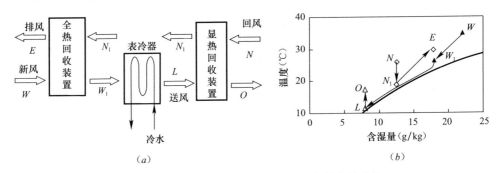

图 4-29　采用排风再热和排风预冷的冷凝除湿系统
(*a*) 系统工作原理；(*b*) 空气处理过程

表 4-8 给出了典型工况下图 4-29 所示的冷凝除湿新风处理设备其新风与排风间显热换热段、全热回收段的性能，其中室内设计状态为温度 26℃、相对湿度 60%（对应的含湿量为 12.6g/kg），回风量与新风量之比为 0.8，全热回收装置的显热回收效率取为 0.6、潜热回收效率取为 0.55，新风除湿处理后的状态 *L* 为温度 11.5℃、相对湿度 95%（对应的含湿量为 8g/kg）。利用排风对除湿后的新风再热可使送风温度达到 17.3℃，温度水平合适。由于室内参数较稳定，这种利用排风再热的方式运行工况较为稳定，能够满足需求。

排风再热与全热回收典型工况性能　　　　　　　　　　　　表 4-8

新风（*W*）			全热回收后新风（*W₁*）			风（*O*）温度（℃）	显热回收后回风（*N₁*）温度（℃）	全热回收后排风（*E*）		
温度（℃）	含湿量（g/kg）	焓值（kJ/kg）	温度（℃）	含湿量（g/kg）	焓值（kJ/kg）			温度（℃）	含湿量（g/kg）	焓值（kJ/kg）
35.0	22.0	91.6	27.3	17.5	72.0	17.3	18.7	28.6	18.3	75.3
30.0	22.0	86.4	24.6	17.5	69.3	17.3	18.7	25.5	18.3	72.2
35.0	16.0	76.2	27.2	14.4	64.0	17.3	18.7	28.5	14.7	66.1
30.0	16.0	71.0	24.6	14.4	61.3	17.3	18.7	25.5	14.7	63.0

4.3.1.4　利用新风与送风间设置换热装置再热送风

利用液体工质进行预冷和再热（见图 4-30）时，液体工质作为室外新风与除湿后的新风之间能量交换的媒介，可以实现对室外新风的预冷及对除湿后新风的加热。与图 4-29 所示的冷凝除湿处理流程相比，这种利用液体工质进行预冷和再热的冷凝除湿流程中工质是一个闭式循环。工质在循环过程中主要对新风的显热部分进行冷却和再热。

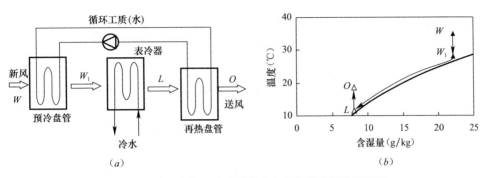

图 4-30 采用液体工质进行预冷和再热的冷凝除湿系统
(a) 系统工作原理；(b) 空气处理过程

表 4-9 给出了利用氟利昂作为循环工质时典型工况下预冷和再热过程的性能，其中除湿后的新风状态 L 为温度 11.5℃、相对湿度 95%（对应含湿量水平为 8g/kg）。可以看出：利用工质循环进行再热和预冷时，受室外新风温度变化的影响，再热后的送风温度会有波动，难以保证稳定的再热效果。一些冷凝除湿的新风处理装置还在新风进口与除湿处理后的新风之间加入了显热换热器，直接利用室外新风对除湿后的新风进行再热，这种再热方式也受到室外新风温度变化的影响，不能满足稳定的再热需求。因而，这类利用工质循环或直接利用新风自身进行再热的处理过程，应当考虑其再热效果受室外新风变化的影响，尤其在室外温度偏低情况下（如梅雨季节等），再热后的送风温度也会偏低，导致室内相对湿度偏高。

利用工质预冷和再热时典型工况下各状态点的温度（℃）　　　表 4-9

新风（W）	预冷后新风（W_1）	除湿后空气（L）	再热后送风（O）	中间介质
35.0	27.9	11.5	18.5	23.2
32.0	25.8	11.5	17.6	21.7
29.0	23.7	11.5	16.7	20.2
26.0	21.6	11.5	15.8	18.7

4.3.2 溶液除湿新风处理方式

在第 4.1.3 节介绍的溶液除湿基本处理模块（见图 4-16）的基础上，若干模块结合起来，可以构建多种形式的溶液除湿新风处理过程。以溶液再生过程使用的热源方式不同，可分为热泵驱动的溶液除湿新风方式以及余热驱动的溶液除湿新风方式。在热泵驱动的装置中，新风处理机组内置有热泵循环（电能作为输入能源），热泵冷凝器的排热量用于浓缩再生溶液，热泵蒸发器的冷量用于冷却吸湿溶液、提高其除湿能力。由于该处理方式可以同时实现夏季对新风的降温除湿与冬季的加热加湿处理过程，故称为"溶液调湿"新风处理方式，以下分别介绍热泵驱动与余热驱动的溶液调湿新风处理方式。

4.3.2.1 热泵驱动的溶液调湿新风方式

图 4-31 给出了热泵驱动的双级溶液调湿新风机组夏季运行原理，由两级溶液全热回

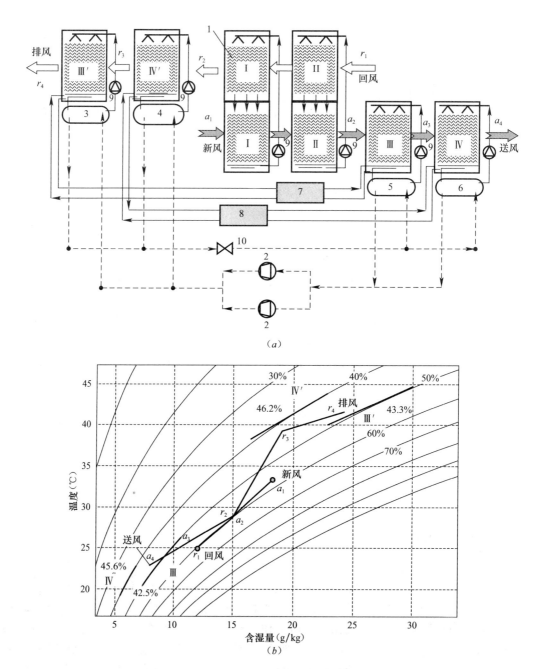

图 4-31 双级溶液调湿新风机组夏季运行原理图

(a) 机组运行原理；(b) 空气处理过程

1—全热交换模块；2—压缩机；3—冷凝器Ⅰ；4—冷凝器Ⅱ；5—蒸发器Ⅰ；6—蒸发器Ⅱ；

7—热回收板换Ⅰ；8—热回收板换Ⅱ；9—溶液循环泵；10—膨胀阀

收装置（编号为Ⅰ和Ⅱ的喷淋单元）和热泵系统组成，图中带箭头实线表示溶液循环，带箭头虚线表示制冷剂循环。新风机的上层通道是回风处理通道，下层是新风处理通道。室外新风先经过溶液全热回收装置，而后经过由蒸发器冷却的溶液喷淋单元Ⅲ和Ⅳ后，送入室内。室内回风也是首先经过溶液全热回收装置，再经过由冷凝器加热的溶液喷淋单元Ⅳ′和Ⅲ′后排向室外。设置热泵系统的主要原因是仅靠全热回收装置无法达到送风温度和湿度的要求，因此加入蒸发器来对溶液进行降温以增强其除湿能力，从而得到适宜的送风参数。

新风机组中溶液分为两部分：一部分是作为全热回收器（图 4-31 中喷淋单元Ⅰ和Ⅱ）的工作介质，此部分溶液积存在中间溶液槽内，溶液的平衡状态由新风和室内排风的参数确定；另一部分是分别与冷凝器和蒸发器换热的溶液，即在喷淋单元Ⅲ和Ⅲ′之间循环的溶液，和在喷淋单元Ⅳ和Ⅳ′之间循环的溶液。以夏季在喷淋单元Ⅲ和Ⅲ′之间循环的溶液过程为例进行说明：溶液被蒸发器 5 冷却后，在喷淋单元Ⅲ内与被处理新风进行热湿交换，溶液被稀释且温度升高。喷淋模块Ⅲ′中的溶液被冷凝器 3 加热后，在喷淋单元Ⅲ′内完成溶液的浓缩再生过程。被稀释和被浓缩的溶液经过换热器 7 换热后通过溶液管相连，通过溶液管中溶液的流动完成蒸发器侧和冷凝器侧溶液的循环，以维持两端的浓度差。在喷淋单元Ⅳ和Ⅳ′之间的工作原理与模块Ⅲ、Ⅲ′相同。从图中可以看出：全热回收装置的采用有效地降低了新风处理能耗。新风机中热泵循环的制冷量和排热量均得到了有效的利用，蒸发器的制冷量用于冷却进入喷淋模块Ⅲ与Ⅳ的溶液以增强其除湿能力，冷凝器的排热量用于溶液的浓缩再生。热泵系统的压缩机采用双机并联以适应部分负荷下的调节，从而使得机组在部分负荷下拥有更高的能效比和控制精度。

1. 满负荷（最不利工况）性能测试与分析

溶液调湿新风机组的热泵制冷系统采用双压缩机并联运行的方式，并且每级除湿（再生）单元通过一个单独的蒸发器（冷凝器）与溶液换热，当机组运行于部分负荷工况时，可以通过两台压缩机的启停时间来控制制冷量输出满足除湿需求。由于除湿溶液所需的冷却温度为 15～20℃，因此冷却溶液的制冷剂温度（蒸发温度）可以提高到 10℃左右；同时，再生所需的溶液温度在 40℃左右，加热溶液的制冷剂温度（冷凝温度）仅需 45℃左右。对如图 4-31 所示的溶液除湿新风机组在夏季设计负荷工况下的除湿降温性能进行测试，测试结果如表 4-10 和表 4-11 所示，其中新风机组的性能系数 COP_{air} 定义为：

$$COP_{air} = \frac{新风制冷量}{压缩机输入功率 + 溶液泵输入功率} \tag{4-5}$$

新风机组夏季设计工况下性能测试数据 表4-10

项　目	单　位	数　值	项　目	单　位	数　值
新风量	m³/h	4058	排风量	m³/h	4021
新风干球温度	℃	36.0	回风干球温度	℃	26.0
新风含湿量	g/kg	25.8	回风含湿量	g/kg	12.6
送风干球温度	℃	17.3	排风干球温度	℃	39.1
送风含湿量	g/kg	9.1	排风含湿量	g/kg	38.6
压缩机输入功率	kW	14.6	溶液泵输入功率	kW	1.92
新风制冷量	kW	82.7	排风加热量	kW	101.9
新风除湿量	kg/h	80.1	热泵制冷量	kW	59.0
新风机组 COP_{air}	W/W	5.0	热泵制冷 COP_R	W/W	4.0

热泵制冷系统实测数据 表4-11

蒸发侧温度（℃）		冷凝侧温度（℃）	
蒸发温度	7.0	冷凝温度	45.0
压缩机Ⅰ吸气	9.6	压缩机Ⅰ排气	67.2
压缩机Ⅱ吸气	11.6	压缩机Ⅱ排气	66.8
蒸发器出口	15.3	冷凝器出口	40.1
膨胀阀出口	15.0	膨胀阀入口	39.1

由表4-10和表4-11可知，溶液调湿新风机组中热泵制冷系统的能效比 COP_R 为4.0，新风机组的 COP_{air} 为5.0。值得注意的是，测试工况下制冷系统的过热度为8.3℃，高于5℃的设计值；而过冷度为4.9℃，也略高于3℃的设计值。过热度大的原因在于热力膨胀阀型号略小，设计时为了防止部分负荷时制冷剂流量过大导致过热度太小而产生湿压缩的危险，膨胀阀的型号就没有按照额定工况来选，而是略小一些。如果使用电子膨胀阀就不会有这个问题，而且降低过热度还可以进一步提高制冷系统的 COP_R。此外，从表4-11中可以看到膨胀阀出口制冷剂温度为15.0℃，而蒸发温度仅为7.0℃，二者相差8℃。同样，蒸发器出口制冷剂温度为15.3℃，而两台压缩机的吸气温度分别是9.6℃和11.6℃，也存在4~5℃的温差。但是，冷凝器出口制冷剂温度与膨胀阀进口制冷剂温度基本相同，只有不到1℃的差异。经过分析，出现这种情况的原因是制冷剂管路布置不合理，导致制冷剂沿程压力损失较大，从而温度降低。因此，在机组的设计中，要特别注意制冷剂管路的布置，尽量减少弯头、三通的数量和铜管长度，降低制冷剂沿程压力损失。

2. 部分负荷工况性能测试与分析

在设计工况测试的基础上，对机组在部分负荷工况下的性能进行测试，主要测试结果见表4-12。在部分负荷工况下，由于仅开启一台压缩机，但蒸发器和冷凝器的面积没有变化，这就意味着制冷剂与溶液的换热会更加充分，换热温差就会相应减小，蒸发温度也就随之上升，而冷凝温度也会随之下降。从测试结果看，制冷系统蒸发温度提高到11℃，而冷凝温度则下降了7.4℃，仅为37.6℃，使得冷机的COP_R增加到5.7，新风机组的COP_{air}也达到5.9，提高了18%。新风机组实际运行时70%以上的时间均运行于部分负荷工况，因此溶液调湿新风机组的综合能效比平均可达5.5。此外，部分负荷时膨胀阀能够满足制冷剂流量调节需求，因此过热度和过冷度都很接近设计值。

新风机组夏季部分负荷工况下性能测试数据　　　　表 4-12

项　目	单　位	数　值	项　目	单　位	数　值
新风量	m³/h	4058	排风量	m³/h	4021
新风干球温度	℃	30.0	回风干球温度	℃	26.0
新风含湿量	g/kg	17.4	回风含湿量	g/kg	12.7
送风干球温度	℃	17.3	排风干球温度	℃	39.1
送风含湿量	g/kg	9.6	排风含湿量	g/kg	26.6
压缩机输入功率	kW	5.8	溶液泵输入功率	kW	1.43
新风制冷量	kW	42.7	热泵制冷量	kW	33.2
新风机组 COP_{air}	W/W	5.9	热泵制冷 COP_R	W/W	5.7
蒸发温度	℃	11.0	冷凝温度	℃	37.6
过热度	℃	5.6	过冷度	℃	2.7

从上述测试结果来看，热泵驱动的溶液调湿新风机组能够有效满足新风夏季除湿处理参数需求，机组综合能效比较优。新风处理后的送风含湿量水平能够满足湿度控制的需求，同时处理后的送风温度高于17℃，可以直接送入室内，不需要经过再热或冷却；机组设置全热回收模块，可以有效对回风进行热回收；机组能够满足满负荷运行和部分负荷运行的需求，综合能效比平均可达5.5。

4.3.2.2　余热驱动的溶液调湿新风方式

当存在高于70℃的余热可利用时，宜采用余热驱动式溶液调湿方式，可采用分散除湿、集中再生的方式，将再生浓缩后的浓溶液分别输送到各个新风机中（见图4-32）。

在新风除湿器与再生器之间常设置储液罐，可实现较高的能量蓄存功能，使得除湿过程与再生过程不必同时进行，缓解再生器对于持续热源的需求。溶液除湿系统的蓄能密度一般在500MJ/m³以上，蓄能密度随着储液罐的浓溶液与稀溶液之间浓度差的增加而增大。浓溶液在溶液泵的驱动下自储液罐进入各层的新风机组中，吸收水分后的溶液浓度变稀，稀溶液从各个新风机中靠重力作用溢流至储液罐中。从新风机流回的稀溶液统一进入再生器中，再生浓缩后直接供给新风机使用或者进入储液罐中。

1. 溶液再生装置

图4-33给出了热水驱动的溶液再生装置的工作原理，在该再生装置中，热水（70℃左右）进入显热换热器与溶液进行换热，换热后温度升高的溶液进入喷淋模块中与空气进行热质交换，溶液中的水分被空气带走，完成再生。为提高再生效果，设置多级空气与溶

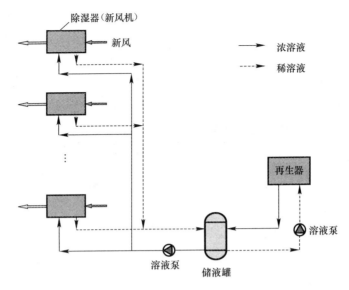

图 4-32 余热驱动集中再生的溶液除湿新风处理系统

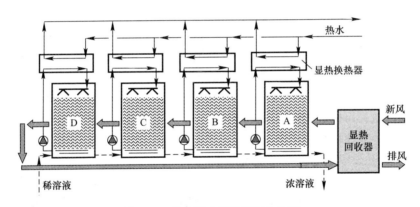

图 4-33 热水驱动的溶液再生装置

液的喷淋模块，空气依次流经模块 A～D 与溶液接触；在流出模块 D 的空气和进入模块 A 之前的空气间设置显热回收装置，对再生空气进行预热。

2. 溶液调湿新风机组

对于余热驱动的溶液调湿新风处理方式，由于再生装置可以制备出高浓度的溶液，因而新风的除湿过程可以采用 30℃左右的冷源即可满足送风湿度的要求，无需再消耗高温（18℃左右）的冷水。溶液调湿新风机组可采用图 4-16 所示的可调温单元喷淋模块，其工作原理参见图 4-34。采用冷却水作为冷源对除湿过程进行冷却，带走除湿过程释放的热量，图中共有四级除湿装置组成（喷淋模块 A～D）。新风经过多级除湿装置，湿度逐渐降低，最后干燥的新风进入间接蒸发冷却装置被降温后送入室内。在新风机中，级间溶液与新风呈逆流方向布置：进入模块 D 的溶液浓度最高，流出模块 A 的溶液浓度最低，因而模块 A 的溶液除湿能力最差、模块 D 中溶液的除湿能力最强。新风在进口处模块 A 含湿量最高，沿程湿度逐渐降低，在模块 D 含湿量最低。因而级间溶液与新风流向为逆流布置方式，可以使得在各级除湿装置中传质驱动力较为均匀，从而获得更好的除湿效果。在冬季，该机组显热换热器中通入约 40℃ 的热水，即可实现对新风的加热加湿处理功能。

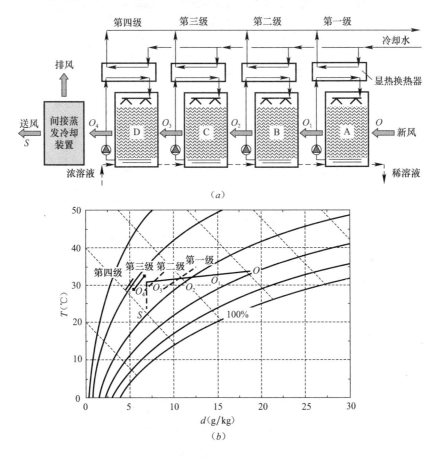

图 4-34　采用冷却水冷却的溶液调湿新风机组（型式Ⅰ）

(a) 机组运行原理；(b) 空气处理过程

　　此外，也可采用室内排风蒸发冷却的冷量来冷却溶液，带走除湿过程中释放的热量，其工作原理参见图 4-35。上层为排风通道，利用排风蒸发冷却的冷量通过水-溶液换热器来冷却下层新风通道内的溶液，从而提高溶液的除湿能力。室外新风依次经过除湿模块 A、B、C 被降温除湿后，继而进入回风模块 G 所冷却的空气-水换热器被进一步降温后送入室内。在冬季，利用溶液在模块 ABCFED 中的循环实现对排风的全热回收，从而有效降低新风处理能耗；空气-水换热器中通入约 40℃ 的热水，将空气加热后送入室内。

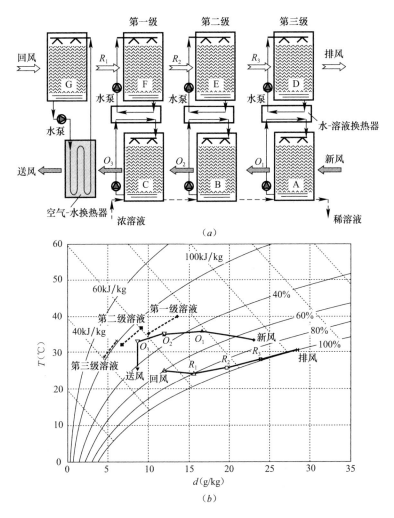

图 4-35 利用排风蒸发冷却的溶液调湿新风机组（型式Ⅱ）

（a）机组运行原理；（b）空气处理过程

溶液调湿新风机组和再生装置的效率分别定义为：

$$COP_d = \frac{新风获得冷量}{新风湿度变化 \times 汽化潜热} = \frac{h_{a,in} - h_{a,out}}{r_0(\omega_{a,in} - \omega_{a,out})} \tag{4-6}$$

$$COP_r = \frac{新风湿度变化 \times 汽化潜热}{再生加热量} = \frac{\dot{m}_a r_0(\omega_{a,in} - \omega_{a,out})}{Q_{hot}} \tag{4-7}$$

因而，溶液调湿新风处理系统的整体性能系数 COP_{air} 为：

$$COP_{air} = \frac{新风获得冷量}{再生加热量} = COP_d \cdot COP_r \tag{4-8}$$

图 4-36 和图 4-37 分别给出了两种型式的溶液调湿新风机组的性能测试结果。测试工

况下，新风参数约为30℃、13～15g/kg；溴化锂溶液进口浓度为50％～52％，溶液调湿新风机组的送风含湿量为7g/kg。采用冷却水的型式Ⅰ新风机组，不算图4-34中的间接蒸发冷却装置，新风机组的COP_d在1～1.2范围内变化。采用排风蒸发冷却的型式Ⅱ新风机组，COP_d在1.5～1.8范围内变化。溶液调湿新风机组COP_d高于1的原因在于利用了冷却水或者排风蒸发冷却的冷量。再生装置的性能测试结果参见图4-38，仅运行了图4-33中的三个再生单元模块A～C。测试工况下，热水的进口温度仅为62～65℃，溶液的再生出口浓度为50％～53％，装置的COP_r在0.7左右。因而在测试工况下，采用型式Ⅰ与型式Ⅱ的溶液调湿空调系统的COP_{air}分别约为0.8与1.2。

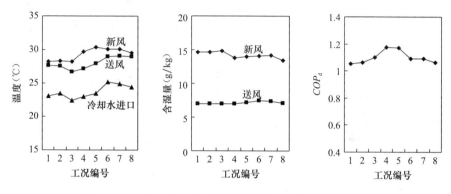

图4-36 冷却水冷却的溶液调湿新风机组性能（型式Ⅰ）

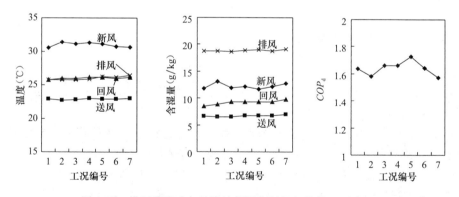

图4-37 排风蒸发冷却的溶液调湿新风机组性能（型式Ⅱ）

图4-39给出了两种型式的溶液调湿新风机组随北京夏季室外气象参数的变化情况，其中再生热源的温度为75℃。新风机组的性能系数COP_{air}随室外相对湿度的降低而逐渐增加，型式Ⅰ与型式Ⅱ的溶液调湿新风机组的平均COP_d分别为1.20和1.52，再生器的平均COP_r为0.78，两种形式的溶液调湿新风机组的夏季平均COP_{air}分别为0.93和1.19。

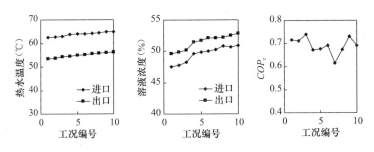

图 4-38 余热驱动的溶液再生器性能测试结果

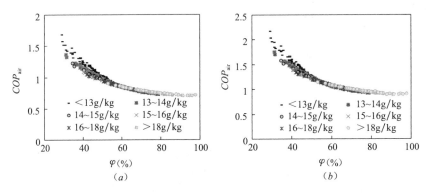

图 4-39 余热驱动溶液调湿新风机组性能系数

（a）型式 I；（b）型式 II

4.3.3 固体除湿新风处理方式

利用固体吸湿材料的除湿装置有转轮式和固定式两种，本节介绍除湿转轮构成的连续除湿装置以及以日本大金公司开发的 DESICA 为例介绍固定式除湿装置（非连续除湿）。

4.3.3.1 转轮除湿空气处理系统

图 4-40 给出了瑞典 Munters 公司的 SX 系列转轮的性能，该转轮采用硅胶作为吸湿剂。以除湿过程处理的空气流量为 790m³/h 为例，当除湿量为 3.7kg/h，再生空气流量为 220m³/h 时，再生所需的空气温度约为 130℃，再生器加热功率为 3.9kW。若以空气潜热变化与再生器加热功率的比值定义为除湿效率，则该转轮的除湿效率为（3.7/3600×2500)/3.9＝0.7。当进口空气为温度 30℃、含湿量 20g/kg 时，经过处理后的空气含湿量为 12g/kg，此时出口空气的温度为 58℃，即处理过程中的空气温升为 28℃，即经过转轮除湿后被处理空气的温度显著升高，处理过程参见图 4-40（b）。

由于转轮除湿的空气除湿处理过程近似等焓升温，除湿处理后的空气温度较高，需要进一步进行降温处理。采用室内排风的热回收对新风进行冷却是一种常用的方式，可以在除湿处理后的新风与室内空气之间设置显热回收装置，但这种冷却方式对处理后新风的降

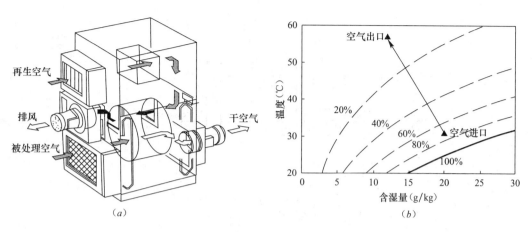

图 4-40 Munters 公司 SX 系列转轮的性能
(a) 机组流程图；(b) 设备处理性能

温幅度有限，并且不能使得送风温度低于室内回风温度。利用外部冷源（如高温冷水）进行冷却也是一种应用在转轮除湿中的空气降温方式，图 4-41 所示的转轮除湿新风机组中，利用外部冷水对进入转轮前的新风预冷以及除湿处理后送风的降温。

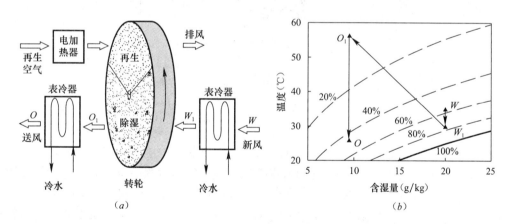

图 4-41 带有冷却环节的转轮除湿新风机组原理图
(a) 机组流程图；(b) 空气处理过程

有不少学者利用固体除湿转轮，构建出了很多种空气处理过程，如 Ventilation 循环、Dunkle 循环、Recirculation 循环等多余种处理方案（袁卫星，2000）。此处以 Ventilation 循环为代表案例，分析空气的处理过程，处理流程的工作原理以及处理过程在焓湿图上的表示参见图 4-42。可以看出在上述处理流程中，存在着很多接近等比焓线的空气处理过程，包括：固体转轮除湿侧：空气从 f 到 g 的处理过程；固体转轮再生侧：空气从 d 到 e 的加湿过程；直接蒸发冷却器：空气从 a 到 b、h 到 i 的处理过程。

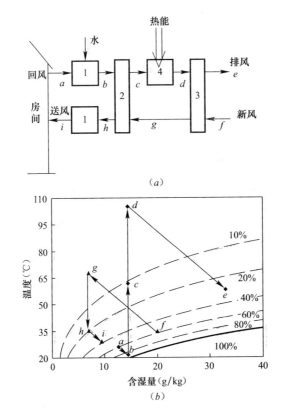

图 4-42 Ventilation 型固体除湿空调系统的原理图

(a) 空气处理流程；(b) 处理过程在焓湿图上的表示

1—直接蒸发冷却器；2—显热换热器；3—固体转轮；4—加热器

通过上述单个除湿转轮构成的系统的性能分析，转轮在除湿过程中，被处理空气为近似等焓的处理过程，除湿后的空气温度显著升高（实际除湿过程的空气温升比等焓过程的温升还要高），这也是上述流程中纷纷采用蒸发冷却降温、设置热回收器的原因所在。当处理任务是将室外潮湿的新风处理到希望的较低的含湿量水平时，上述单个除湿转轮系统需要非常高温度的再生加热需求，一般在 100℃ 以上。为了降低再生过程的加热温度需求，有学者将上述单个除湿转轮的处理任务一分为二，即设计出由两个除湿转轮构成的空气处理装置（王如竹、代彦军等，2008，2011），如图 4-43 所示。

图 4-44 对比了单级除湿转轮系统和两级除湿转轮系统对于再生温度的最低要求情况。被处理空气为室外新风 W：33.2℃、19.1g/kg（北京设计气象参数），要求处理后的送风含湿量为 8g/kg，除湿过程均视为等焓过程，采用室外新风进行固体吸湿剂的再生。在单个除湿转轮中，新风从 W 点处理到 O 点（61℃、8g/kg、相对湿度 6%）。此过程的最低再生温度是通过 O 点等相对湿度线和再生空气 W 等含湿量线交点 M 得到，M 点的温度是

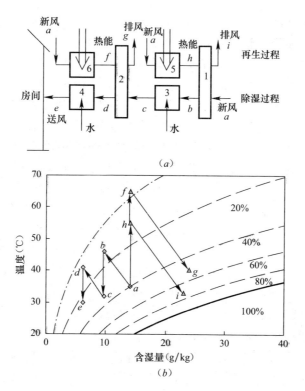

图 4-43 双级转轮空气除湿处理过程原理（La Dong 等，2011）

（a）双级转轮空气处理流程；（b）处理过程在焓湿图上的表示

1—第一级固体转轮；2—第二级固体转轮；3—第一级表冷器；4—第二级表冷器；

5—第一级加热器；6—第二级加热器

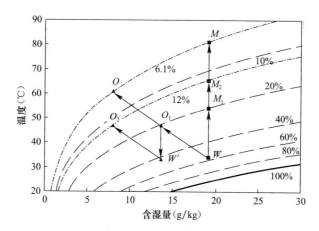

图 4-44 单级与两级除湿转轮系统再生温度需求对比

除湿转轮进行再生的理论最低温度需求。在得到最低再生温度需求的过程中：（1）忽略了除湿转轮吸湿材料与被除湿空气所需的含湿量差，认为 O 点状态的固体吸湿材料即可满足除湿需求；（2）忽略了转轮内吸湿材料含水率的变化，认为吸湿材料在除湿-再生过程中，均为统一吸附量，即固体吸湿剂状态在 O 点对应的等相对湿度线上；（3）忽略了再生过程中固体吸湿剂与再生空气之间所需的传质驱动力，认为固体吸湿剂与再生空气水蒸气分压力相同即可实现对于固体吸湿剂的再生过程；（4）忽略了再生过程中固体吸湿剂与再生空气之间所需的传热驱动力，认为固体吸湿剂直接被加热到再生空气的温度状态 M 点。通过上述简化假设，得到 M 点的温度，即为单个除湿转轮的再生过程所需的理论最低再生温度，实际除湿转轮装置所需的再生温度要明显高于此方法得到的理论最低再生温度。

同样方法可分析两个除湿转轮构成的系统对于最低再生温度的需求情况。假定两个除湿转轮各承担一半的除湿量，经过第一级除湿转轮的空气 O_1（温度 47℃、13.6g/kg、相对湿度 20%）被冷却到新风温度 W'，然后再进入第二级除湿转轮被处理到希望的送风含湿量 O_2（温度 47℃、8g/kg、相对湿度 12%）。由此得到第一级除湿转轮要求的最低再生温度 M_1 为 54℃（相对湿度 20%），第二级除湿转轮要求的最低再生温度 M_2 为 65℃（相对湿度 12%）。

表 4-13 给出了单个除湿转轮和两个除湿转轮构成的空气处理系统所需的理论再生温度的对比情况，可以看出：将之前的单个转轮系统一分为二，分成两个转轮除湿装置的系统，可以明显降低再生所需的温度，在同样处理情况下，单个转轮所需的最低再生温度为 81℃，而两个转轮系统所需的最低再生温度为 65℃ 和 54℃。分析两个转轮系统能够降低再生温度的原因在于：两个转轮系统中固体吸湿剂的吸附量（吸水量）处于较高水平、对应的湿空气相对湿度较高，因而同样再生空气含湿量情况下，两个转轮系统中的固体吸湿剂需要较低的再生温度即可满足需求。

单个除湿转轮和两个除湿转轮构成系统所需理论最低再生温度对比　　　表 4-13

	空气处理过程	典型空气状态参数	固体吸湿剂与湿空气平衡状态对应的相对湿度	理论最低再生温度需求（℃）
单个除湿转轮	$W{\rightarrow}O$	W：33.2℃，19.1g/kg O：61.0℃，8.0g/kg M：81.1℃，19.1g/kg	6.1%	81.1
两个除湿转轮	第一级：$W{\rightarrow}O_1$ 第二级：$W'{\rightarrow}O_2$	W：33.2℃，19.1g/kg W'：33.2℃，13.6g/kg O_1：47.0℃，13.6g/kg O_2：47.1℃，8.0g/kg M_1：53.8℃，19.1g/kg M_2：65.1℃，19.1g/kg	第一级：20.3% 第二级：12.0%	第一级：53.8 第二级：65.1

4.3.3.2　吸湿床除湿方式

在应用固体吸湿剂对新风进行处理的吸湿床除湿设备中，日本大金（DAIKIN）公司推出了一种将制冷系统与固体吸湿剂有效结合的新风处理装置 DESICA，该机组的基本组成原理如图 4-45 所示。对于通常的固体吸湿剂处理空气过程（如上一节所述的转轮除湿过程），固体吸湿材料的吸湿过程或再生过程都近似为空气的等焓处理过程，被处理的空气温度会发生较大变化。在 DESI-CA 机组中，固体吸湿剂经过一定处理后贴附在制冷系统的蒸发器、冷凝器表面，使得蒸发器、冷凝器的冷量、热量可以直接传递给固体吸湿剂。

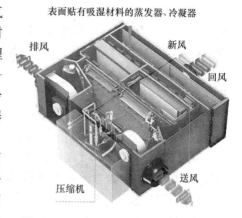

图 4-45　DESICA 机组基本组成原理图

（1）除湿过程：室外新风与贴附在蒸发器表面的固体吸湿剂接触，由于固体吸湿剂表面水蒸气分压力较低，水蒸气被吸湿剂吸收，新风被除湿，而水蒸气相变过程释放的汽化潜热则可被蒸发器吸收，除湿过程中新风温度不仅不会升高，还可以实现对新风的降温处理。

（2）再生过程：室内回风与贴附在冷凝器表面的固体吸湿剂接触，由于固体吸湿剂表面的水蒸气分压力较高，水分由吸湿剂转移到空气中，实现对吸湿剂的再生。再生过程中水分相变需要的汽化潜热主要来自于制冷系统的冷凝器，再生侧空气不需要具有太高温度即可满足再生需求。

该机组中固体吸湿剂除湿、再生过程的切换通过改变制冷系统的循环方向和切换新风、回风管路来共同实现，如图 4-46 所示。在除湿过程中，当贴附在蒸发器表面的固体

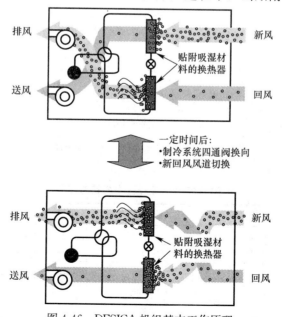

图 4-46　DESICA 机组基本工作原理

吸湿剂吸收水分到一定程度需要进行再生时，制冷系统通过四通阀换向，贴附有固体吸湿剂的蒸发器变为冷凝器，同时新风与回风通过风阀切换，使得回风与需要再生的固体吸湿剂一侧接触，完成吸湿剂的再生；贴附有完成再生的固体吸湿剂的冷凝器经过制冷系统换向后变为蒸发器，而新风也经过切换后与蒸发器表面的固体吸湿剂接触，继续完成除湿过程。以 3~5min 为周期来切换制冷系统的方向和新风与排风风道的流向，实现除湿与再生过程之间的切换。制冷系统换向会不可避免地带来切换过程的冷热抵消，造成一定的损失。

从图 4-47 和表 4-14 给出的 DESICA 典型的空气处理过程可以看出，新风 FA（相对湿度在 60% 左右）经过除湿处理后达到送风状态 SA（相对湿度为 40% 左右），两者间的相对湿度差异较小，与转轮除湿过程中近似等焓升温过程相比，是一种更贴近等相对湿度线的除湿处理过程。室内回风 RA 变化到排风 EA 即可实现吸湿剂的再生，回风与排风间的相对湿度差异也较小，即再生过程同样贴近等相对湿度线。排风温度在 40℃ 左右，远低于常规转轮除湿过程中的再生排风温度。当用转轮除湿方式对新风 FA 进行处理时，新风将近似沿图 4-47 中虚线变化，得到相同含湿量的空气时，空气状态点参数见表 4-14 中 SA_0 点（图 4-47 中未标出），此时空气温度将高于 65℃，远高于 DESICA 循环中 27℃ 左右的送风。

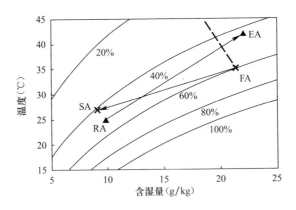

图 4-47 DESICA 机组典型空气处理过程

DESICA 空气处理过程中各状态点参数　　　　　　　　表 4-14

状态点	温度（℃）	含湿量（g/kg）	相对湿度（%）	焓值（kJ/kg）
FA	35.0	21.4	59.9	90.1
RA	25.0	9.9	49.9	50.2
SA	26.8	9.1	41.5	50.3
EA	41.9	22.0	42.4	98.9
SA_0	65.8	9.1	5.7	90.1

DESICA 固体除湿新风处理机组将固体吸湿剂与蒸发器和冷凝器进行了有效结合，实现了固体吸湿剂空气处理中的内冷除湿、内热再生过程，与常见的转轮除湿等固体除湿处理过程相比，机组性能得到明显改善。

4.4 Ⅲ区的新风处理（潮湿地区——秦岭淮河一线以北）

在夏季，Ⅲ区室外新风高温高湿，新风处理的需求与第 4.3 节中Ⅱ区相类似，新风处理的方式及装置也与Ⅱ区相同。与Ⅱ区不同的是，这一地区冬季室外新风温度、含湿量水平都较低，新风处理过程同时存在加热、加湿需求。当夏季新风处理过程采用溶液除湿方式时，冬季可以使用同一套设备实现对新风的加湿处理；但当选用冷凝除湿方式时，冬季无法利用同一套设备实现对新风的加湿处理，就需要单独设置加湿设备来满足新风处理需求。关于不同加湿装置的分析已在第 4.1.4 节介绍，此处仅针对溶液调湿方式在冬季的原理情况进行介绍。

热泵驱动的溶液调湿新风机组冬季运行时，与工作在夏季的机组相比（见图 4-31），利用制冷系统的四通阀实现蒸发器和冷凝器相互转换，使制冷装置工作在热泵工况下。图 4-48 给出了室外新风的处理过程，室外新风 a_1 首先经过全热回收装置到达 a_2 状态，而后进入喷淋模块Ⅲ和Ⅳ被进一步加热加湿后送入室内，从而实现对新风的加热加湿处理过程。室内回风 r_1 经过全热回收变为 r_2 状态后，进入喷淋模块Ⅳ′和Ⅲ′被降温除湿后排向室外。表 4-15 给出了溶液调湿新风机组全年的运行性能，该机组可实现夏季对新风的降温除湿、冬季对新风的加热加湿处理以及过渡季对于室内排风的全热回收。

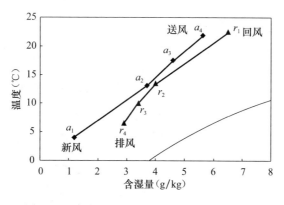

图 4-48 溶液调湿新风机组冬季空气处理过程

溶液调湿新风机组全年运行性能　　　　　　　　表 4-15

	降温除湿工况		全热回收工况	加热加湿工况	
新风温度（℃）	36.0	30.0	35.9	6.4	4.3
新风含湿量（g/kg）	25.8	17.4	26.7	2.1	1.6
回风温度（℃）	26.0	26.0	26.1	20.5	22.1
回风含湿量（g/kg）	12.6	12.7	12.1	4.0	5.1
送风温度（℃）	17.3	17.3	30.4	22.5	25.6
送风含湿量（g/kg）	9.1	9.6	19.5	7.2	10.7
排风温度（℃）	39.1	39.1	32.6	7.0	6.6
排风含湿量（g/kg）	38.6	26.6	20.3	2.7	2.9
COP_{air}	5.0	5.9	62.5%（全热回收效率）	6.2	4.6

第5章 高温冷源

在 THIC 空调系统中，温度控制系统需要的冷源温度远高于常规空调系统，由于无除湿的需求，冷水温度可以从常规系统的 5～7℃ 提高到 16～18℃，这就为很多自然冷源的使用提供了条件，如深井水、通过土壤源换热器获取冷水、在某些干燥地区通过直接蒸发冷却或间接蒸发冷却方法获取冷水等自然方法都可以用来满足温度控制所需冷源的需求。当自然冷源无法利用时，可通过人工即机械压缩制冷方式满足温度控制系统的冷源需求。由于制冷机组蒸发温度的提高，压缩制冷系统工作的压缩比发生明显变化，这就对制冷系统设计和设备开发提出了新的要求。本章将主要介绍各种形式的高温冷源。

5.1 土壤源换热器

5.1.1 工作原理

土壤具有较好的蓄能特性，通过埋地换热器，可利用地下土壤作为空调系统的取热和排热场所。在 THIC 空调系统中，由于夏季空调系统处理显热所需要的高温冷源温度一般在 16～18℃，这种温度水平的冷源需求使得直接利用土壤换热器来获得温度适宜的高温冷源成为可能。

土壤源换热器夏季和冬季的工作原理分别如图 5-1 和图 5-2 所示。夏季工作时，利用埋地换热器从土壤中取冷，再经过换热装置得到温度水平适宜的高温冷源，满足温度控制

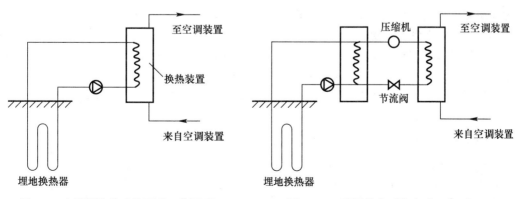

图 5-1 土壤源换热系统夏季工作原理   图 5-2 土壤源换热系统冬季工作原理

需求；冬季工作时，利用埋地换热器从土壤中取热，热泵装置的蒸发端与埋地换热器之间进行换热，获得土壤中的热量，热泵系统再产生温度水平合适的热水供冬季供暖使用。

土壤源换热器可以为水平埋管方式（埋管深度一般 2～5m），也可以是垂直埋管方式（埋管深度一般 50～100m）。由于水平埋管方式占地面积较大，因而在我国主要应用的是垂直埋管方式。图 5-3（a）表示出了垂直埋管常用的 U 型管的埋地示意图，U 型管放入钻孔（敷设井直径 2r 一般在 100mm 左右）后，再用回填材料填好空隙，埋地塑料管直径一般在 20mm 左右。U 型管通常均匀排列，如图 5-3（b）所示，图中黑色点表示钻孔（敷设井），钻孔与钻孔的间距 M 一般在 3～6m。

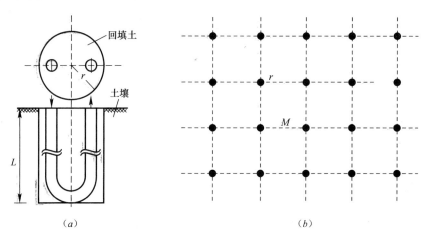

图 5-3　垂直 U 型埋地换热器示意图
(a) U 型管埋地示意图；(b) 多个 U 型管排列示意图

对于垂直埋管的系统，可按照地下水径流充分与否，有两种极端情况。实际的换热过程，介于如下两种极端情况之间。

（1）极端情况Ⅰ：地下水径流非常少或无地下水径流。此情况下，可忽略地下水径流对土壤换热过程的影响。当采用土壤源方式在夏季获取冷水时，一定注意要同时在冬季利用热泵方式从地下埋管中提取热量，以保证系统（土壤）全年的热平衡。否则长期抽取冷量就会使地下逐年变热，最终不能使用。当采用大量的垂直埋管时，土壤源换热器可以看作是在冬夏不同季节之间进行热量传递的蓄热型换热器。此时夏季的取冷蓄热温度就不再与当地年平均气温有关，而是由冬夏的热量平衡和冬季取热蓄冷时的蓄冷温度决定。

（2）极端情况Ⅱ：地下水径流非常充分。此情况下，地下水径流可以与土壤间充分换热，土壤源换热器实际上是在与地下水径流换热，因而不要求土壤源换热器的冬夏换热量一致。研究表明，在地下 10m 以下的土壤温度基本上不随外界环境及季节的变化而变化，且约等于当地年平均气温。表 5-1 列出了我国主要城市的年平均气温，可以看出我国不少地区的年均气温低于 15℃，例如北京市年均气温为 11.4℃。当土壤温度比较低时，夏季可以直接利用土壤源这一天然冷源进行换热来排除室内的显热负荷。

我国主要城市年平均温度（℃）　　　表 5-1

城市名称	哈尔滨	长春	西宁	乌鲁木齐	呼和浩特	拉萨	沈阳
年平均温度	3.6	4.9	5.7	5.7	5.8	7.5	7.8
城市名称	银川	兰州	太原	北京	天津	石家庄	西安
年平均温度	8.5	9.1	9.5	11.4	12.2	12.9	13.3
城市名称	郑州	济南	洛阳	昆明	南京	贵阳	上海
年平均温度	14.2	14.2	14.6	14.7	15.3	15.3	15.7
城市名称	合肥	成都	杭州	武汉	长沙	南昌	重庆
年平均温度	15.7	16.2	16.2	16.3	17.2	17.5	18.3
城市名称	福州	南宁	广州	台北	海口		
年平均温度	19.6	21.6	21.8	22.1	23.8		

5.1.2　换热过程分析

5.1.2.1　换热过程分析方法

当地下水径流与土壤之间的换热可以忽略时（极端情况Ⅰ），需要保证土壤源换热器的冬、夏换热量一致，此时可以将垂直埋管的换热系统等效为夏季等效热源 $t_{w,1}$ 和冬季等效冷源 $t_{w,2}$ 之间通过中间媒介（土壤）的蓄热式换热器，可通过图 5-4 进行描述。左边描述的是从土壤取冷即土壤吸热阶段的换热过程，右边描述的是从土壤取热即土壤放热阶段的换热过程。土壤吸热时，热源 $t_{w,1}$ 通过换热通道 $h_1 A$（h_1 为换热系数，A 为换热面积）与土壤进行换热，土壤吸收热量后，温升为 ΔT_2；放热时，冷源 $t_{w,2}$ 通过换热通道 $h_2 A$ 与土壤进行换热，吸收土壤在吸热阶段储存的热量，在这个过程中土壤放出热量后，温度降低 ΔT_2，土壤恢复到原来的状态。因此，整个换热过程可等效为热源与冷源之间非同时进行的换热过程，土壤起着蓄能和换热载体的作用。当热源与冷源的温差越大时，换热量越大；当吸热阶段与放热阶段的换热能力越大时，换热量越大。图 5-5 给出了上述换热过程中热源温度、冷源温度以及中间媒介（土壤）的温度情况，可以得出：

（1）当 $\dfrac{\Delta T_2}{\Delta T_1 + \Delta T_2 + \Delta T_3} \to 0$ 时，整个过程的热阻主要集中在换热流体与中间媒介的换热热阻。提高此换热体系的整体换热性能，重点在于提高 $h_1 A$ 和 $h_2 A$。

（2）当 $\dfrac{\Delta T_1 + \Delta T_3}{\Delta T_1 + \Delta T_2 + \Delta T_3} \to 0$ 时，换热过程主要受限于中间媒介（土壤）的温度变化，提高 $h_1 A$ 和 $h_2 A$ 对提高此换热体系的整体换热性能作用非常有限。

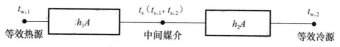

图 5-4　中间媒介与换热流体的等效换热通道

当地下水径流非常充分时（极端情况Ⅱ），土壤可以与地下水径流充分换热，土壤源换热系统并不需要保证冬季、夏季换热量相同。这时，土壤源换热系统可以视为取热（冷）流体与地下水之间通过土壤作为中间媒介的换热过程，如图5-6所示。

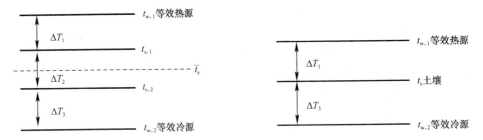

图 5-5　土壤源周期性换热过程中的温度情况　图 5-6　地下径流充分时土壤源换热过程的温度情况

5.1.2.2　单管取热量分析（极端情况Ⅰ）

当无地下水径流时，土壤源换热器可视为周期性的蓄热换热过程，该换热过程的热阻可用下式表示：

$$R_{总} = \frac{t_{w,1} - t_{w,2}}{Q} \tag{5-1}$$

式中　Q——土壤源换热器取热或放热阶段的换热量；

$t_{w,1}$、$t_{w,2}$——分别为图5-5中所示等效热源（夏季埋管内水温）、等效冷源（冬季埋管内水温）的温度。

土壤的类型、热传导性、密度、湿度等是影响系统性能的主要因素，不同类型土壤的特性值见表5-2（宋春玲等，1998）。虽然卵石类土壤导线系数高，但施工费用大，因此黏土和沙地是埋管系统较合适的土壤类型。另外土壤潮湿可以加大导热系数，水的导热系数为0.60W/(m·℃)，所以若土壤潮湿或地下水位高，埋地盘管位于地下水位线附近或地下水位线以下时，土壤接近饱和，那么就可按照水的传热来计算。

土壤特性值　　　　　　　　　　　　　　　　　　　　表 5-2

土壤类型	导热系数 [W/(m·℃)]		比热 [J/(kg·℃)]	密度（kg/m³）
	干燥土	饱和土		
粗砂石	0.197	0.60	930	837
细砂石	0.193	0.60	930	837
亚砂石	0.188	0.60	600	2135
亚黏土	0.256	0.60	1260	1005
密石	1.068	—	2000	921
岩石	0.930	—	1700	921
黏土	1.407	—	1850	1842
湿砂	0.593		1420	1507

表 5-3 给出了不同土壤情况下，单位埋管长度的蓄热、放热过程的总换热量 Q、总热阻 $R_{总}$ 以及取热阶段热阻、土壤自身热阻、放热阶段热阻三部分热阻所占比例情况（张海强等，2011），表中不同类型土壤的特性见表 5-2。其中，钻孔表面之间的等效换热系数 h 为 $5\mathrm{W/(m^2 \cdot ℃)}$，该数值取决于回填土的导热性能、管壁的导热性能和内管壁的对流换热系数；蓄热与取热的时间相同，均为 4 个月，其余 4 个月视为绝热过程；钻孔直径为 0.2m（图 5-3 中 $r=0.1\mathrm{m}$），相邻管间隔 5m。由表 5-3 的计算结果可得到：

（1）同样情况下，蓄热量从大到小的排序依次为：黏土、密石、岩石、湿砂、亚黏土与亚砂石、粗砂石与细砂石。蓄热量最大的黏土的蓄热量是粗砂石与细砂石的 2.5 倍。

（2）土壤自身导热热阻在总热阻中占有非常大的比重。即使对于黏土，土壤自身导热热阻占到 44%。表 5-3 中其他土壤结构，土壤自身导热热阻占总热阻的 60%～80%。因而，垂直地埋管换热器的换热性能主要受土壤自身导热热阻的制约。在应用地点土壤状况确定的情况下，通过加大埋管之间的间距可有效降低土壤自身导热热阻。

（3）单位埋管长度的平均热流（单位 W/m）以及整个蓄冷/蓄热过程的总换热量（单位 J/m），除了与整个换热过程的热阻（热阻受土壤特性、埋管间距等因素影响）直接相关外，还与冬夏放热流体与取热流体的温差密切相关。

土壤蓄热式换热过程的分析结果（极端情况Ⅰ）　　　　表 5-3

土壤类型	热阻 $R_{总} \times 10^8$（℃/J）	各部分热阻所占比例			夏季高温水与冬季低温水平均温度差值=20℃		夏季高温水与冬季低温水平均温度差值=30℃	
		取热换热过程	土壤导热过程	放热换热过程	单位埋管长度的总换热量（MJ/m）	单位埋管长度平均热流（W/m）	单位埋管长度的总换热量（MJ/m）	单位埋管长度平均热流（W/m）
粗砂石	17.2	11.2%	77.6%	11.2%	58.0	5.6	87.0	8.4
细砂石	17.2	11.2%	77.6%	11.2%	58.0	5.6	87.0	8.4
亚砂石	14.6	13.2%	73.5%	13.2%	68.6	6.6	102.9	9.9
亚黏土	14.6	13.2%	73.6%	13.2%	68.3	6.6	102.5	9.9
湿砂	12.4	15.6%	68.8%	15.6%	80.7	7.8	121.1	11.7
岩石	10.8	17.9%	64.3%	17.9%	92.7	8.9	139.1	13.4
密石	9.54	20.2%	59.6%	20.2%	104.8	10.1	157.2	15.2
黏土	6.94	27.8%	44.4%	27.8%	144.2	13.9	216.3	20.9

注：粗砂石、细砂石、亚砂石、亚黏土，均是在饱和土（$\lambda=0.60\mathrm{W/m/℃}$）参数下的计算结果。

5.1.2.3　单管取热量分析（极端情况Ⅱ）

这种情况下，地下水径流充分，地埋管的换热过程可视为埋管内流体与土壤（年平均温度）的换热过程。当地下水径流充分时，土壤温度即为当地的年平均温度，而且不需要像极端情况 I 需要保证冬夏进入土壤的热量相等。表 5-4 给出了单位埋管长度的平均热流情况，其中 ΔT 为夏季等效热源（或冬季等效冷源）与土壤之间的换热温差，垂直埋管中钻孔表面之间的等效换热系数为 5W/(m^2·℃)，钻孔直径为 0.2m。

土壤蓄热式换热过程的分析结果（极端情况 II）　　表 5-4

ΔT（℃）	5	10	15	20
单位埋管长度平均热流（W/m）	15.7	31.4	47.1	62.8

对比极端情况 I 和极端情况 II 的分析结果，当夏季等效热源和冬季等效冷源确定时，在极端情况 II 下单位埋管长度平均热流明显大于极端情况 I。当夏季等效热源、冬季等效冷源与当地年平均温度均相差 10℃时（即等效热源与等效冷源温差为 20℃），极端情况 II 下单位埋管长度平均热流为 31.4W/m，而极端情况 I（表 5-3）计算的平均热流为 5.6～13.9W/m。

实际的地埋管换热器性能介于上述两种极端情况之间。在极端情况 I 下，埋地换热器可以视为等效热源与等效冷源之间的换热器，等效热源、等效冷源之间的温差 ΔT 是整个热量传递过程的驱动力，地埋管的取热量 Q 直接受 ΔT 的影响；在极端情况 II 下，埋地换热器取热、放热时均可视为与土壤间的换热过程，此时取热（取冷）流体与土壤之间的温差是取热（取冷）换热过程的驱动力，取热量（取冷量）受到该驱动温差的显著影响，在分析这种形式的埋地换热器时切忌仅考虑取热量（取冷量）而不考虑取热（取冷）温度。

另外，冬季土壤源换热器取热时热泵的循环对土壤的传热有明显的影响。由于冬季热泵在运行期间会在盘管周围因湿土壤的冻结出现冻土层，使土壤膨胀，与管道接触紧密而传热系数增大，而热泵一旦停止运行，冻土融化，就会使土壤移位，从而在土壤与盘管间出现空隙，由于空气存在于空隙中就使得导热系数大幅度下降。为避免这种情况发生，应采用沙土回填。一般来说，沙土回填有利于冬季土壤源换热器取热模式的运行，而黏土回填有利于取冷模式的运行。

埋地换热器作为空调系统与土壤进行热交换的唯一设备，其传热效果对整个系统的性能起到至关重要的作用。埋地换热器的运行模式（连续运行与间歇运行）不同，对换热器的传热性能也有较大的影响。为了释放同样的热量，一种方案采用大热流短时间间歇运行方式，另一种方案采用低热流连续运行方式。埋地换热器的换热速率影响周围土壤温度的分布，进而影响埋管的出口水温。研究结果表明：由于土壤的导热系数较低，采用大热流间歇工况运行，使得土壤温度变化较快，对埋地换热器的传热非常不利。因此，土壤源换热系统应该尽量避免大热流短时间间歇运行方式，宜采用低热流、连续运行方式。

5.2 蒸发冷却方式制备冷水

5.2.1 蒸发冷却制取冷水的基本形式

在我国新疆等西北地区（区域Ⅰ），夏季室外气候干燥，可以利用空气与水的蒸发冷却过程制备高温冷水，满足温湿度独立控制空调系统中高温冷源的需求。

5.2.1.1 直接蒸发冷却方式

直接蒸发冷却方式是利用水和空气间的传热传质过程进行冷水制备的，图 5-7 给出了直接蒸发冷却制备冷水的模块及处理过程在焓湿图上的表示，直接蒸发冷却制备冷水的极限温度为进口空气的湿球温度。

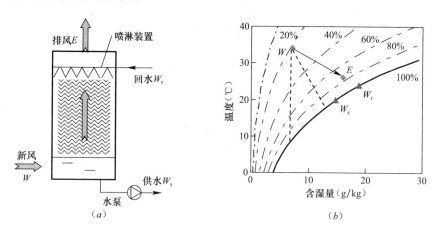

图 5-7　直接蒸发冷却制备冷水方式
（a）机组流程原理；（b）空气处理过程

5.2.1.2 间接蒸发冷却方式及设计要点

如图 5-8 所示的间接蒸发冷却装置（江亿等，2002），室外新风在空气—水逆流换热器中被降温，空气状态接近饱和，然后再和水接触，进行蒸发冷却，这样的流程形式可使空气与水直接接触的蒸发冷却过程在较低的温度下进行，在理想情况下产生的冷水温度等于室外空气的露点温度。

这种产生高温冷水的间接蒸发冷却装置的处理过程在焓湿图上的表示见图 5-8（b）。其中 W 为室外空气状态，排风状态为 E。室外空气 W 通过空气—水逆流换热器与 W_s 点的冷水换热后其温度降低至 W' 点，状态为 W' 的空气与 W_r 状态的水通过蒸发冷却过程进行充分的热湿交换，使空气达到 E 点。W_s 状态点的液态水一部分作为输出冷水，一部分进入空气—水逆流换热器来冷却空气。经过逆流换热器后水的出口温度接近进口空气 W

的干球温度，与从用户侧流回的冷水混合后达到 W_r 状态后再从空气—水直接接触的逆流换热器的塔顶喷淋而下，与 W' 状态的空气直接接触进行逆流热湿交换。这种间接蒸发冷却制取冷水的装置，其核心是空气与水之间的逆流传热、传质，通过逆流传热、传质来减少热湿传递过程的不可逆损失，以获得较低的冷水温度。理想情况下，冷水出口温度可接近进口空气的露点温度，而不是进口空气的湿球温度。

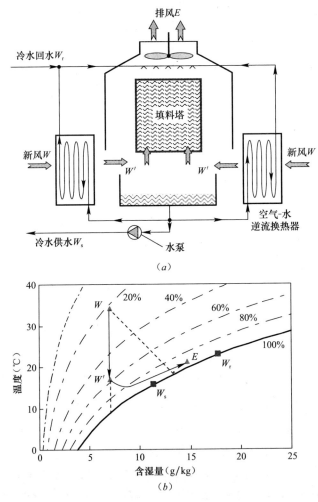

图 5-8 间接蒸发冷却制取冷水装置原理
(a) 机组流程原理；(b) 空气处理过程

谢晓云等（2007）详细介绍了这种制取高温冷水的间接蒸发冷却装置的设计开发流程，指出该种装置的核心部件是空气—水逆流换热器和填料塔，设计的关键是保证这两个装置的逆流传热和传质。以空气—水的逆流换热器为例，设计中为使空气与冷水换热过程的温差均匀从而获得最大的降温效果，就需要尽量控制水经过单排盘管后的温升。温升越大，空气与水之间的温差就会越不均匀。当设计冷水出水温度为18℃、进口空气温度为33℃、出口空气温度为21℃时，空气出口与冷水之间只有3℃的温差，单排换热盘管的温升就不能超过1℃。此时，水温要从18℃经过换热器后升到30℃，至少需要12排盘管。关于间接蒸发冷却装置的详细设计可参见上述文献。

如图5-8所示的间接蒸发冷却装置，其理想状况下的冷水出水温度为进口空气的露点温度，实测冷水出水温度低于室外湿球温度，基本处在湿球温度和露点温度的平均值（谢晓云等，2007），参见图5-9。由于间接蒸发冷水机组产生冷量的过程，只需花费空气、水间接和直接接触换热过程所需风机和水泵的电耗，与常规机械压缩制冷方式相比，不使用压缩机，机组性能系数COP（获得冷量与风机、水泵电耗的比值）很高。在乌鲁木齐的气象条件下，实测机组COP约为12～13。室外空气越干燥，获得冷水的温度越低，间接蒸发冷水机组的COP越高。

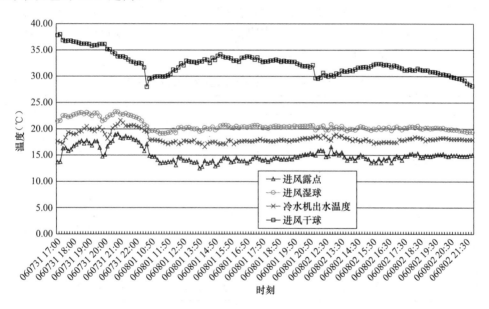

图5-9 间接蒸发冷水机组出水温度测试结果

5.2.2 蒸发冷却冷水机组性能分析

在理想情况下，直接蒸发冷却方式制备高温冷水的出口温度为进口空气的湿球温度，而间接蒸发冷却方式制备高温冷水的出口温度可接近进口空气的露点温度。对于各类蒸发冷却制备冷水的方式，为了便于分析和使用，可以近似地把出水温度写成（谢晓云，江亿，2010）：

$$t_w = t_o - \eta_{tower} \cdot \{t_o - [t_{wb,o} - \eta_l \cdot (t_{wb,o} - t_{dp,o})]\} \tag{5-2}$$

145

式中　t_o、$t_{wb,o}$ 和 $t_{dp,o}$——分别为室外空气的干球温度、湿球温度和露点温度；

η_{tower}——蒸发冷却制备冷水装置中直接蒸发冷却模块的水侧效率；

η_l——对新风预冷的显热换热装置以室外露点温度为冷空气极限温度的风侧效率。

η_{tower} 和 η_l 的表达式为：

$$\eta_{tower} = (t_o - t_w)/(t_o - t_{wb,ain}) \tag{5-3}$$

$$\eta_l = (t_o - t_A)/(t_o - t_{dp,o}) \tag{5-4}$$

式中　$t_{wb,ain}$——直接蒸发冷却模块进风的湿球温度；

t_A——间接蒸发冷却冷水装置中显热换热装置的出口空气温度。

对于直接蒸发冷却和间接蒸发冷却，式（5-2）中各效率的取值：

（1）直接蒸发冷却：$\eta_l = 0$，$0 < \eta_{tower} < 1$；

（2）间接蒸发冷却：$0 < \eta_l < 1$，$0 < \eta_{tower} < 1$。

对于图 5-9 给出的间接蒸发冷却冷水装置（谢晓云，江亿，2010），η_l 在 70%～80% 之间，η_{tower} 可达到 90%。表 5-5 给出了不同地区直接蒸发冷却方式和间接蒸发冷却方式获得的冷水出水温度情况，其中 η_l 取为 75%，η_{tower} 取为 90%。

直接蒸发冷却方式和间接蒸发冷却方式冷水出水温度　　　表 5-5

地　点	夏季室外计算参数				直接蒸发冷却方式冷水出水温度（℃）	间接蒸发冷却方式冷水出水温度（℃）
	干球温度（℃）	湿球温度（℃）	露点温度（℃）	含湿量（g/kg）		
阿勒泰	30.6	18.7	12.6	9.9	19.9	15.8
克拉玛依	34.9	19.1	9.4	8.2	20.7	14.1
伊宁	32.2	21.4	15.7	12.9	22.5	18.6
乌鲁木齐	34.1	18.5	7.5	8.5	20.1	12.6
吐鲁番	40.7	23.8	12.3	11.8	25.5	17.7
哈密	35.8	20.2	11.3	9.9	21.8	15.8
喀什	33.7	19.9	13.4	11.4	21.3	16.9
和田	34.3	20.4	13.6	12.2	21.8	17.2

利用以上对各不同的蒸发冷却方式出口参数的统一表征公式，考察不同室外气象条件下不同蒸发冷却方式的出水参数与室内参数的关系，可以得到各种蒸发冷却方式的适宜气候区，如图 5-10 所示，图中以冷水出水温度 18℃ 为限。间接蒸发冷却方式适宜的气候区域更广，直接蒸发冷却方式出水温度满足要求的区域只是间接蒸发冷却方式的一部分。在两种方式重合的适宜区域，所追求的就不再是冷水的品位，而是在满足室内温度控制需求时追求较高的系统综合经济性（包括设备投资和运行电耗等），不再只关注出水温度的高低。

当采用间接或直接蒸发冷却方式制备冷水时，其耗电部件均为水泵与机组的排风机，其中供水泵的电耗为系统输送冷水必需的电耗，当带走房间相同的冷量且冷水的供回水温差相同时，系统中水泵电耗相同。相对于直接蒸发冷却制备冷水装置，由于间接蒸发冷水装置增加了空气—水逆流接触换热器，导致风阻增加，实测空气—水逆流换热器的风阻与填料塔的风阻基本相当，间接蒸发冷水装置的排风机电耗比直接蒸发冷却装置要高。因此，当室外空气足够干燥，且利用直接蒸发冷却装置制备的冷水出水温度能够满足温度控制需求时，应采用直接蒸发冷却装置，即在图 5-10 中两种蒸发冷却方式重合的区域应当选取直接蒸发冷却方式来制备高温冷水以提高系统综合性能（谢晓云，江亿，2010）。

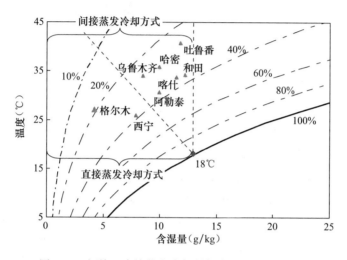

图 5-10　间接、直接蒸发冷却制备冷水的适宜气候区

5.3　人工冷源

在 THIC 空调系统中，可以利用高温冷源来承担温度控制任务，高温冷源可以是高温冷水，也可以是高温制冷剂等冷媒。为区别常规空调系统中提供 7℃冷冻水的制冷机组，以下将 THIC 空调系统中所采用的提供 16～18℃冷水或高温制冷剂等冷媒的机组称为"高温制冷机组"。

5.3.1　高温制冷机组的主要特点

5.3.1.1　从理想卡诺循环分析高温制冷机组的性能

在相同蒸发温度和冷凝温度条件下，逆卡诺循环具有最高的制冷效率，是实际制冷设备的能效极限。图 5-11 给出了逆卡诺循环的 COP 随蒸发温度和冷凝温度的变化规律，可以看出：在同样冷凝温度下，随着蒸发温度（冷水出水温度）的提高，逆卡诺循环的 COP 显著升高。在 THIC 空调系统中，利用人工冷源只需要制备 16～18℃的冷水即可满足温度控制系统的需求，与制备7℃冷水的常规制冷机组相比，制冷机组的蒸发温度明显升高。当冷凝温度均为37℃时，常规低温出水工况下逆卡诺循环的 COP 为9，而在高温出水工况下，逆卡诺循环的 COP 可达到13，远高于低温出水工况的冷机性能系数。

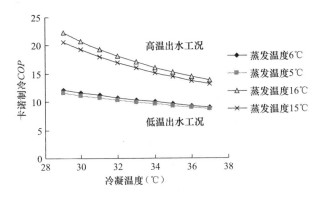

图 5-11 逆卡诺制冷循环 COP 随蒸发温度和冷凝温度的变化

5.3.1.2 高温冷水机组的压缩比

与制取7℃左右冷冻水的制冷机组相比，制备 THIC 空调系统用16～18℃冷水的高温制冷机组的最大特点在于机组处于小压缩比工况下运行。表5-6 给出了常规低温制冷工况和高温制冷工况下的压缩比（冷凝压力 p_k 与蒸发压力 p_0 之比）。对于常规制冷机组而言，当蒸发温度 t_0 为3～5℃，冷凝温度 t_k 为36～40℃时，R22 蒸气压缩式制冷机组的压缩比为2.3～2.8、R134a 机组为2.6～3.1；如果取 t_0 为14～16℃、t_k 为36～40℃来设计高温制冷机组，其压缩比降低，R22 机组对应的压缩比降为1.7～2.0，R134a 机组则为1.8～2.2。

常规制冷机组与高温制冷机组设计工况压缩比 表 5-6

制冷剂	p_k（MPa）	常规制冷机组		高温制冷机组	
		p_0（MPa）	p_k/p_0	p_0（MPa）	p_k/p_0
R22	1.39～1.53	0.55～0.58	2.3～2.8	0.77～0.81	1.7～2.0
R134a	0.91～1.02	0.32～0.35	2.6～3.1	0.47～0.51	1.8～2.2

制冷机组工作在部分负荷时，制冷循环的蒸发温度一般变化不大，而冷凝温度则受到室外气象参数和冷却条件的显著影响。当室外气象条件变化使得制冷循环冷凝温度较低时，制冷循环工作的压缩比也会发生变化，偏离设计状态。对于常规制冷机组而言，当蒸发温度 t_0 为3～5℃，冷凝温度 t_k 变化范围为30～40℃时，R22 蒸气压缩式制冷机组的压缩比为2.0～2.8、R134a 机组为2.2～3.1。对于高温制冷机组，当 t_0 为14～16℃，冷凝温度 t_k 变化范围为30～40℃时，R22 蒸气压缩式制冷机组的压缩比为1.5～2.0、R134a 机组为1.5～2.2。常规制冷机组和高温制冷机组在部分负荷时的压缩比变化如表5-7所

示，可以看出在部分负荷运行时，常规制冷机组和高温制冷机组的压缩比与设计状态相比，约降低 30%。

常规制冷机组与高温制冷机组工况变化时的压缩比   表 5-7

制冷剂	p_k（MPa）	常规制冷机组		高温制冷机组	
		p_k/p_0	压缩比变化	p_k/p_0	压缩比变化
R22	1.19～1.53	2.0～2.8	27%	1.5～2.0	27%
R134a	0.77～1.02	2.2～3.1	29%	1.5～2.2	29%

从以上分析可以看出，与常规制冷机组相比，高温制冷机组工作的压缩比明显降低，有利于提高机组的 COP。但压缩比降低后对制冷机组的设备制造和系统运行提出了新的要求，需要对相关装置部件进行重新优化设计。

5.3.1.3 能否将常规制冷机组用于高温出水工况

通过对逆卡诺循环制冷效率的分析可以看出：高温出水温度可以提高制冷循环的蒸发温度，从而可大幅度提高制冷系统的效率。既然如此，能否将常规制冷机组直接运行在高温出水工况？本节将分析提高蒸发温度对整个制冷系统的影响。图 5-12 以 R22 制冷剂为例，在压焓图上给出了产生高温冷水和常规低温冷水的制冷循环示意图。

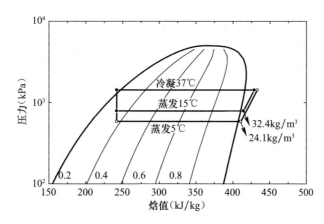

图 5-12　制冷循环（制冷剂 R22）在压焓图上的表示

（1）当冷凝温度为 37℃，蒸发温度分别为 5℃、15℃时，制冷循环对应的压缩比分别为 2.4、1.8，这表明蒸发温度提高后制冷循环的压缩比显著降低。对于螺杆式和涡旋式等固定内容积比的压缩机而言，如将原有的低温出水工况的制冷机直接运行在高温出水工况，则会导致较大的过压缩损失。

（2）在蒸发温度为 5℃（过热度为 5℃）的常规制冷工况下，压缩机的吸气密度为 24.1kg/m³；在蒸发温度为 15℃（过热度为 5℃）的高温制冷工况下，压缩机的吸气密度为 32.4kg/m³，比常规低温制冷工况的压缩机吸气密度提高 34%。对于吸气容积固定的压缩机，系统制冷剂流量将增加 34%，系统容量同比例增加。系统容量的增加将要求蒸发器、冷凝器的换热量增大。过大的系统容量将导致系统容量的供需失配和压缩机电机的过载，影响制冷机的安全运行。

（3）系统压差的减小和压缩机制冷剂流量的增加，需要系统的膨胀阀开度显著增加；如果采用常规低温冷水系统原有的膨胀装置用于生产高温冷水，将导致制冷系统过热度增大，系统效能不能全面发挥。此外，冷凝器与蒸发器之间的压缩比降低，将影响制冷机组的回油。

综上所述，出于机组安全运行的考虑，常规低温制冷机组一般限定冷冻水出口水温不高于 12～14℃，难以直接用于高温出水工况或难以在高温出水工况下保持较优的性能。因而，高出水温度的冷水机组与常规冷水机组相比，由于运行工况的显著差异，需要针对压缩机、节流装置等关键部件重新设计、重新研发，才能满足新的运行需求。

5.3.1.4 高温制冷机组设计开发要点

对于运行在高温制冷工况的制冷机组，由于蒸发压力的提高，制冷系统的压缩比相对于常规低温制冷工况的制冷机组显著减小，这种小压缩比的工作条件对压缩机性能也提出了新的要求，下面是对活塞、涡旋、螺杆、离心等类型压缩机的分析。

1. 固定容积比压缩机（涡旋式、螺杆式等）

对于涡旋和螺杆等固定容积比压缩机，当外压缩比与内压缩比不相等时存在内压缩过程。对于此类固定容积比压缩机，蒸发温度提高导致过压缩损失增加，必将导致压缩机效率的降低，决定了采用常规制冷系统用压缩机制造高温制冷机组，其 COP 将受到限制，与理论 COP 存在较大的差距。

2. “自适应”型压缩机（活塞式、离心式等）

由于往复活塞式压缩机属于一种“自适应”型压缩机，压缩机的吸、排气压力分别等于制冷循环的蒸发压力和冷凝压力，没有“过压缩损失”。离心式压缩机与活塞式压缩机一样，不存在内压缩问题，也是一种“自适应”型压缩机。由于活塞式压缩机内部效率较低，因而离心式压缩机适合作为高温制冷机组的动力源。离心式压缩机可以通过调节入口导叶并调节压缩机转速来满足小压缩比下的运行要求。

同时，与常规制冷机组相比，高温制冷机组的节流装置也要满足在小压缩比下的工作要求。在小压缩比下，节流装置前后的冷媒压差显著减小，需要重新设计适应此工作条件的新节流装置。

结合上述分析，相对于常规低温制冷机组，可以得到适用于高温制冷工况的制冷机组的基本设计原则为：

（1）压缩机：较小内压缩比配置（采用无过压缩问题的离心或活塞式压缩机，或者设计适用于小压缩比工况的固定容积比压缩机），较大电机额定功率；

（2）节流装置：较大容量的节流装置，在小压缩比、小工作压差的情况下依然保持很好的调节性能；

（3）蒸发器、冷凝器：大容量、高效换热器，可从提高换热系数或增加传热面积方式，提高蒸发器和冷凝器的传热能力；

（4）回油系统：小压缩比工作情况下，保证系统实现可靠的回油。

5.3.2 高温冷水机组开发案例

5.3.2.1 开发案例Ⅰ：离心式制冷机组

1. 机组优化设计

本节以图 5-13 所示的珠海格力电器股份有限公司（GREE）高温离心式冷水机组为例介绍离心式高温冷水机组的开发，以下资料来源为张治平等论文（2011）和格力电器研发报告（2010）。THIC 空调系统中需求冷水温度的提高使得制冷机组的蒸发温度可以有很大提高，高蒸发温度对离心压缩机的影响是多方面的。对于一台 4000kW 的离心压缩机，7℃出水与 18℃出水时压缩机设计工况参数如表 5-8 所示。当出水温度为 18℃时，离心压缩机的压比和进口容积流量大大减少，压比仅为 7℃出水压缩机的 72%，容积流量仅为 7℃出水压缩机的 67%。当直接将 7℃出水温度设计的压缩机用于较高蒸发温度工作时，

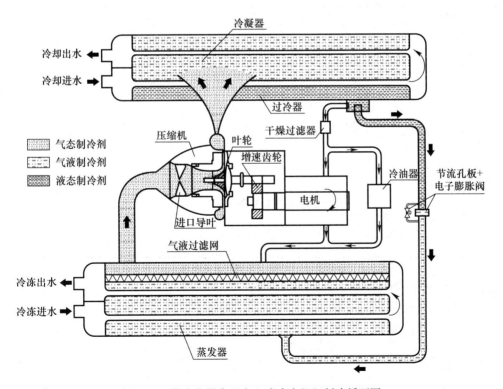

图 5-13　格力电器高温离心式冷水机组制冷循环图

由于系统流量和压比的变化以及压缩机吸气状态的改变使得运行工况严重偏离设计点，会导致压缩机效率显著降低，同时大大降低压缩机的可靠性，不但不能利用蒸发温度高来提高性能反而会降低系统的可靠性，因而在将离心式压缩机应用于制取高温冷水时需要进行仔细优化设计。

格力电器开发的高温离心式冷水机组的制冷循环如图5-13所示，冷水机组的核心技术为高温离心压缩机。在该高温离心冷水机组中，其主要特点包括：（1）压缩机设计采用可变截面扩压器与叶片导流有机结合的方式，有效保证压缩机在部分负荷时高效稳定运行；（2）采用特殊的电机及润滑油冷却控制方式，确保机组在小压差情况下，电机及润滑油冷却充分，整机运行可靠；（3）回油过程不受吸气流速、压差的影响，确保了机组在高蒸发温度、低压比状态下的回油可靠性；（4）在控制上设置喘振区及过渡区，通过控制及时进行调节使机组远离喘振区，有效避免喘振的发生。在机组的冷凝器中，设置了过冷器，有效提高冷凝器过冷度，使得过冷度可达3~5℃，确保机组能够高效运行。采用双层齿轮箱设计，有效降低齿轮传动噪声，整机噪声约为80~86db。

不同出水温度时压缩机设计参数   表5-8

工　况	吸气温度（℃）	吸气压力（kPa）	压缩比	容积流量（m³/s）
7℃出水	5.0	345	2.7	1.5
18℃出水	16.5	485	1.95	1.0

2. 性能实测结果

经过上述对离心式高温冷水机组的结构、参数优化后，离心高温冷水机组的性能得到了改善。以一台额定冷量为4000kW的格力高温离心式冷水机组为例，分别对该机组在制取16℃、18℃高温冷水时的性能进行测试，得到的测试结果分别如表5-9和表5-10所示。从机组性能的实测结果可以看出，当机组制取18℃冷水时，机组100%负荷时的COP达到9.18，当制取16℃冷水时机组100%负荷时的COP为8.58。

出水温度为16℃时性能测试结果   表5-9

项　目	参数名称	单　位	负荷率			
			100%	75%	50%	25%
测试工况	冷冻水出水温度	℃	16	16	16	16
	冷冻水流量	m³/h	688	688	688	688
	冷却水进水温度	℃	30	26	23	19
	冷却水流量	m³/h	860	860	860	860
测试结果	制冷量	kW	3826	2953	2034	1123
	性能系数 COP	W/W	8.58	10.10	9.52	6.88
	IPLV	W/W	9.47			

出水温度为 18℃ 时性能测试结果 表 5-10

项 目	参数名称	单 位	负荷率			
			100%	75%	50%	25%
测试工况	冷冻水出水温度	℃	18	18	18	18
	冷冻水流量	m³/h	688	688	688	688
	冷却水进水温度	℃	30	26	23	19
	冷却水流量	m³/h	860	860	860	860
测试结果	制冷量	kW	3966	3046	1978	1322
	性能系数 COP	W/W	9.18	10.10	9.80	8.41
	IPLV	W/W	9.77			

3. 性能对比分析

当常规制取 7℃ 冷水的制冷机组直接用于制取高温冷水时，机组性能与经过优化设计后的高温离心式冷水机组相比存在显著差异。为了更加明确两种冷水机组工作在高温工况时的性能差异，选取一台在 7℃ 冷水工况下额定冷量为 4000kW 格力电器生产的常规离心式冷水机组，分别测试其制取 10℃、16℃ 和 18℃ 冷水时的机组性能，结果如表 5-11 所示。

常规冷水机组不同出水温度时的测试结果 表 5-11

项 目	参数名称	单 位	标准工况	10℃出水	16℃出水	18℃出水
测试工况	冷冻水出水温度	℃	7	10	16	18
	冷冻水流量	m³/h	688	688	688	688
	冷却水进水温度	℃	30	30	30	30
	冷却水流量	m³/h	860	860	860	860
测试结果	制冷量	kW	3963	4065	4088	4095
	输入功率	kW	683	601.2	601.2	580.8
	性能系数 COP	W/W	5.78	6.25	6.80	7.05
	绝热效率 η_{ad}	/	0.81	0.79	0.70	0.65
	压缩比	/	2.68	2.37	2.00	1.95

从表中的实测结果可以看出，当常规冷水机组直接用于制取高温冷水时，其性能要明显低于经过优化设计的高温冷水机组。在制取 16℃ 冷水时，常规冷水机组的 COP 为6.80，制取 18℃ 冷水时的 COP 为 7.05，经过优化设计的高温离心式冷水机组工作在这两种工况时的性能分别提高了 26% 和 30%。

5.3.2.2 开发案例Ⅱ：螺杆式制冷机组

1. 机组优化设计

对于螺杆式固定容积比压缩机形式，需要设计内容积比较小的回转式压缩机，以减少高温出水工况下"过压缩"的损失。图 5-14 给出了浙江盾安人工环境股份有限公司生产的高温螺杆式冷水机组的原理图，以下资料来源为王红燕等论文（2011）。系统工作原理为：经过压缩机压缩后的高温高压的制冷剂气体，通过二次油分离器对冷冻油进行分离后，进入冷凝器与冷却水换热后被冷凝成中温高压液体，经干燥过滤后流经电子膨胀阀，被节流降压成低温低压的液体进入蒸发器，吸收水的热量后蒸发成低温低压的气体被压缩机吸入，完成整个制冷循环。制冷机组在高温出水条件下高低压差较小，而且润滑油在较高蒸发温度下在所采用的R134a制冷剂中溶解性较好，给回油造成了困难。机组在设计中采用卧式机械分离和吸附分离结合的三级分离结构，保证润滑油的高效分离；并设计引射泵及全吸气浓缩回油系统，确保压缩机长时间运行不缺油；而且采取油路平衡措施，确保每台压缩机内油位高度一致，保证机组安全可靠运行。

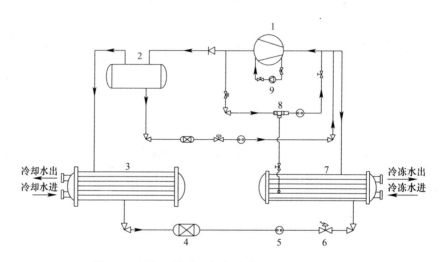

图5-14 浙江盾安高温螺杆式冷水机组制冷循环图

1—压缩机；2—油分离器；3—冷凝器；4—干燥过滤器；5—视液镜；6—电子膨胀阀；
7—蒸发器；8—喷射泵；9—油泵

2. 性能实测结果

表5-12给出了型号为SLB610MG的螺杆式冷水机组性能随冷冻水和冷却水进、出口温度的变化情况。在冷冻水出水温度为7℃的常规制冷工况下（工况1），该机组的制冷量为429kW，COP为5.08；当冷冻水出水温度提高到16℃时（工况4），该机组的制冷量为606kW，COP为6.81。工况4与工况1相比，机组的制冷量提高了41%，COP提高了34%。

在冷冻水出水温度为16℃情况下，表5-12的工况1、工况6和工况7中冷却水工况不同，分别代表着（接近）100%负荷率、75%负荷率和50%负荷率下制冷机组的工作性能。在100%、75%和50%负荷率下，制冷机组的COP分别为6.81、8.19和8.64。

冷水机组性能随冷冻水出口温度的变化　　　　　表 5-12

性能指标	工况 1	工况 2	工况 3	工况 4	工况 5	工况 6	工况 7
冷冻水流量（m³/h）	101.1	103.2	105.63	103.1	102.6	104.6	105
冷冻水出水温度（℃）	7.02	10.01	13.96	15.97	17.86	15.77	15.5
冷冻水进水温度（℃）	10.66	14.09	18.57	21.03	23.28	19.35	18.6
冷却水流量（m³/h）	120.9	120.5	120.9	120	121.78	119.9	122
冷却水进水温度（℃）	29.81	30.0	30	29.84	29.95	25.87	23.4
冷却水出口温度（℃）	33.46	34.11	34.6	34.73	35.07	29.31	26.3
压缩机输入功率（kW）	84.45	85.96	87.6	89.01	90.68	53.12	43.6
制冷量（kW）	429.44	490	565.6	605.79	645.13	435.2	377
性能系数 COP	5.08	5.70	6.46	6.81	7.11	8.19	8.64

5.3.2.3　开发案例Ⅲ：离心式制冷机组

1. 机组优化设计

日本三菱重工（MHI）公司开发的微型离心式高温冷水机组的工作原理如图 5-15 所示，以下资料来源为三菱重工报告和技术资料（2004～2005）。高温冷水机组的制冷量为 160kW，采用"双级压缩＋经济器"的蒸气压缩式制冷循环。离心式制冷压缩机是一种速度型压缩机，由于离心式制冷压缩机的转数很高和对加工精度的要求严格，故难以实现离心式压缩机的小型化，现有压缩机的叶轮直径几乎均不小于 200～250mm。图 5-16 示出了 MHI 微型离心式压缩机的内部结构，通过对叶轮和轴承等进行优化设计，克服加工困难，使之成为微型离心式冷水机组的核心技术。

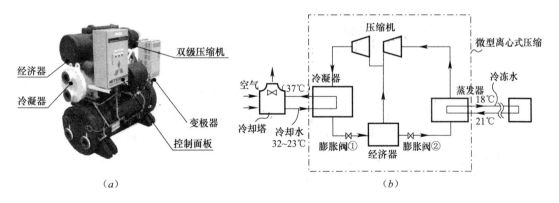

（a）　　　　　　　　　　　　　　　　（b）

图 5-15　MTWC175 型微型离心式高温冷水机组

（a）外观图；（b）制冷循环原理图

该微型离心式高温冷水机组采用满液式蒸发器，为具有微孔结构的高效传热管；采用壳管式冷凝器，为强化凝结换热采用具有针状肋片的传热管，参见图 5-17。机组的高、低压级节流装置都采用电子膨胀阀来准确控制制冷剂流量。此外，为防止冷冻油降低蒸发器

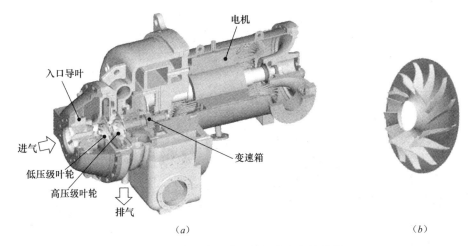

图 5-16 微型离心式压缩机的内部结构图

(a) 微型离心式压缩机；(b) 压缩机叶轮

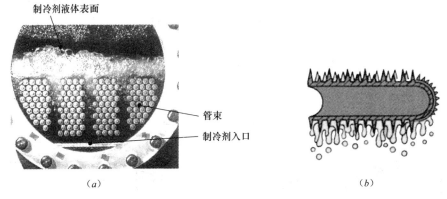

图 5-17 蒸发器和冷凝器的内部结构

(a) 蒸发器的内部结构；(b) 冷凝器的传热管结构

的传热性能，以冷凝器内高压气态制冷剂为驱动力，由引射器直接从蒸发器中抽吸含油量较高的液态制冷剂，一方面实现了蒸发器的顺利返油，另一方面对油箱内的冷冻油进行冷却，保证压缩机和变速箱的有效润滑。在控制方面，通过检测冷冻水进、出口温度和流量，以及冷却水温度和系统内部参数信息，联合调节电机运行频率、进气导叶角度和热气旁通阀开度，实现制冷机组在 20%～100% 负荷范围内连续调节，同时利用冷凝器与蒸发器间的电动旁通阀实现反喘振控制，在保证压缩机具有较高的部分负荷效率的同时，实现机组的安全、稳定运行。

2. 性能分析结果

该机组在制备 7℃冷水时，其额定 COP 为 5.4（冷却水温度 $t_w = 32℃$），如图 5-18 (a) 所示。图 5-18 (b) 示出了利用该冷水机组制备高温冷水时的性能计算值，从图中可以看出：当冷冻水进/出水温度为 21/18℃、冷却水进/出水温度为 37/32℃时，其 $COP=$ 7.1，在部分负荷条件下或冷却水温度降低时，其性能则更为优越。

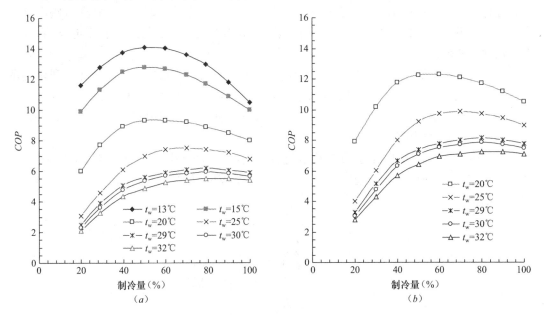

图 5-18　高温冷水机组性能对比（t_w 为冷却水温度）
（a）制取 7℃冷水时的性能；（b）制取 18℃冷水时的性能

5.3.3　高温多联式空调机组开发案例

多联式空调机组也叫变制冷剂流量空调系统（VRF），因其布置灵活、不需要水作为冷量/热量输送媒介而直接通过输送制冷剂实现供冷/供热等特点，在一些小型建筑和公共建筑中正得到越来越广泛的应用。在热湿统一处理的常规空调方式中，多联式空调机组在夏季运行时，室内机（蒸发器）同时承担显热负荷和湿负荷，这就使得制冷系统的蒸发温度受到室内空气露点温度的限制，从而使得多联式空调机组的制冷系统性能受到限制。在温湿度独立控制的空调理念下，建筑湿负荷由湿度控制系统承担，温度控制系统则主要负责承担显热负荷。当多联式空调机组用作温度控制系统的主要设备时，由于蒸发温度的提高，制冷系统的性能理论上可以得到很大提高，下文将这种只用于承担显热负荷的多联式空调机组称为高温 VRF。

在高温 VRF 中，制冷剂流经蒸发器盘管时与管外的空气直接进行换热，制冷剂蒸发从而对空气进行降温冷却。由于使用工况的改变，高温 VRF 机组运行时的压缩比要小于常规的多联式空调机组。以 R410a 制冷剂为例，当常规多联式空调机组的蒸发温度为 6～8℃、冷凝温度为 44～46℃时，此时机组的压缩比（冷凝压力与蒸发压力之比）通常都在 2.6～2.9 附近；而当冷凝温度不变、蒸发温度提高到 15～17℃时，机组的压缩比在 2.0～

2.2，压缩比明显减小。开发高温 VRF 的关键问题在于：

（1）在小压缩比情况下，如何保证制冷系统的高效、稳定运行是高温 VRF 需要克服的关键难题。压缩机结构形式需要适应于小压比工况，避免过压缩等情况；膨胀阀需要在小压比情况下依然保持很好的调节性能；制冷系统需要在小压比情况下实现可靠的回油；以及控制策略的优化等。

（2）提高蒸发温度后，室内机蒸发温度与室温之间的换热温差变小，如在处理相同显热负荷的情况下，要求室内机的循环风量显著增加，类似于第 3.2 节中干式风机盘管面临的问题。需要对室内机换热排管的结构形式等进行改进，充分利用不会出现结露的特点来对换热盘管进行合理设计、布置。

对采用 R410a 冷媒的高温 VRF 样机进行实测，1 台室外机通过制冷剂管路连接 9 台室内机，该 VRF 机组的系统连接图如图 5-19，干式 VRF 机组室外机和室内机的实物如图 5-20 所示。

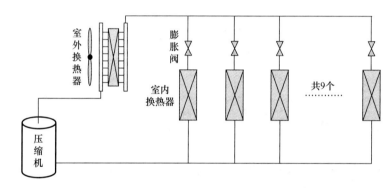

图 5-19　干式 VRF 机组系统示意图

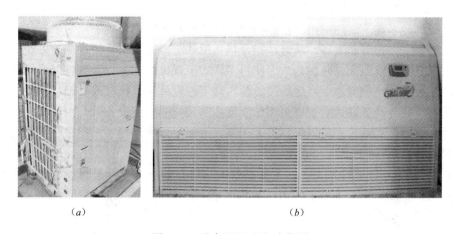

（a）　　　　　　　　　　　　（b）

图 5-20　干式 VRF 机组实物图

（a）室外机组；（b）室内机组

表 5-13 和表 5-14 给出了两种典型工况时高温 VRF 室内机的蒸发压力及每台室内机的制冷量情况。

（1）典型工况 1：室外空气温度为 27.3℃，室外机冷凝压力为 2.04MPa、冷凝温度为 33.2℃，制冷剂蒸发压力为 1.29MPa、蒸发温度为 16℃左右，9 台室内机组总制冷量为 15.0kW，压缩机功耗 2.04kW，制冷循环 COP（总制冷量/压缩机功耗）为 7.4。

（2）典型工况 2：室外空气温度为 33.2℃，室外机冷凝压力为 2.29MPa、冷凝温度为 37.8℃，制冷剂蒸发压力为 1.25MPa、蒸发温度为 15℃左右，9 台室内机组总制冷量为 17.8kW，压缩机功耗 2.96kW，制冷循环 COP 为 6.0。

高温 VRF 实测结果（典型工况 1）　　　　　表 5-13

室内机编号	1	2	3	4	5	6	7	8	9
回风温度（℃）	25.1	27.9	24.1	26.8	26.1	24.9	25.8	25.4	25.4
蒸发压力（MPa）	1.29	1.28	1.29	1.30	1.29	1.28	1.29	1.28	1.29
制冷量（kW）	1.19	3.13	0.81	1.72	1.30	1.41	2.10	2.10	1.26

高温 VRF 实测结果（典型工况 2）　　　　　表 5-14

室内机编号	1	2	3	4	5	6	7	8	9
回风温度（℃）	24.7	27.3	23.5	25.2	24.8	24.6	25.8	25.9	26.5
蒸发压力（MPa）	1.22	1.24	1.25	1.25	1.27	1.27	1.26	1.24	1.25
制冷量（kW）	1.16	2.67	0.91	1.88	3.17	1.63	2.07	2.15	2.20

由于测试时室外温度较低，机组冷凝温度、冷凝压力较低，高温 VRF 机组在上述两个工况时的压缩比分别仅为 1.6、1.8。尽管此时制冷循环性能系数明显高于常规低温工况，但根据蒸发温度、冷凝温度计算得出的制冷循环热力学完善度不足 50%，这表明机组还有较大的改进和提高空间。在高温工况下，如何进一步适应小压缩比的需求、提高制冷循环的热力完善程度仍需要通过进一步的优化设计来实现。同时，如何使一套系统同时满足制冷工况（小压缩比）和供热工况（大压缩比）的需求，也仍然需要在压缩机结构、系统调节控制等方面进行更为深入的研究和开发。

第6章 温湿度独立控制空调系统负荷计算与方案设计

温湿度独立控制空调系统的基础是将室内温度、湿度分开控制的空调理念，空调系统设计中的负荷计算方法、方案设计和设备选型等均从此理念出发。温湿度独立控制系统有多种形式，空调系统方案也有多种多样的组合。本章将分别介绍在干燥地区和潮湿地区的THIC空调系统方案形式，比较不同THIC空调系统方案的性能和适用性，最后还将对设计中需要注意的一些问题进行分析。

6.1 温湿度独立控制空调系统方案设计

6.1.1 方案设计总述

温湿度独立控制空调系统采用独立的两套系统：室外新鲜空气的换气系统满足新鲜空气和湿度的要求，另外一个独立的系统专门排除室内多余的热量，满足室内温度的要求。由于室内的湿负荷和要求的新风量一般都与室内实际的人数成正比，因此只要把送入室内的室外新风的湿度（空气含湿量）调节到一定的需要值，然后按照室内实际的人数送入与人数成正比的新风量，就可以同时满足室内的新风和湿度要求。同时，另外一套独立的系统根据室内温度独立地调节送入室内的热量或冷量，也就可以有效地满足室内温度的控制需求。按照这样的思路，就有可能使建筑中的每个空间在需要时都能同时满足新鲜空气、温度和湿度的要求。

如果室内温度要求在25℃，那么从原理上讲，任何可以提供低于25℃冷量的冷源都可以充当用于夏季温度控制系统的空调冷源。这样就有可能利用自然冷源或效率非常高的高温冷源（出水温度在15～20℃之间）作为控制室内温度的空调冷源。然而，传统的空调方式在大多数场合却需要温度低得多的冷源，例如一般设计都要求是7℃的冷水作为冷源，这是因为传统空调统一考虑温度控制和湿度控制。为了对室外新风除湿和排除室内湿源产生的水分，采用冷凝除湿，就必须有温度足够低的冷源。在夏季很难找到自然存在的或廉价的7℃冷源，通过机械制冷获取7℃的冷量，其制冷效率也远低于制备15～20℃的高温冷量时的制冷效率。夏季的实际工况中，空调需要的冷量中60%～80%是用来排除显热满足室内温度要求的，这样采用温湿度独立控制方式就可以使产生这部分冷量所消耗的能源大幅度降低。

传统空调因为是同时解决室内温度和湿度的问题，而调节湿度只能通过空气交换，因此都是通过向室内送冷风来实现空调。而当仅考虑排除室内显热，调节室内温度时，就完全没有必要完全依靠送风来调节室内环境。可以像目前冬季广泛使用的地板埋管辐射采暖方式，或在吊顶设置冷辐射盘管等方式，直接利用水循环和室内直接换热来实现降温和温度控制。由于空气的热容远小于水的热容，因此利用水的循环向室内供冷/供暖，既可以使室内夏季冬季都使用统一的末端装置，还可以大大降低通风和空气循环需要的风机电耗，使冷量/热量直接从冷源/热源经水循环系统送到室内，减少一个与空气换热再通过风机驱动空气循环的环节，这既可以大大降低输配系统电耗，还可以有效减少输配系统风道所占用的空间。

根据上面的讨论，可以认为温湿度独立控制的空调，解决了目前困扰传统空调方式的多个问题，并可从空调冷源和输配系统两个环节大幅度降低空调能耗，还为有效利用自然冷源提供了可能。因此是一种既节能，又可显著改善室内热湿环境与空气质量的方式，目前被国内外空调界普遍认为是未来空调的主要发展方向。这一系统形式也是国家科技部在"十一五"期间作为"降低大型公共建筑空调能耗"重点科技支撑计划中支持开展系统研究、产品开发和应用推广的主要内容。

针对不同的气候、地域条件及建筑类型、负荷特点等，温湿度独立控制系统可以有多种多样的形式和方案，参见图6-1，包括解决室内湿度控制并提供新鲜空气的新风系统和

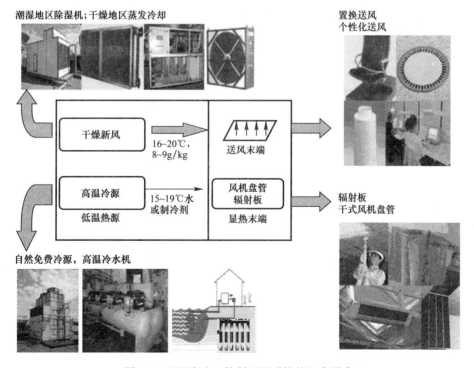

图 6-1　温湿度独立控制空调系统的组成形式

新风末端风口；产生 15~20℃ 高温冷水的冷源及其输配系统；以及安装在室内通过高温冷水吸收室内显热，实现温度控制的室内显热末端装置。下面分别介绍这些部件或分系统。

6.1.1.1 室外新风的处理

新风系统用于提供足够的室外新鲜空气以保证室内空气质量，同时还承担排除室内余湿的任务。按照满足室内卫生标准的新风量送到室内满足人的卫生要求，则只要把空气含湿量处理到 9g/kg 左右就可以满足室内湿度控制的要求。如果适当加大新风系统的设计最大风量，通过变频风机对总的新风量进行调节，还可以在最潮湿的季节按照最小新风量运行，而当室外空气含湿量低于 10~11g/kg 时，加大新风量，直接向室内送入室外新风，省下新风处理的能耗。如果室内实际人数变化很大，那么应该采用变风量末端，根据室内人数或室内湿度、或者室内空气的 CO_2 含量来调节每个空间的新风量，这样可以在室内人员较少的时候降低新风量，节约新风处理能耗和新风输送能耗。为了维持室内空气的平衡，需要从室内排出同样的空气。在夏季和冬季这些空气通常远比室外空气更接近要求的新风送风状态，因此设置足够的排风系统，有组织地引出排风，并对其进行热回收，也可以有效降低新风处理的能耗。

对于温湿度独立控制系统的新风处理，主要就是把室外空气的含湿量调节到要求的 8~10g/kg。可采用常规冷凝除湿方法实现这一要求，但需要解决由于送风含湿量较低带来的送风温度过低的问题。目前可以有采用溶液调湿的溶液式新风处理方式，它可以在全年各个季节高效地调节室外新风的含湿量，根据要求实现除湿或加湿功能，还可以有效地回收排风中的有用能量。采用转轮全热回收装置或利用高分子透湿膜制作的薄膜式全热回收装置，与进一步的冷凝除湿结合，也可以实现夏季对新风的除湿要求，但在冬季对新风加湿还有一定不足。采用溶液调湿目前可以使得新风机组的 COP（空气处理前后的焓差乘以风量/机组耗电量）达到 5 以上，是目前各类可能的实现温湿度独立控制系统的新风处理要求的方式中能源效率最高的方式。

在我国西部地区夏季室外空气含湿量很少出现高于 12g/kg 的时候，这样直接把室外空气降温后引入室内就可以实现室内排除余湿的目的，因此就不再需要调节湿度的新风机。

6.1.1.2 高温冷源的制备

温湿度独立控制系统需要 15~20℃ 的冷水作为冷源，替代传统空调 7℃ 左右的空调用冷水。这样参数的冷水当然可以通过热交换器利用 7℃ 的冷水来制备。但这样一来就基本丧失了温湿度独立控制系统节能的优势。只有充分利用高温冷水这一特点，才可充分发挥温湿度独立控制方式的节能优势。

在我国长江以北的东部地区（如华北、东北、华中），年均温度一般可在 18℃ 以下。此时夏季的地下水温度一般可以在 15~20℃ 范围内。只要有合适的地质条件能够实现回灌，就可以打井取水，利用地下水的冷量，然后再将其回灌到地下，从而只需要较低的水泵电耗，就可以获得冷源。

当建筑规模较小时，还可以通过在地下埋管形成地下换热器，使水通过地下埋管循环换热，也可以获得不超过 20℃ 的冷水，并且不存在从地下取水和回灌的问题。如果当地有足够的地表提供埋管空间，并可以解决全年地下热量的平衡问题，这也是一种高效获得这种高温冷量的方式。

在海边、湖边、河边如果夏季海水、湖水、河水的温度不超过 18℃，当然也可以通过换热装置，利用这些作为高温冷源。但要注意此时提升这些地表水或海水的水泵可能功耗会较高，有时甚至高于制冷机电耗，从而丧失其节能的优势。

在不存在上述自然冷源或难以利用上述自然冷源时，当然可以利用制冷机制冷。由于此时要求的冷水温度高，因此制冷机可获得高得多的制冷效率。目前我国已陆续开发出具有自主知识产权的产生高温冷水的离心制冷机和螺杆式制冷机。前者在 16℃ 高温冷水出水工况下运行，COP 可超过 8.5，后者在高温冷水工况下运行 COP 也超过 7.0，都远远高于各种制备 7℃ 冷水的空调用冷水机组。

实际上在我国西部地区（甘肃省以西及内蒙古部分地区）尽管夏季也出现高温，但空气大都处在干燥状态，其露点温度大都低于 15℃。这时可以利用间接蒸发方式利用干空气制备出仅高于露点温度 2～3K 的冷水。不需要制冷压缩机就可以产生所要求的高温冷水，具有显著的节能效果。目前国内已有自主知识产权的间接蒸发冷水机组产品，并已在新疆、宁夏、内蒙古西部等地的大型公共建筑中大规模使用，获得非常好的室内环境控制效果和节能效果。

6.1.1.3　调节室内温度的末端装置

利用 15～20℃ 的高温冷水吸收室内显热从而控制调节室内温度，需要相应的末端换热装置。由于此时末端只需要承担显热，同时是利用高于室内露点的高温冷水，因此不会出现结露现象，不会产生冷凝水。这样，可以采用辐射方式，也可以采用风机盘管等空气循环换热方式。

近二十年来，我国北方地区推广地板辐射采暖，通过低温热水（35～45℃）进入埋于地板内的塑料盘管，向室内放热，获得很好的采暖效果。利用同样的方式，在夏季把 15～20℃ 的高温冷水送入地板内盘管，可以负担 30～50W/m² 的冷负荷（如辐射板表面有太阳辐射等短波辐射，则辐射板的供冷量将大幅提高），再加上新风系统承担室外负荷和部分室内人员的热湿负荷，在大部分情况下已经可以满足办公室空调的要求。近年来经过从欧洲引进和国产化开发，还推出了可以通过冷水和热水循环的毛细管隔栅，它可以被安置在吊顶或垂直墙面，依靠高温冷水和低温热水的循环供冷、供热，实现室内的温度控制。采用这些辐射供冷末端方式，当供水温度低、室内湿度高、辐射表面温度低于空气的露点温度时，就会在辐射表面出现结露现象。因此，必须有满足除湿要求的新风系统，并严格避免出现高温冷水水温过低的工况。由于干空气比重高于湿空气，因此室内的湿空气总是上浮。当采用置换通风方式从低处向室内送干燥新风时,室内下层空气的湿度会明显低于上层空气。因此地板辐射出现结露的危险要远低于吊顶辐射。对进入辐射盘管的冷水或热水采用"通断式调节",也就是以 20～30min 为一个周期,根据室温变化状况确定一个周期内的"通断比",按照这一通断比打开和关闭水路的通断阀。这是辐射供冷供热方式调节室温的最佳方式,已经在很多工程中实践,并表现出良好的室温调控性能。

按照传统方式,以空气作为介质,用高温冷水通过与空气的换热和空气在室内循环放出热量,同样可以作为末端装置向室内供冷和调节室温。这可以是目前广泛采用的风机盘管方式和最近出现的所谓"冷梁"方式。前者是通过风机驱动空气循环,以空气为介质实现风机盘管内的换热器与室内的热交换,而后者是依靠冷梁周围的冷空气下沉形成的自然对流产生室内空气的循环实现这一热交换。由于此时的空气—水换热器的工作温度在空气的露点温度以上,因此换热器表面就不会出现结露现象,从而也不会出现冷凝水。这就不再需要凝水盘和凝水管系统,也避免了凝水溢出泄漏的各种问题,还彻底根除了盘管内凝水造成的潮湿表面滋生霉菌形成对室内环境的生物污染。由于干式风机盘管工作在干工况,且空气与水之间的换热温差小,因此和常规的风机盘管方式相比,此时的风机盘管换热面积应该加大。

近五年来我国已经建成有约六十余座大型办公建筑和医院采用了温湿度独立控制的空调系统,它们分布在从华南到华北、从东部沿海城市到新疆和内蒙古西部的各个气候带。经过 1～4 年的实际运行实践,表明这一新的空调系统方式确实可以有效改善室内环境控制效果,并大幅度降低空调能耗,产生很大节能效益。本书第 8 章将介绍采用温湿度独立控制空调的建筑案例及应用效果。

6.1.2　方案举例

针对不同的气候、地域条件及建筑类型、负荷特点等,温湿度独立控制系统可以有多种多样的形式和方案,此处以干燥地区、潮湿地区为例,给出一些典型的 THIC 系统方案。

6.1.2.1　干燥地区 THIC 系统举例

在气候干燥地区,室外空气干燥、含湿量较低,低于室内设计参数对应的含湿量水平,因而可以将室外干燥空气作为室内湿负荷排出的载体,此时只需向室内送入适量的室外干燥空气(一般经间接或直接蒸发冷却后送入室内)即能达到控制室内湿度的要求。需要注意的是,直接蒸发冷却方式对新风降温的处理中,空气含湿量有所增加,在设计中应校核新风送风能否承担排除室内湿负荷的任务。对于高温冷水的制备,由于室外空气干燥,可以通过直接蒸发冷却或间接蒸发冷却方式制备冷水,即可满足室内温度的控制要求。因此,在干燥地区应当充分利用室外空气干燥的特点来满足建筑环境控制的目的。

图 6-2 给出了干燥地区 THIC 系统的一种典型形式。采用间接蒸发冷却新风机组实现

对新风的降温处理过程、新风的含湿量不发生变化，采用间接蒸发冷水机组利用室外干燥空气制备出 15～20℃ 的冷水、满足室内温度控制的需要。相对于传统的压缩制冷方式，此案例给出的 THIC 系统则充分利用了室外的干燥空气，无需消耗压缩机电耗，整个 THIC 系统中耗电环节仅为风机和水泵，可大幅度提高整个空调系统的能源利用效率。室内末端可以为图示的干式风机盘管，也可采用辐射板等末端方式。需要注意的是，间接蒸发冷水机组与干式风机盘管的水路为开式系统，当采用多个间接蒸发冷水机组时，需要注意各个机组内部水面的平衡问题；而且开式系统的水质需要进行很好的处理。

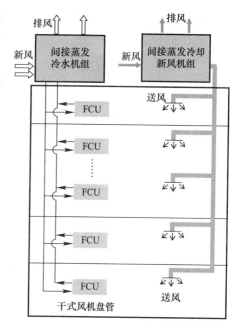

图 6-2　干燥地区 THIC 空调系统方案

6.1.2.2　潮湿地区 THIC 系统举例

在气候潮湿地区，室外空气的含湿量水平较高，需要对新风进行除湿处理后再送入室内。新风处理设备的主要任务是对新风进行除湿处理，以达到湿度控制系统送风需求的含湿量水平。由于将温度、湿度分开控制，可以利用的自然冷源范围远大于常规空调系统。如果地质构造、温度水平等条件合适，如江河湖水、深井水、土壤等都可以直接作为这些地区温度控制系统的高温冷源。需要注意的是，这些自然冷源的应用会受到输配系统的限制，比如一些地方离江、河的距离较远，利用江河水时长距离输送导致的输配系统能耗增加可能反而不能实现能源节约。因而在考虑利用自然冷源时，需要对输配系统能耗等问题进行合理评估。当无法应用上述自然冷源时，高温冷水机组、高温多联式空调机组等人工冷源形式也可作为温度控制系统的冷源解决方案。此处以选取高温冷水机组作为高温冷源方案为例，给出选取不同的新风处理设备时 THIC 系统的一些典型形式，参见图 6-3。

图 6-3 分别以独立新风除湿机组与带预冷的新风除湿机组为例，给出了典型的 THIC 系统形式。高温冷水机组制备出 15～20℃ 的冷水输送到干式风机盘管或者辐射板，实现对室内温度的控制需要；新风除湿系统实现对室内湿度的控制要求及满足室内新鲜空气的需求。在图 6-3（a）中给出了自带冷源的独立新风除湿机组，可以是溶液调湿新风机组、采用固体吸湿材料的新风机组、直膨的冷凝除湿新风机组等多种形式。对于图 6-3（b）中给出的带预冷方式的新风机组，首先采用高温冷水机组制备的 15～20℃ 高温冷水对新风进行预冷，然后再用图示的低温制冷机组或其他方式对预冷后的新风进行进一步处理后送入室内。在此方式中，高温冷水机组不仅承担了室内显热末端装置所需的冷量，而且承担了新

风预冷所需的冷量。除了图 6-3（b）所示的采用低温制冷机组制备 5～7℃低温冷水实现对预冷后的新风进行深度处理外，还可以采用自带冷源的溶液除湿方式、直膨的冷凝除湿等方式，这样 THIC 系统中循环水系统仅有高温冷水，比图 6-3（b）所示的水系统更为简单、运行方便。

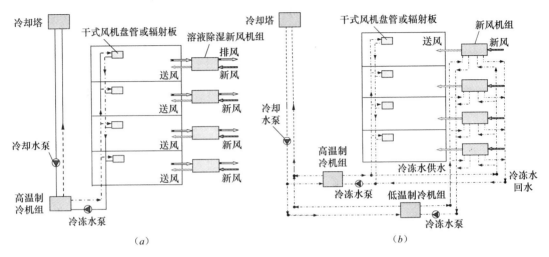

图 6-3　潮湿地区不同形式的 THIC 空调系统方案

(a) 独立新风除湿机组；(b) 带预冷的新风除湿机组

6.2　温湿度独立控制系统负荷计算

建筑负荷的构成情况包括：室内负荷（来自围护结构传热、太阳辐射得热、人员、设备和照明等显热负荷；来自室内人员产湿等湿负荷）和新风负荷（新风状态与室内状态之间的温度差异、含湿量差异带来的负荷），其负荷计算方法与常规空调系统相同。本节首先介绍典型建筑的室内负荷情况，然后详细介绍不同组成形式的温湿度独立控制系统中的负荷拆分情况。

6.2.1　室内负荷分析

室内显热负荷的来源为：来自围护结构传热、太阳辐射得热、人员显热产热、设备、照明产热、渗风进入室内环境带来的显热等。室内湿负荷来自：室内人员产湿、开敞湿表面散湿、植物蒸腾作用散湿、渗风进入室内环境带来的湿负荷等，详见附录 A。

室内负荷的大小与建筑的功能、所处的气候条件、建筑使用情况密切相关。本书附录 C 给出了位于北京、上海、武汉、广州几个典型城市，办公室、宾馆、商场、医院和体育馆五种不同建筑类型，典型的建筑模型及模拟参数设置情况。表 6-1 给出了附录 C 所示情况下，不同建筑室内负荷的计算结果，模拟计算采用 DeST 软件。以位于北京的办公建筑为例，室内显热负荷、室内湿负荷的峰值分别为 62.5W/m^2、6.7W/m^2；整个供冷季室内显热负荷、室内湿负荷累计的耗冷量分别为 61.6kWh/m^2、3.6kWh/m^2。

不同地区典型类型建筑的室内负荷特性　　　　　　　　　表 6-1

建筑功能	所在城市	峰值负荷分析（W/m²）		耗冷量分析（kWh/m²）	
		室内显热	室内湿负荷	室内显热	室内湿负荷
办公建筑	北京	62.5	6.7	61.6	3.6
	上海	64.0	6.7	71.3	7.2
	武汉	68.1	6.7	74.3	6.9
	广州	73.6	6.7	93.6	10.2
宾馆建筑	北京	48.3	1.5	70.8	1.9
	上海	40.6	1.5	63.1	3.4
	武汉	37.7	1.5	67.8	3.4
	广州	53.6	1.5	81.3	3.6
商场建筑	北京	38.7	12.5	53.2	4.4
	上海	39.6	13.0	65.6	9.2
	武汉	44.0	12.5	68.0	8.9
	广州	37.5	13.1	76.4	10.3
医院建筑	北京	49.0	3.8	71.7	4.3
	上海	49.8	3.8	98.3	8.7
	武汉	55.1	3.8	102.6	8.6
	广州	51.6	4.9	107.0	10.4
体育馆建筑	北京	64.2	20.5	30.8	2.3
	上海	65.6	20.7	45.6	5.3
	武汉	93.1	20.7	47.9	4.2
	广州	83.7	18.6	49.5	5.5

6.2.2 室内显热负荷的分摊

在温湿度独立控制系统中，湿度控制系统需要承担室内所有的湿负荷，当湿度系统的送风温度与室内温度不同时，会带走（或带入）一部分室内显热负荷。依据第 4 章对各种空气处理方式的分析，不同的处理方式得到的新风送风温度会存在差异，因而湿度控制系统送风承担室内显热负荷的情况会由于空气处理方式的不同而有所差异。

新风送风承担的室内显热负荷 Q_{HS} 可通过下式计算，式中 G 为新风量，m^3/s；c_p 为空气比热容，kJ/(kg·℃)；ρ 为空气密度，kg/m^3。

$$Q_{HS} = c_p \rho G(t_N - t_S) \tag{6-1}$$

（1）当采用冷凝除湿、溶液除湿等方法处理新风时，送风温度一般低于室内空气温度，湿度控制系统会承担一部分室内显热负荷。

（2）当采用转轮除湿等方式处理新风时，新风送风温度一般高于室内温度，温度控制系统除了承担全部室内显热负荷外，还需要承担因新风送风温度高于室内温度而带来的显热负荷。

图 6-4 以新风的送风温度低于室内空气温度为例，给出了温湿度独立控制空调系统中室内显热负荷的承担情况。当新风送风温度 t_S 低于室内设计温度 t_N 时，新风送风可以承担部分室内显热负荷。因而，温度控制系统承担剩余的室内显热负荷。温度控制系统承担的负荷 Q_T 如式（6-2）所示，其中 Q_S 为室内显热负荷（不包含新风的显热负荷），kW。

$$Q_T = Q_S - Q_{HS} \tag{6-2}$$

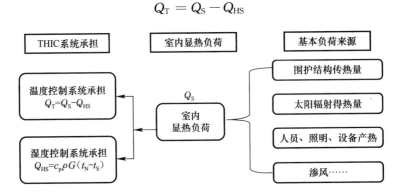

图 6-4　温湿度独立控制空调系统承担室内显热负荷情况（$t_S < t_N$ 时）

6.2.3　主要设备承担负荷情况

下面分析 THIC 系统中，温度控制系统、湿度控制系统中主要设备承担的负荷情况。在 THIC 空调系统中，湿度控制系统的主要设备为新风机组，温度控制系统的主要设备包括高温冷源（一般为高温冷水机组）及其输配系统、末端显热处理设备等。根据方案设计阶段确定的 THIC 空调系统方案，即可以确定温度控制系统和湿度控制系统选用的设备形式；依据不同设备形式的特点及前述负荷计算方法，可以进行各种设备负荷的计算。

6.2.3.1　新风处理设备承担负荷

湿度控制系统的主要设备为新风处理机组，新风处理机组的任务是对新风进行处理，得到干燥的空气送入室内控制湿度。新风处理机组将新风从室外状态最终处理到送风状态，因此新风在整个处理过程前后的能量变化即为新风机组设备承担的负荷。

当湿度控制系统不需要高温冷源进行预冷或冷却降温过程时，如图 6-3（a）所示，湿度控制系统设备（新风处理设备）承担的负荷 $Q_{新风设备}$ 如式（6-3）所示，其中 $Q_{新风负荷}$ 为室外与室内状态的焓差乘以新风量。新风处理设备承担了所有的室内潜热负荷、新风负荷以及部分室内显热负荷 Q_{HS}。

$$Q_{新风设备} = Q_{室内潜热} + Q_{HS} + Q_{新风负荷} \tag{6-3}$$

当湿度控制系统的新风处理过程需要高温冷源预冷或冷却降温时，如图 6-3（b）所示，新风设备承担的负荷 $Q_{新风设备}$ 需要在式（6-3）的基础上减去高温冷源预冷部分的冷量 $Q_{预冷}$。

$$Q_{新风设备} = Q_{室内潜热} + Q_{HS} + Q_{新风负荷} - Q_{预冷} \tag{6-4}$$

6.2.3.2 高温冷源承担负荷

温度控制系统的主要设备包括高温冷源及其输配系统、末端显热处理设备等。高温冷源主要用来承担建筑显热负荷，而有些类型的新风处理设备在处理过程中需要高温冷源参与，不同形式的空调方案会对高温冷源的负荷产生影响。

当湿度控制系统不需要高温冷源进行预冷或冷却降温过程时，如图 6-3（a）所示，高温制冷机组承担的负荷 $Q_{高温冷源}$ 等于温度控制系统承担的室内负荷 Q_{T}。

$$Q_{高温冷源} = Q_{T} \tag{6-5}$$

当湿度控制系统的空气处理过程需要高温冷源预冷或冷却降温时，如图 6-3（b）所示，高温制冷机组承担的负荷 $Q_{高温冷源}$ 需要加上对新风预冷的冷量 $Q_{预冷}$，如下式所示：

$$Q_{高温冷源} = Q_{T} + Q_{预冷} \tag{6-6}$$

案例分析：以位于北京的办公建筑为例，其建筑模型及相关参数设置见附录 C，室内显热负荷峰值 Q_{s} 为 62.5W/m²，室内湿负荷峰值为 6.7W/m²，新风负荷峰值为 43.3W/m²，建筑单位面积折合新风量约为 3.4m³/h。设计中采用温湿度独立控制空调系统，新风送风（湿度控制系统）承担全部的室内湿负荷，设计新风的送风温度为 20℃。

计算分析过程如下：

1. 新风送风含湿量的计算

在温湿度独立控制系统中，新风系统的送风含湿量将低于室内设计含湿量，其差值用于排除室内所有的湿负荷。新风的送风含湿量采用式（2-22）计算，具体计算数值为：

$$d_{S} = d_{N} - \frac{W}{\rho G} = 8.5 \text{g/kg} \tag{6-7}$$

因而，新风系统（新风机组）的送风参数为温度 20℃、含湿量 8.5g/kg。

2. 室内显热负荷的分摊情况

在上述案例中，由于送风温度低于室内设计温度，送风同时承担的室内显热负荷为：

$$Q_{HS} = c_{p} \rho G (t_{N} - t_{S}) = 1005 \times 1.2 \times 3.4 / [3600 \times (26 - 20)] = 6.8 \text{W/m}^2 \tag{6-8}$$

因而，需要显热末端承担的室内显热负荷为：

$$Q_{T} = Q_{s} - Q_{HS} = 62.5 - 6.8 = 55.7 \text{W/m}^2 \tag{6-9}$$

3. 新风机组和高温冷源承担负荷情况

新风机组与高温冷源承担负荷情况与设备的形式密切相关，以下为两种典型情况的分析结果：

（1）若新风机组为独立处理装置（内置压缩机等），高温冷源只需满足室内显热末端的需求。分别采用式（6-3）和式（6-5）计算新风机组和高温冷源承担的负荷。新风机组承担的负荷＝$Q_{室内潜热}$＋Q_{HS}＋$Q_{新风负荷}$＝6.7＋6.8＋43.3＝56.8W/m²。高温冷源承担负荷＝Q_T＝55.7W/m²。新风机组和高温冷源承担的负荷比例分别约为50％和50％。

（2）若新风处理过程中利用高温冷水进行预冷，即高温冷源用于满足室内显热末端和新风预冷需求。新风机组、高温冷源承担的负荷与高温冷源对新风预冷后的状态密切相关。分别采用式（6-4）和式（6-6）计算新风机组和高温冷源承担的负荷。以利用高温冷水（16℃）对新风预冷为例，当高温冷源用于预冷新风的冷量为34.1W/m²时，新风机组承担的负荷＝56.8－34.1＝22.7W/m²，高温冷源承担的负荷＝55.7＋34.1＝89.8W/m²。新风机组和高温冷源承担的负荷比例分别为20％和80％。

4. 全年耗冷量分析

根据附录C的分析结果：室内显热、室内潜热和新风的全年耗冷量分别为61.6kWh/m²、3.6kWh/m²和6.8kWh/m²。当新风送风温度为20℃时，在整个供冷季，新风送风承担室内显热负荷部分的耗冷量为6.0kWh/m²，而室内显热末端承担的耗冷量为61.6－6.0＝55.6kWh/m²。

对于新风机组和高温冷源而言，若新风机组为独立处理装置，新风机组全年耗冷量＝6.8＋3.6＋6.0＝16.4kWh/m²；高温冷源全年耗冷量＝55.6kWh/m²。新风机组和高温冷源承担总耗冷量的比例分别为23％和77％。

若利用高温冷源对新风进行预冷处理，在上述预冷参数情况下，新风机组耗冷量为8.5kWh/m²，高温冷源（包括预冷新风）耗冷量为63.5kWh/m²。新风机组和高温冷源承担总耗冷量的比例分别为12％和88％。

6.2.4 与常规系统效率比较

相对于常规空调系统，THIC系统可以采用高温冷源实现对室内的温度控制，即可实现冷源能效的大幅度提升；可采用辐射板这类室内环境末端装置，减少了冷水到室内的换热环节，而且省去了风机盘管这类以对流为主的末端装置的风机输配能耗。但由于冷水温度的提高，冷水与室内换热温差减少，则对风机盘管等性能提出了更高的要求。THIC系统与常规空调在能源利用效率上的对比，需要充分考虑冷源、输配系统、末端等各个部件的性能，即是整个空调系统在用能方面的比较。此处以图6-3（a）所示的THIC系统为例进行说明。

对于图6-3（a）所示的THIC系统，采用高温制冷机组制备出高温冷水，送入干式风机盘管或者辐射板满足室内温度控制的需求；采用自带冷源的溶液除湿新风机组实现对新风的处理，满足室内湿度控制的需求。此处选取典型工况进行分析，室外气象参数为温度35℃、相对湿度60％（对应的含湿量为21.4g/kg），表6-2给出了不同末端方式的THIC系统中主要设备的性能指标，包括制冷机组的COP_c、冷冻泵输送系数TC_{chw}、冷却泵输送系数TC_{cdp}、冷却塔输送系数TC_{ct}、新风风机输送系数TC_{fan}、风机盘管输送系数TC_{fc}以及溶液除湿新风机组能效比 COP_a 等。在 THIC 系统中，当高温冷水的设计供/回水温度为 16/21℃时，冷冻水供回水温差与常规系统（7/12℃）设计供回水温差相同，冷冻水输送系数相同（关于高温冷水供回水温差的讨论见本章下一节）。

各种空调系统方案的性能系数取值 表 6-2

性能系数	计算公式	常规系统	THIC 系统 [图 6-3 (a)]	
			末端为干式风机盘管	末端为辐射板
冷水机组性能系数 COP_c	制冷机组制冷量与冷机（压缩机）电耗的比值	5.5	8.5	8.5
冷冻水输送系数 TC_{chw}	制冷系统供冷量与冷冻泵电耗的比值	41.5	41.5	41.5
冷却水输送系数 TC_{cdp}	制冷机组冷凝器侧排热量与冷却泵电耗的比值	41.5	41.5	41.5
冷却塔输送系数 TC_{ct}	冷却塔排热量与冷却塔电耗的比值	150	150	150
新风机输送系数 TC_{fan}	新风机组供冷量与新风风机电耗的比值	20	18	18
风机盘管输送系数 TC_{fc}	风机盘管供冷量与风机盘管风机电耗的比值	50	22	—
溶液除湿机组性能系数 COP_a	新风机组供冷量与机组内压缩机与溶液泵总电耗的比值	—	5.5	5.5
冷站整体性能系数	提供给建筑冷量与冷站内所有设备（冷机、冷冻泵、冷却泵、冷却塔）耗电量的比值	4.13	5.68	5.68
系统整体性能系数 COP_{sys}	提供给建筑冷量与空调系统所有设备耗电量的比值	3.72	4.40	4.94

从上述典型工况时不同空调系统方案的性能比较中可以看出，THIC 空调系统各主要设备的能效比与常规空调系统的比较为：

（1）在冷源方面，常规空调系统采用热湿统一处理的方式，制冷机组的蒸发温度受到限制从而使得制冷机组的能效受到限制，而 THIC 空调系统将热湿负荷分开处理的方式使得制冷机组蒸发温度得到提高，高温制冷机组能效比 COP_c 比常规空调系统中的制冷机组有很大提高。

（2）在显热末端方面，THIC 空调系统中采用的干式风机盘管与常规空调系统中的风机盘管相比，由于供水温度的提高，运行在干工况的风机盘管单位风机电耗的供冷量与湿工况相比有很大降低，即 THIC 空调系统中的风机盘管输送系数 TC_{fc} 低于常规系统（按照干工况开发的新型风机盘管，其输送系数可以达到与原有湿工况风机盘管相同的性能，详见第 3.2 节，此处仍以市场上较多采用的干式风机盘管形式为例）。

（3）在水泵、冷却塔输配设备方面，由于在本案例中各种 THIC 空调系统中冷冻水、冷却水供回水温差与常规空调系统相同，均为 5℃。因而，THIC 空调系统中冷水输送系数和冷却塔输送系数均与常规空调系统相同。

根据典型工况下各种空调系统方案主要设备的性能，可以得到不同空调方案的系统整体性能系数 COP_{sys} 如表 6-2 所示。可以看出：该 THIC 系统的整体性能系数明显高于普通空调系统。室内采用辐射板末端装置的 THIC 系统的 COP_{sys} 明显高于室内采用干式风机盘管的 THIC 系统性能。原因在于目前的干式风机盘管的性能较差，而且辐射板通过辐射与自然对流换热无需消耗风机电耗。但由于辐射板表面结露的制约，使得辐射板单位面积供冷能力受到限制，使用中需要校核所敷设的辐射板能否满足建筑降温需求。

建筑热、湿分开处理的角度，为空调系统的大幅度节能提供了可行的解决方案，但并不是所有的 THIC 系统均是节能的，这需要从冷源到输配系统再到末端装置的整体性能进行合理的分析，这样设计出的 THIC 系统与常规空调系统相比才会有较大幅度的节能潜力。

6.3　高温冷源供回水参数的选取

输配系统如风机、水泵等是空调系统的重要组成部分，输配系统的能耗在整个空调系统能耗中占有很大比例，有的建筑中输配系统能耗甚至超过 50%。合理的输配系统设计是实现整个空调系统正常运行、降低运行能耗的重要前提。温度控制系统、湿度控制系统承担不同的热湿环境调控任务，这两个系统的主要输配设备存在很大不同。湿度控制系统的输配部件是将干燥空气送入室内的风机，不同形式的新风处理装置的阻力情况及末端静压需求影响着湿度控制系统中风机的性能，与常规空调系统中风机的性能差异不大，此处不再赘述。本节重点分析温度控制系统中冷水机组供回水温度的选取情况。

6.3.1　目前高温冷水供回水参数情况

常规空调系统中将显热负荷与湿负荷统一处理，夏季空调为了保证除湿的需求，在考虑一定的输配系统能耗及其他经济性因素的基础上，选取的冷冻水设计供/回水温度一般为 7/12℃（详见附录 B.2）。在 THIC 空调系统中，冷水的出水温度一方面要考虑室内空气露点温度的影响，保证末端设备的干工况运行，另一方面要综合考虑对冷源、末端装置运行性能的影响。表 6-3 给出了不同室内设计状态时对应的露点温度情况，需要注意的是，温度控制系统的供水温度，需要保证室内末端设备表面的最低温度高于其周围空气的露点温度，以防止出现结露现象。对于冷冻水的供回水温差，常规空调系统一般选取为 5℃温差，目前 THIC 空调系统的冷冻水设计供回水温差一般为 3~5℃，如表 6-4 所示。

不同室内设计状态时对应的露点温度　　　　　　　　　　　表 6-3

干球温度 （℃）	相对湿度 （%）	含湿量 （g/kg）	露点温度 （℃）	干球温度 （℃）	相对湿度 （%）	含湿量 （g/kg）	露点温度 （℃）
26	60	12.6	17.6	25	60	11.9	16.7
26	55	11.6	16.3	25	55	10.9	15.3
26	50	10.5	14.8	25	50	9.9	13.9

部分 THIC 空调系统中的冷冻水设计参数 表 6-4

末端形式	供水温度（℃）	回水温度（℃）	供回水温差（℃）	来 源
干式 FCU	15	20	5	陈萍等（2009）
	16	21	5	劳逸民（2011）
	14	19	5	薛遵义（2011）
	17.5	20.5	3	张涛等（2010）
辐射末端	16	19	3	路斌等（2011），金跃（2007），李妍等（2011）
	17.5	20.5	3	张涛等（2010）

6.3.2 高温供冷情况下的核心问题

图 6-5 给出了 THIC 空调系统中一种常用的温度控制系统原理图。由于高温显热排除系统的温度高，风和水的循环温差必然小于常规系统，因此同样的设计就会使得风机水泵能耗加大，这是很多工程中出现的问题。因此，必须用不同的系统参数来设计。例如对于辐射末端而言，由于其表面受结露问题的制约，从而使得辐射板表面的最低温度要高于周围空气的露点温度；而辐射板的供冷能力与辐射板表面的平均温度密切相关。辐射板受敷设面积的影响，一些工程中出现所敷设的辐射板不足以满足室内降温的需求。提高辐射板单位面积供冷能力，是辐射板应用的重要问题。大流量、小温差的水系统设计，可以使得辐射板表面的温度比较均匀，即辐射板表面的最低温度与平均温度比较接近，这样有效提高了辐射板单位面积的供冷能力。对于冷冻水循环系统，当进回水温差很小时（例如 3℃），系统循环流量大，此时调节末端流量

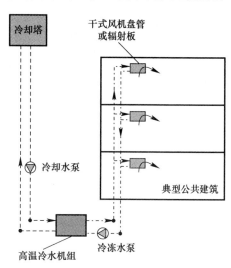

图 6-5 THIC 空调系统中典型温度
控制系统原理

对冷量的调节作用很小，而且非线性。因此就不应该按照调节流量的方式来调冷量，而应该采用"通断"方式，在一个周期内（如 15min），开 5min，关 10min，得到通断比 0.33，也就是冷量为 33%，这样可以在大范围内实现线性的连续调节。目前已经有水阀可以长期可靠地工作在这样的"通断"状态。采用这样的方式，适当加大水管管径，并且去掉各种其他的调节阀门，只保留关闭阀，再采用低阻力水过滤器，就可以在大流量下水泵压差不超过 20m H_2O，从而仍不使循环水泵电耗太高。这就是大流量小温差下的水系统新的设计方式和调节方式，与以往"小流量、大温差"是完全不同的思路。

当高温冷水采用大流量小温差运行时，最合适的就是辐射方式。图 6-6 分给出了温度控制系统采用干式风机盘管（FCU）末端和辐射末端时从冷水机组蒸发温度到室内温度之

间的温度 T—供冷量 Q 图。以图 6-6（b）所示的采用辐射末端时的 T-Q 图为例，室内温度与冷水机组蒸发温度之间的温差 ΔT 由三部分组成，其中 ΔT_1 为冷冻水回水与室内温度之间的温差，该温差可用来反映室内显热末端装置的换热能力；ΔT_2 为冷冻水供回水温差，在冷量需求一定的情况下，该温差表征了冷冻水循环水量的大小；ΔT_3 为冷水机组蒸发温度与冷冻水供水之间的温差，其大小由制冷机组蒸发器换热能力决定。在回水温度一定即 ΔT_1 一定的情况下，供回水温差 ΔT_2 越大，冷冻水供水温度越低，循环水量越小，冷冻水泵的能耗越小；制冷机组的蒸发温度越低，冷机能效水平越低；在室内温度不变的情况下，冷冻水与室内的平均换热温差增大、换热能力增强。在供回水温差 ΔT_2 一定的情况下，冷冻水供水温度越低，制冷循环的蒸发温度越低，制冷机组能效水平越低；冷冻水量近似不变，可认为冷冻水泵的能耗不变；在室内温度不变的情况下，冷水与室内的换热温差越大，换热能力越强，当需求相同的供冷量时，辐射末端投入的换热面积就可以减小。采用干式风机盘管时，如图 6-6（a）所示，由于需要使用风机强制对流换热，就会产生末端设备电耗。在供冷量一定的情况下，冷冻水与风机盘管处理空气之间的对数平均温差 ΔT_m 影响了风机电耗。供水温度一定时，供回水温差越小，ΔT_m 越大，所需投入风量就越小，因而末端风机电耗越小；供回水温差一定时，冷水供水温度越低，ΔT_m 越大，所需投入风量就越小，末端风机电耗越小。

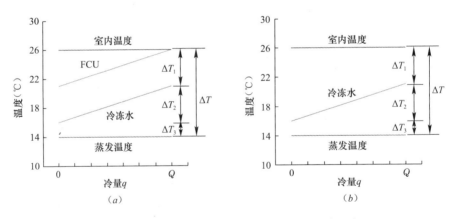

图 6-6 温度控制系统 T-Q 图（蒸发温度→室内温度）
（a）干式 FCU；（b）辐射板

对于辐射末端方式，减少了一个风换热与循环的环节，因此也降低了能耗，这也是实现温湿度独立方式节能的重要条件。如果使用常规的风机盘管，需要加大风量、加大盘管面积，很难说省能和省投资。如果还需要以风的形式供冷，就要采用专门的"干式风机盘管"。这不是简单地把风机盘管运行在干工况，而是取消凝水系统，从而成为完全不同的结构，大幅度降低风机扬程。当没有风筒，用轴流风机直接吹在换热盘管上时，有可能把风机压头降低到目前的 $30\%\sim40\%$。这样，即使风量大了一倍，风机电耗也不会增加。

6.3.3 冷水输配系统运行参数探讨

6.3.3.1 冷源距离空调末端距离较近

以上分析了对于高温冷水系统而言核心问题在于：实现水系统大流量、小温差的运行模式，需要在冷水大流量情况下，不增加水泵的输配能耗，这就需要重新审视水系统的管路投资（如加大管径）及水泵运行费用情况。

在 20 世纪后半叶生产力水平仍较为落后时，钢/煤价格比是约 40：1，现在随着生产力的发展这一价格比例已降低到约 10：1。这些变化需要我们重新反思暖通空调的系统构成形式、分析方法、运行参数，从而适应变化的需要。空调系统中的初投资可以用钢材等的价格衡量，运行费用则可通过耗电来体现，对于我国这种以火力发电为主的国家，耗电又可以与耗煤等价。因而，空调系统初投资与运行费用之间的关系就可以通过钢材与煤炭的价格关系来体现。在不同时期，钢煤价格比可以用来作为比较初投资和运行费用之间关系的重要指标，通过该价格比即可优化得到系统运行参数从而使得系统整体初投资与运行费用之间有较好的平衡关系。钢煤价格比的大幅下降，表明初投资与运行费用之间的博弈已逐渐向运行费用倾斜，通过适当加大初投资来获取更高的运行能效已成为提高暖通空调系统运行能效、降低建筑运行费用的重要手段。例如，与之前相比，现有冷水机组等设备厂商通过加大蒸发器、冷凝器等换热器的投入面积，大幅降低了冷水机组换热器的端差，如蒸发器侧的端差（蒸发温度与冷水出水温度之差）已从原有的 3～5℃降低到现在的 1℃以内，甚至在 0.5℃左右。

空调系统在设计水系统时，通过计算最不利环路的阻力得到设计需要的水泵扬程，再依据流量等来进行水泵选型。水系统阻力包括冷水机组阻力、管道阻力、机房局部阻力、过滤器阻力、调节阀阻力及末端设备阻力等，选取的水泵扬程通常达到 30m H_2O 左右。实际上，这种设计方法下水系统管道沿程阀门过多，很大一部分扬程被不必要的调节阀消耗。末端设备利用通断方式依据占空比进行调节，则可取消这些不必要的调节阀，并且节省阀门消耗的扬程。同时，常规设计方法中经济比摩阻通常用来指导水系统管径选取，但在新的能源价格形势下，原有的经济比摩阻方法已不能适应空调系统初投资与运行费用之间的相互关系，通过适当增大管径，可使得水系统管道比摩阻进一步减小，管道阻力和输送能耗也可相应降低。

因此，通过适当增大管径、改变末端调节方式等措施，可大幅降低整个水系统的阻力，以冷水机组阻力为 5m H_2O、末端阻力为 3～5m H_2O，管道及其他阻力为 5～10m H_2O 来计算，整个水系统的阻力可控制在 15～20m H_2O 以内，与原有 30m H_2O 左右的系统阻力相比有大幅降低。输送水泵耗功 P_w 与输送扬程 Δp_w、流量 G_w 及水泵效率 η_w 的关系可用式（6-10）来表示：

$$P_w = \frac{\Delta p_w \cdot G_w}{\eta_w} \tag{6-10}$$

可以看出：在高温冷水系统大流量、小温差的运行模式下，虽然冷水循环流量 G_w 增加，但通过加粗水管管径、改变末端调节方式等措施，可使得输送扬程 Δp_w 显著降低，因而冷水系统的水泵输送能耗并未增加。

根据上述对水系统输送管网阻力的分析，在现有的能源价格形势下，水系统设计可按照定压降进行（如 $15\sim20$m H_2O）。当高温冷水在大流量、小温差的运行模式时，可通过水系统设计，并不增加水泵的输配能耗。这种新的设计思路可使得水系统输送扬程大幅减小，有助于提高系统能效、降低运行费用。

6.3.3.2 冷源距离空调末端距离非常远

以上分析了建筑中常见的制冷站位于建筑内的情况，即冷源距离空调末端的距离较近的情况。当受实际因素的制约，制冷站离建筑的距离很远（如有的制冷站距离建筑达 1km，水泵扬程超过 60m H_2O）时，水系统的输配能耗成为空调系统的重要耗能环节，整个空调系统的方案选择需要充分考虑如何减低水系统的输配能耗。

图 6-7 给出了一种远距离输送的系统解决方案。由于制冷站距离建筑距离较远，因而建筑外水输送系统采用"小流量、大温差"的运行模式（如供回水温差为 $10\sim15$℃），而建筑内则采用"大流量、小温差"的运行模式（如供回水温差为 $3\sim5$℃），二者之间流量的不匹配则通过末端混水泵的方式解决。图 6-8 给出了大温差参数的输送冷水，与串联制冷机组蒸发器的换热过程，由于建筑外循环水的温差有 $10\sim15$℃，因而通过多组冷机串联运行模式，可以有效提高各个制冷机组的蒸发温度，从而使其运行在较高的 COP 水平。以建筑外循环水温度 5℃供水、20℃回水为例，则对应三组串联的制冷机组，与制冷机 1 换热的水温变化为从 20℃降温到 15℃，制冷机 2 的任务为将水温从 15℃降至 10℃，制冷机 3 的任务为将水温从 10℃降至 5℃。以制冷机组蒸发温度与供水温度的端差 1℃计算，则三组制冷机的蒸发温度分别为 14℃、9℃和 4℃，当冷凝温度为 37℃、制冷机组的热力完善度为 0.6 时，则三组制冷机的 COP 分别为 7.5、6.0 和 5.0。而且对于高温水的降温而言（如 20℃降温至 15℃），很多情况可以采用冷却塔制备出来的冷水完成制冷机 1 的工作任务，从而进一步节省制冷机运行电耗。

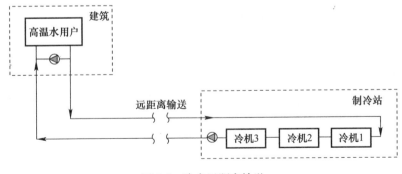

图 6-7 冷水远距离输送

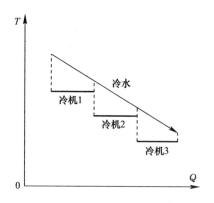

图 6-8　冷水与制冷机组的串联换热过程

6.4　辐射末端的设计应用

6.4.1　供冷量/供热量的计算方法

辐射板供冷量/供热量的计算，以辐射板表面为分隔，分为从辐射板表面到室内环境的换热过程和从冷/热媒到辐射板表面的换热过程。计算分析步骤如下：

（1）根据室内环境状况以及辐射板的铺设面积，得到需求的单位面积辐射板换热量 q。根据室内环境状况（壁面温度、室温以及短波辐射），由式（3-11）得到需要的辐射板表面平均温度 T_s。

（2）根据要求的辐射板表面平均温度 T_s 和单位面积辐射板换热量 q，通过式（3-12），分析辐射板自身热阻 R 以及所需冷/热媒平均温度 T_w 的定量关系。根据选择的辐射板形式、冷热源情况以及对辐射板惯性的要求，确定辐射板结构（热阻）和适宜的冷/热媒平均温度。

（3）根据上述得到的辐射板结构形式，分析冷/热媒不同供回水参数情况下，辐射板表面的温度均匀性情况。夏季供冷时，需保证辐射板的表面温度高于周围空气的露点温度；而且保证辐射板的表面温度限值满足相关标准中的规定（满足人员热舒适需求，参见第 3.1.2.1 节）。综合考虑冷热源效率与输配系统能耗的基础上，确定适宜的冷/热媒供回水温度。

（4）计算辐射板的总换热量（包括室内获得的换热量 q 以及向外热损失 $q_{损失}$），根据冷/热媒供回水温度，得到冷/热媒的循环流量。

以上给出了辐射板供冷量/供热量的计算分析方法，以辐射板表面分隔成辐射板表面—室内的换热过程，以及辐射板表面—冷/热媒的换热过程，可以清晰地分析室内辐射对流换热以及辐射板自身导热过程。对于安装方式一定的辐射板（吊顶、地板或垂直壁面），

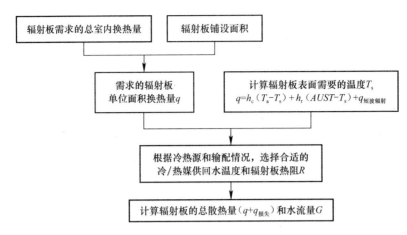

图 6-9　辐射板设计计算具体步骤

当室内环境参数相同时，不同类型的辐射板只要表面温度相同，则与室内环境有着相同的换热量；不同类型的辐射板其差别在于：实现同样辐射板表面温度，所需的冷/热媒供回水参数不同。辐射板自身热阻越小，达到相同辐射板表面温度时，所需冷/热媒平均温度与辐射板表面温度越接近。表 6-5 给出了在相同辐射板表面温度以及室内环境温度水平情况下，不同安装位置辐射板的供冷能力。当室内温度 T_a 或 $AUST$ 与辐射板表面 T_s 的温差越大，单位面积辐射板的供冷量越大；照到辐射板表面的短波辐射热量越多，单位面积辐射板的供冷量越大。例如对于辐射地板供冷形式：

（1）当 $T_s=20℃$、$T_a=AUST=26℃$ 时，没有太阳辐射等短波辐射情况下，单位面积辐射地板的供冷量 q 为 34.3W/m²。对于热阻为 0.1（m²·℃）/W 的辐射地板，要求的冷水供回水平均温度为 16.6℃。

（2）当 $T_s=20℃$、$T_a=AUST=26℃$、太阳辐射强度为 40W/m² 时，单位面积辐射地板的供冷量 q 增加到 74.3W/m²，地板供冷量大幅提升。对于热阻为 0.1（m²·℃）/W 的辐射地板，要求的冷水供回水平均温度则需要降低至 12.6℃。

不同辐射板安装位置和室内环境情况对辐射板供冷性能的影响　　　　　　　　表 6-5

辐射板位置	辐射板表面平均温度 T_s（℃）	空气温度 T_a（℃）	其他表面加权平均温度 $AUST$（℃）	短波辐射（W/m²）	单位面积辐射板供冷量 q（W/m²）	不同辐射板热阻 R 情况下需要的供回水平均温度（℃）			
						$R=0.01$（m²·℃）/W	$R=0.05$（m²·℃）/W	$R=0.1$（m²·℃）/W	$R=0.2$（m²·℃）/W
顶板供冷	20	26	26	0	55.3	19.4	17.2	—	—
	18	26	26	0	76.5	17.2	14.2	—	—
	22	26	26	0	35.1	21.6	20.2	—	—
	20	26	28	0	66.3	19.3	16.7	—	—
	20	26	26	10	65.3	19.3	16.7	—	—
	20	26	26	20	75.3	19.2	16.2	—	—

续表

辐射板位置	辐射板表面平均温度 T_s（℃）	空气温度 T_a（℃）	其他表面加权平均温度 AUST（℃）	短波辐射（W/m²）	单位面积辐射板供冷量 q（W/m²）	不同辐射板热阻 R 情况下需要的供回水平均温度（℃）			
						$R=0.01$ (m²·℃)/W	$R=0.05$ (m²·℃)/W	$R=0.1$ (m²·℃)/W	$R=0.2$ (m²·℃)/W
垂直壁面供冷	20	26	26	0	51.9	19.5	17.4	14.8	—
	18	26	26	0	71.7	17.3	14.4	10.8	—
	22	26	26	0	33.1	21.7	20.3	18.7	—
	20	26	28	0	62.9	19.4	16.9	13.7	—
	20	26	26	20	71.9	19.3	16.4	12.8	—
地板供冷	20	26	26	0	34.3	—	18.3	16.6	13.1
	22	26	26	0	22.8	—	20.9	19.7	17.4
	20	26	28	0	45.3	—	17.7	15.5	10.9
	20	26	26	20	54.3	—	17.3	14.6	9.1
	20	26	28	20	65.3	—	16.7	13.5	6.9
	20	26	26	40	74.3	—	16.3	12.6	5.1

注：长波辐射换热系数 h_r 取为 5.5W/(m²·℃)，对流换热系数 h_c 公式来自《实用供热空调设计手册（第二版）》；上表适用于各种不同结构形式的辐射板。

6.4.2 辐射板夏季换热性能

6.4.2.1 混凝土辐射地板

表 6-6 给出了混凝土辐射地板的供冷性能，由于辐射板自身热阻很大，当辐射板无局部遮挡时，其表面温度分布较为均匀，因而表中仅给出了辐射板表面的平均温度和供冷量的变化情况。当同样的室内环境情况、达到相同的辐射板表面温度时，辐射板自身热阻越大，要求的供回水平均温度越低。例如，$T_a=AUST=26℃$，$q_{短波辐射}=0$，混凝土辐射地板的表面温度达到 21℃时，结构Ⅱ的混凝土辐射地板（热阻为 0.116m²·℃/W）需要的供回水平均温度为 18℃；而结构Ⅶ的混凝土辐射地板（热阻为 0.200m²·℃/W）需要更低的供回水平均温度，为 16℃。

典型混凝土结构形式的辐射地板夏季供冷性能分析　　　　表 6-6

辐射板位置	辐射板热阻（m²·℃/W）	供回水平均温度（℃）	$T_a=26℃$，AUST=26℃ $q_{短波辐射}=0$		$T_a=26℃$，AUST=28℃ $q_{短波辐射}=0$		$T_a=26℃$，AUST=26℃ $q_{短波辐射}=50W/m²$	
			表面平均温度（℃）	供冷量（W/m²）	表面平均温度（℃）	供冷量（W/m²）	表面平均温度（℃）	供冷量（W/m²）
结构Ⅰ	0.098	16	19.5	35.4	20.1	42.2	22.7	68.1
		18	20.8	28.3	21.4	35.1	24.0	61.0
		20	22.1	21.2	22.7	28.0	25.3	53.9
结构Ⅱ	0.116	16	19.9	33.3	20.6	39.7	23.4	64.0
		18	21.1	26.6	21.8	33.0	24.6	57.3
		20	22.3	20.0	23.1	26.4	25.9	50.7

续表

	辐射板热阻 (m²·℃/W)	供回水平均温度（℃）	$T_a=26℃$，$AUST=26℃$ $q_{短波辐射}=0$		$T_a=26℃$，$AUST=28℃$ $q_{短波辐射}=0$		$T_a=26℃$，$AUST=26℃$ $q_{短波辐射}=50W/m^2$	
			表面平均温度（℃）	供冷量（W/m²）	表面平均温度（℃）	供冷量（W/m²）	表面平均温度（℃）	供冷量（W/m²）
结构Ⅲ	0.138	16	20.3	31.0	21.1	37.0	24.2	59.6
		18	21.4	24.8	22.2	30.8	25.4	53.4
		20	22.6	18.6	23.4	24.6	26.5	47.2
结构Ⅳ	0.107	16	19.7	34.3	20.4	40.9	23.1	66.0
		18	20.9	27.4	21.6	34.0	24.3	59.1
		20	22.2	20.6	22.9	27.2	25.6	52.2
结构Ⅴ	0.098	16	19.5	35.4	20.1	42.2	22.7	68.1
		18	20.8	28.3	21.4	35.1	24.0	61.0
		20	22.1	21.2	22.7	28.0	25.3	53.9
结构Ⅵ	0.160	16	20.6	29.0	21.5	34.6	24.9	55.8
		18	21.7	23.2	22.6	28.8	26.0	50.0
		20	22.8	17.4	23.7	23.0	27.1	44.2
结构Ⅶ	0.200	16	21.2	26.0	22.2	31.0	26.0	50.0
		18	22.2	20.8	23.2	25.8	27.0	44.8
		20	23.1	15.6	24.1	20.6	27.9	39.6

　　单位面积辐射板的供冷能力受使用环境（空气温度、周围壁面温度、太阳辐射强度）、辐射板供回水温度等参数的显著影响。以结构Ⅰ形式的混凝土辐射地板（70mm 豆石混凝土＋25mm 水泥砂浆＋25mm 花岗岩，供回水管外径 20mm、管间距 150mm）为例，当供回水平均温度为 16℃时，有：

　　（1）当空气温度和周围壁面温度均为 26℃、无太阳直射辐射时，地板表面的平均温度为 19.5℃，单位面积辐射地板供冷量为 35.4W/m²；

　　（2）当辐射板周围壁面温度为 28℃、其他条件不变时，地板表面的平均温度升高到 20.1℃，单位面积辐射地板的供冷量为 42.2W/m²，比前者增加了 20%；

　　（3）当空气温度和周围壁面温度均为 26℃、太阳辐射强度 50W/m² 时，地板表面的平均温度升至 22.7℃，单位面积辐射地板供冷量为 68.1W/m²，比没有太阳辐射情况下的供冷能力提高了近 1 倍。

6.4.2.2　抹灰形式的毛细管辐射顶板

　　表 6-7 给出了抹灰形式的毛细管辐射顶板（见表 3-8）的供冷性能。可以得到与混凝土辐射地板同样的结论：当相同的室内环境情况、达到相同的辐射板表面温度时，辐射板自身热阻越大，要求的供回水平均温度越低；单位面积辐射板的供冷能力受使用环境（空气温度、周围壁面温度、太阳辐射强度）、辐射板供回水温度等参数的显著影响。

对比表 6-7 抹灰形式的毛细管辐射吊顶和表 6-6 混凝土形式的辐射地板的供冷能力，可以发现同样供回水平均温度以及室内环境情况下，毛细管辐射吊顶的供冷能力普遍大于混凝土形式的辐射地板，其主要原因有两点：一是辐射顶板供冷的对流换热系数显著大于辐射地板供冷情况（参见表 3-2）；二是抹灰形式的毛细管辐射板的热阻显著低于混凝土辐射板。

典型抹灰毛细管结构形式的辐射吊顶夏季供冷性能分析　　　　　　　　　表 6-7

	辐射板热阻 ($m^2 \cdot \mathrm{℃}/W$)	供回水平均温度（℃）	$T_a=26℃$，$AUST=26℃$，$q_{短波辐射}=0$		$T_a=26℃$，$AUST=28℃$，$q_{短波辐射}=0$	
			表面平均温度（℃）	供冷量（W/m²）	表面平均温度（℃）	供冷量（W/m²）
结构Ⅰ	0.051	16	19.2	62.0	19.5	68.8
		18	20.5	48.6	20.8	55.6
		20	21.8	35.6	22.2	42.6
结构Ⅱ	0.030	16	18.2	72.3	18.4	80.2
		18	19.7	56.5	19.9	64.5
		20	21.2	41.2	21.5	49.3
结构Ⅲ	0.073	16	19.9	54.0	20.4	60.0
		18	21.1	42.5	21.5	48.6
		20	22.3	31.2	22.7	37.4
结构Ⅳ	0.029	16	18.1	72.9	18.3	80.8
		18	19.7	57.0	19.9	65.0
		20	21.2	41.5	21.4	49.7
结构Ⅴ	0.020	16	17.6	78.6	17.7	87.2
		18	19.2	61.3	19.4	70.0
		20	20.9	44.6	21.1	53.3

6.4.2.3　金属辐射顶板

表 6-8 对比了平顶金属辐射顶板与对流强化型辐射顶板的供冷性能，对流强化辐射板的安装倾角为 45°，对流换热面积是辐射板投影面积的 2.8 倍。表中的供冷量数据是在相同的供水温度情况下，即金属辐射板的表面最低温度相同，约为 18℃。在辐射板表面最低温度相同的情况下，供回水温差越小，单位面积辐射板的供冷能力越强，以结构Ⅰ的平顶金属辐射板为例，当供/回水温度为 18/23℃ 与供/回水温度为 18/21℃ 相比，辐射板的供冷量分别为 44.4W/m² 和 52.5W/m²，即小温差情况下供冷能力提高了 18%。这也是在保证辐射板不结露的前提下，辐射板内部多采用大流量小温差的原因。对流强化型金属辐射板与平顶金属辐射板相比，由于前者可以有效地增加单位投影面积辐射板的对流换热面积，因而可有效提高辐射顶板的供冷量，比平板吊顶辐射板增加了 60%～65% 的供冷量。当供/回水温度为 18/23℃ 时，单位投影面积的对流强化型辐射板的供冷量为 68～75W/m²；当供/回水温度为 18/21℃ 时，对流强化型辐射板的供冷量为 81～88W/m²；此供冷能力可

满足绝大多数建筑室内降温的需求。

平顶金属辐射顶板与对流强化型辐射顶板供冷性能分析（$T_a = AUST = 26℃$，$q_{短波辐射} = 0$）

表 6-8

	供回水温度 （℃）	平顶金属辐射顶板		对流强化型辐射顶板	
		表面平均温度（℃）	供冷量（W/m²）	表面平均温度（℃）	供冷量（W/m²）
结构 I	18/21 18/23	20.0 20.9	52.5 44.4	20.3 21.1	86.1 72.9
结构 II	18/21 18/23	20.2 21.1	50.5 42.7	20.6 21.4	81.0 68.6
结构 III	18/21 18/23	19.9 20.8	53.3 45.1	20.1 21.0	88.3 74.7
结构 IV	18/21 18/23	20.2 21.1	50.6 42.8	20.6 21.4	81.3 68.8
结构 V	18/21 18/23	20.0 20.9	52.4 44.3	20.3 21.2	85.9 72.7

6.4.3　辐射板冬季换热性能

对于不同形式辐射板的供暖性能，表 6-9 和表 6-10 分别给出了混凝土结构形式的辐射地板以及抹灰形式的毛细管辐射顶板在冬季的供暖性能，室内温度和周围壁面温度均为 20℃，可以看出两种辐射末端装置的供热性能差异远没有夏季供冷情况的差异大。虽然混凝土形式辐射板的热阻明显大于抹灰形式的毛细管辐射板，但由于辐射地板供热的对流换热系数明显大于顶部供热的情况，因而两种形式的辐射板在冬季供热的性能差异较小。当供/回水温度在 35/30℃ 情况下，辐射板已可满足一般建筑的冬季供暖需求。

典型混凝土结构形式的辐射地板冬季供热性能　　　表 6-9

	辐射板热阻 （m²·℃/W）	供热性能（供/回水温度为 40/30℃）		供热性能（供/回水温度为 35/30℃）	
		表面平均温度（℃）	供热量（W/m²）	表面平均温度（℃）	供热量（W/m²）
结构 I	0.098	27.9	72.2	26.7	59.4
结构 II	0.116	27.3	66.4	26.2	54.7
结构 III	0.138	26.6	60.5	25.6	49.9
结构 IV	0.107	27.6	69.2	26.4	57.0
结构 V	0.098	27.9	72.2	26.7	59.4
结构 VI	0.160	26.1	55.6	25.2	45.9
结构 VII	0.200	25.3	48.4	24.5	40.0

典型抹灰形式的毛细管辐射顶板冬季供热性能 表 6-10

	辐射板热阻 (m²·℃/W)	供热性能（供/回水温度为 40/30℃）		供热性能（供/回水温度为 35/30℃）	
		表面平均温度（℃）	供热量（W/m²）	表面平均温度（℃）	供热量（W/m²）
结构Ⅰ	0.051	31.6	67.1	29.6	55.9
结构Ⅱ	0.030	32.8	74.1	30.6	61.8
结构Ⅲ	0.073	30.5	61.1	28.8	50.9
结构Ⅳ	0.029	32.8	74.5	30.7	62.1
结构Ⅴ	0.020	33.4	78.0	31.2	65.0

6.4.4 应用辐射板需要注意的问题

6.4.4.1 辐射板供冷能力

在辐射板的工程应用中，采用较多的是辐射吊顶形式的辐射板，也有部分采用地板辐射方式。从供冷的角度而言，由于要避免辐射板表面结露，因而限定了辐射板表面的最低温度需高于其周围空气的露点温度。同时，加上辐射板敷设面积受房间尺寸的制约，辐射板安装于顶部的自然对流换热系数明显高于安装于地板方式的情况，因而在办公室等公共建筑中辐射顶板形式是较为常用的辐射板安装方式，常用的辐射顶板有金属板和毛细管形式的辐射板。

对于供冷而言，从人员热舒适角度，希望为"头冷脚热"的室内环境。辐射地板供冷与人员希望的室内环境有所差异，现有工程应用多集中于机场大厅、中庭等高大空间中，人员在 2m 以下的范围内活动，而且人员处于短暂停留状态。在上述高大空间中，有很多透光的围护结构，即使透光围护结构有较好的遮阳效果，还仍有不少太阳辐射进入室内，辐射地板则可以有效吸收这部分太阳辐射。常用的辐射地板多采用混凝土结构方式，第 3.1.4.2 节详细分析了地面遮挡对于辐射地板换热性能的影响。辐射地板考虑太阳辐射短波辐射的影响后，曼谷机场辐射地板的设计供冷量为 70W/m²，西安咸阳机场 T3 航站楼应用的辐射地板的设计供冷量为 60W/m²。

由于结露问题的制约使得辐射板表面的最低温度不能过低，从而在一定程度上限制了辐射板的供冷能力。对于建筑内区而言，当设备发热量不是很大时，辐射板供冷量一般可满足室内降温需求；而对于建筑外区而言，当围护结构等传热量较多时，或者即使位于内区但设备、灯光发热量很大时，会出现单纯依靠辐射板供冷难以满足室内降温需求。当辐射板提供冷量不足以满足建筑降温需求时，有的建筑采用了加大新风量的方法，来弥补辐射板不足的供冷部分。例如，无锡某办公建筑采用了金属平顶辐射顶板供冷的方式，辐射板的供水温度为 16～19℃，设计供冷量为 45W/m² 建筑面积（已考虑顶部安装灯具等无法敷设辐射板的空间）。该建筑 7000m² 空调面积的办公区域设计新风量近 50000m³/h，按照办公室 3m 层高计算，供给新风的换气次数达到 2.4 次/h，比人员需求新风量大出 1 倍以上。通过显著加大新风量的方式弥补辐射板供冷量的不足，使得系统中的新风处理能耗大幅度增加，并不是可取的解决方法。当金属平顶辐射板供冷量不足以满足建筑降温需求时，强化对流换热的金属辐射顶板（第3.1.3.5节）可在同样安装面积下，大幅加大辐射板对流部分的换热能力，比金属平顶辐射板增加60%～65%的供冷量（见表6-8）；或采用干式风机盘管等其他方式补充不足的冷量。

6.4.4.2 不同类型辐射板冷/热媒温度以及辐射板惯性的差异

不同类型辐射板所需的冷/热媒温度有着显著差异，当辐射板表面温度相同时，辐射板自身热阻越大，要求的冷/热媒温度与辐射板表面温度的差异越大。常用辐射板的热阻 R 大小顺序为：轻薄型辐射地板（一般为 $0.2～0.3m^2 \cdot ℃/W$）、混凝土辐射地板（一般为 $0.08～0.16m^2 \cdot ℃/W$）、抹灰形式毛细管辐射板（一般为 $0.02～0.06m^2 \cdot ℃/W$）、金属辐射板（一般小于 $0.02m^2 \cdot ℃/W$）。

夏季出于防止结露的需要，要求辐射板表面的最低温度高于周围空气的露点温度。对于不同类型的辐射板，其表面最低温度与冷媒供应温度有着较大差异。金属辐射板（平板型或强化对流型）表面的最低温度接近管内供水温度；而对于混凝土辐射地板、抹灰形式毛细管辐射板、轻薄型辐射地板，其表面最低温度与管内供水温度差异较大。当辐射板局部有遮挡时，其表面最低温度一般出现在遮挡物下方的辐射板（参见第3.1.4.2节）。

对于车站、机场等空调系统需要24h连续运行的建筑，可不考虑辐射板热惯性带来的影响。而对于间歇运行的空调系统，应当充分考虑辐射板热惯性带来的供冷/供热能力延迟影响。金属辐射板热惯性非常小，时间常数在0.5min以内；抹灰形式毛细管辐射板、轻薄型辐射地板的热惯性较小，时间常数一般为10～20min；而混凝土辐射地板热惯性很大，时间常数一般为3～4h，需要对其热惯性给予充分的考虑。

6.5 设计中需要注意的问题

6.5.1 建筑渗透风量的影响

6.5.1.1 建筑渗透风相关研究

建筑中由于门窗缝隙等带来的渗透风会给建筑带来一定的热湿负荷（需计入室内负荷），影响空调系统的运行。空调系统的设计中需要考虑渗透风带来的影响，对渗透风风量、渗透风造成的负荷等进行合理评估。国内外已有很多关于渗透风的研究，不同建筑形式、气候特点、内部结构及门窗种类等对建筑的渗风量有很大影响。对于大空间建筑物来说，渗风与开口通风引起的负荷占总负荷的比例不容忽视。文献中实测数据表明，通风负荷可占总冷负荷的30%以上（黄晨等，2000）。对于夏季空调状况下的建筑物空气渗透和自然通风问题，由于渗透风与室内外空气压力分布状况密切相关，而室内压力分布又由室内的热状况及机械通风、排风状况决定，这种复杂性使得目前难以定量分析渗透风对室内热环境和建筑能耗的影响。黄晨等（2000）、宋芳婷等（2007）对于办公建筑的实际调研及测试分析结果显示，对于不同朝向、体型、空调系统形式的办公建筑，外窗开启带来的渗透风都达到了相当大的数量，对建筑物能耗造成较大的影响，人均新风量的平均水平大幅超出卫生需求，极大地增加了建筑物空调系统的负担。

当室外空气非常潮湿时，渗入的潮湿空气将会提高室内的含湿量，使得设计在干工况下工作的末端设备（辐射板、干式风机盘管）等存在结露隐患，影响空调系统的正常运行。此处以在深圳某工程调试中遇到的问题为例进行说明，第8.1节详细介绍了此建筑的空调系统设计与运行测试情况。在2007年夏季此系统的调试期间，发现室内湿度不容易降下来，而新风机组的实测送风量与送风含湿量均已达到设计工况。经过现场观察发现建筑的门窗等密闭性不是很好，图6-10给出了建筑一些地方的门、窗密封处的缝隙情况。该建筑的THIC空调系统方案设计阶段的送风含湿量为8g/kg，但在实际运行过程中，新风处理机组的送风含湿量在6.5g/kg左右。设计工况与实际运行中的室内人员状况及热湿环境控制的参数差异不大，而新风机组的实际送风含湿量则与设计送风含湿量存在较大差异，导致这种差异出现的一个重要原因就是渗透风的影响。在夏季空调运行中，室外热湿空气会通过门窗缝隙等渗入室内，增加了湿度控制系统承担的负荷，为了维持室内需求的湿度控制水平，新风处理设备就需要将新风处理到比设计状态更为干燥的含湿量状态，这样就对设备提出了更高的处理要求。因此，在THIC空调系统的设计中应当考虑渗透风量带来的影响，尤其在建筑物前庭、火车站、机场航站楼等，由于与外界直接接触、门窗开口缝隙较多、门禁需经常开启等，这些场所的渗透风现象尤为明显，在空调系统设计、运行中需仔细考虑渗透风的影响及解决方案。

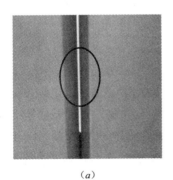
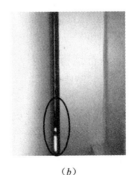

（a）　　　　　　　　　　　　（b）

图6-10　典型房间的门窗缝隙

（a）门缝；（b）窗缝

6.5.1.2　渗透风的处理方法

对于渗透风较明显的车站、机场航站楼等高大空间，由于渗透风的无组织性、多变性等特点，导致一是难以估算渗风量的具体数值，二是并不清楚渗入的空气是否进入了人员活动区。因而目前空调系统设计中新风量一般仍按人员数目等因素进行选取。渗透风进入室内到达人员活动区后，需要采取相应的措施消除其造成的影响。THIC 空调系统通过送入干燥空气来排除室内湿负荷，渗透风带来的湿负荷也需由干燥的空气带走。可通过两种方式来排除渗透风带来的湿负荷：一种是增加送入的干燥空气量，另一种是在保证风量不变的情况下将新风处理到更为干燥的状态。通过将新风处理到更为干燥的状态来排除渗透风湿负荷时，送入的干燥空气量保持不变，但对新风处理设备的能力提出了更高要求；通过增加送入的干燥空气量来排除渗透风湿负荷时，需要增加送风量，会导致风机输送能耗的增加。从现有新风处理设备的除湿处理能力来看，当渗透风量不是很大时，后一种方式不会增加送风风量，是较为合理的解决方案，即在保证新风量不变的情况下将新风处理到更为干燥的状态来承担渗风带来的湿负荷。若渗风量较大，仍维持送入的干燥空气量不变时，需求的送风含湿量就会较低甚至可能超过空气处理设备的处理能力，这时应适当增加新风送风量或对室内回风进行除湿来满足湿度控制需求。

以一典型展览区域为例，面积为 $400m^2$、高度为 5m，人均面积指标为 $2m^2/$人。当室内设计状态为温度 26℃、相对湿度 60%，人均新风量为 $30m^3/h$ 时，只考虑排除人员产湿时需求的送风含湿量水平为 9.6g/kg。当室外参数为温度 35℃、含湿量 22g/kg 时，以渗透风进入人员活动区的风量为 $420m^3/h$ 为例：若维持送风量不变，仍为人均 $30m^3/h$，此时送风需要被处理到 8.3g/kg 时才能同时排除人员产湿和渗透带来的湿负荷；若维持送入干燥空气的含湿量为 9.6g/kg 不变，此时需要增加送入的人均干燥空气量为 $13m^3/h$，即当送入干燥空气量为人均 $43m^3/h$ 时才能同时排除人员产湿和渗透风带来的湿负荷。通过将新风处理到更加干燥的状态来排除渗风带来的湿负荷，可以不增加送风风量，是一种更为合适的解决方案。

6.5.2　部分负荷下的设备运行性能

在实际建筑中，空调系统多数情况运行在部分负荷状况，运行在设计满负荷情况下的时间很少。如何使得空调系统在部分负荷时仍运行在较高的能效状态，是空调系统实现高效运行的关键，也是在空调系统设计阶段应当仔细考虑的重要问题。本节将分析不同 THIC 空调系统方案在部分负荷时设备的运行情况，从设备负荷承担情况及负荷率来比较不同 THIC 方案在部分负荷时的运行情况。

选取一座位于北京的办公建筑（详见附录 C.1）为例，对典型气象日该建筑选用 THIC 空调系统方案时的设备负荷及运行情况进行分析，其中三个典型日——高温低湿日（6月 21 日）、低温高湿日（7 月 4 日）和高温高湿日（8 月 2 日）的室外气象条件如图 6-11 所示。

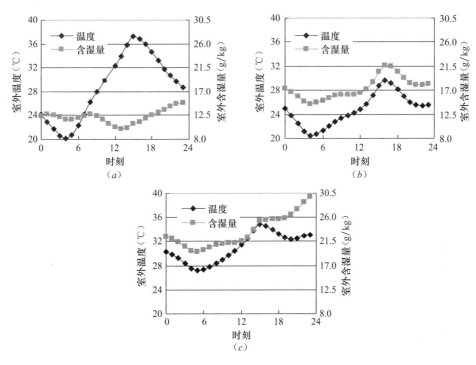

图 6-11 北京办公建筑典型气象日

（a）高温低湿典型日；（b）低温高湿典型日；（c）高温高湿典型日

该办公建筑在典型日空调系统的负荷情况如图 6-12 所示，其中显热负荷包括新风显热负荷和建筑自身由于围护结构、人员、设备等产生的显热负荷两部分，潜热负荷（湿负荷）包括新风湿负荷和建筑内人员等产生的湿负荷两部分。

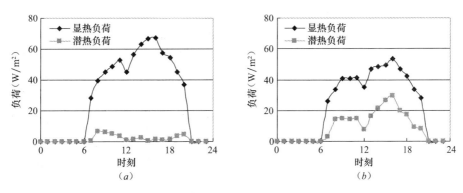

图 6-12 北京办公建筑典型日空调系统负荷（一）

（a）高温低湿典型日；（b）低温高湿典型日

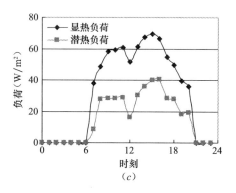

图 6-12 北京办公建筑典型日空调系统负荷（二）

（c）高温高湿典型日

对于不同形式的 THIC 空调系统方案，比较其在典型日的设备负荷率情况分别如图 6-13、图 6-14 和图 6-15 所示，各种 THIC 空调系统方案中温度控制系统的高温冷源均选取为高温冷水机组形式，湿度控制系统的新风处理设备各不相同。方案①选用带有预冷的独立冷源冷凝除湿新风机组，如图 4-28 所示；方案②选用带有预冷的统一冷源冷凝除湿新

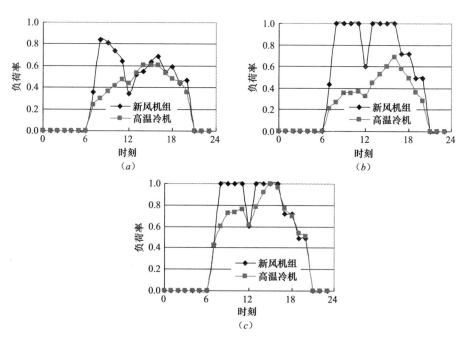

图 6-13 北京办公建筑典型日 THIC 空调系统设备负荷率（方案①）

（a）高温低湿典型日；（b）低温高湿典型日；（c）高温高湿典型日

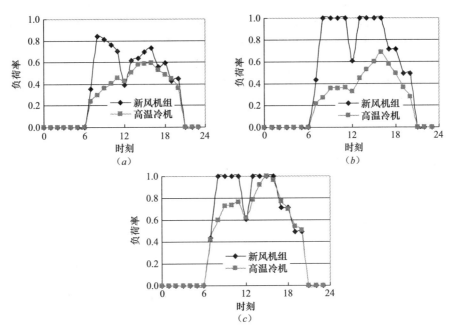

图 6-14 北京办公建筑典型日 THIC 空调系统设备负荷率（方案②）

（a）高温低湿典型日；（b）低温高湿典型日；（c）高温高湿典型日

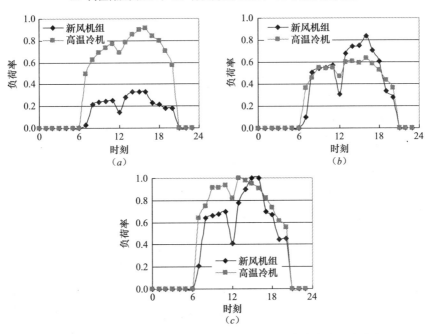

图 6-15 北京办公建筑典型日 THIC 空调系统设备负荷率（方案③）

（a）高温低湿典型日；（b）低温高湿典型日；（c）高温高湿典型日

风机组，如图 4-27 所示；方案③选用带有热回收的热泵式溶液调湿新风机组，如图 4-31 所示。在方案①和方案②中，新风机组的负荷中不包含用于预冷部分的高温冷水负荷，高温冷水机组的负荷则为温度控制系统负荷和预冷新风两部分负荷之和。

从上述对典型日空调系统设备负荷率的分析中可以看出，设备大都处于部分负荷运行状态。对于方案①和方案②，在含湿量较高的典型日，新风处理过程中利用高温冷水预冷新风，室外气象条件变化时预冷后的新风状态变化不大，因而在图 6-13 和图 6-14 所示的高湿日中新风机组的负荷率可达到 1，部分时刻新风机组负荷率较低主要是由建筑中作息变化导致需求新风量的变化而造成的；在含湿量较低的典型日，由于室外较为干燥，新风机组需要处理的负荷较小，相应地新风机组的负荷率较低。高温冷水机组的负荷率则受室外气象参数、室内人员、热扰、作息等因素的影响，不同时刻的负荷率不同。对于方案③，溶液除湿新风机组的负荷率随着室外气象参数、室内作息的变化而发生改变，在高温、高湿气象条件下，机组的负荷率达到 1；高温冷水机组负荷率的变化程度要小于新风机组负荷率的变化。空调系统实际运行中，绝大多数时间内设备都运行在部分负荷工况，如何提高部分负荷运行时的设备性能是提高整个系统运行能效的关键问题。

6.5.3 回收的排风量不足对带有热回收装置的系统性能影响

在实际公共建筑中，利用空调系统送入一定量新风的同时，需要从室内抽取一定量的排风。为维持室内一定的正压水平（通常 10Pa 左右），从室内抽取的排风量要小于新风量。在夏季或冬季，通常室内排风的温湿度参数要优于室外新风参数，可以在室内排风和新风间利用热回收装置进行热回收，降低新风处理能耗。一些新风处理装置如溶液调湿式、固体吸湿剂式等都可利用室内排风作为吸湿剂再生过程的再生空气。

由于室内保持一定正压需求、卫生排风需求或局部排风需求，实际可用来进行热回收或供给新风处理装置再生的排风量就会低于新风送风量。在实际设计中，应当考虑排风量不足对热回收装置选取、新风处理装置再生过程的影响。排风量不足对不同类型的热回收装置性能都会产生影响，此处分析不同排风量与新风量比例时热回收装置的性能变化规律。表 6-11 给出了某溶液热回收装置在不同排风量与新风量比例时的热回收性能，其中室外新风参数为 35.9℃、26.7g/kg；回风参数为 26.1℃、12.1g/kg。从表中的结果可以看出，用于热回收的排风量与新风量比值越小，热回收后新风的参数越接近室外状态，以新风侧定义的热回收效率（新风焓的变化与新回风进口焓差的比值）越低；而以排风侧定义的热回收效率（回风焓的变化与新回风进口焓差的比值）则越高。从热回收的冷量比例来看，以排风量与新风量相等时热回收的冷量为 100% 计，排风量减少时，热回收冷量相应减少，但冷量减少的幅度要小于排风量降低的幅度。

排风量与新风量比例对溶液热回收装置性能的影响　　　　表 6-11

排风量/新风量	热回收后新风		效率（新风）	效率（回风）	回收冷量比例
	温度（℃）	含湿量（g/kg）			
1	30.9	19.1	52%	52%	100%
0.95	31	19.2	51%	54%	98%
0.9	31.1	19.4	50%	56%	96%
0.85	31.2	19.6	49%	57%	93%
0.8	31.4	19.8	47%	59%	90%
0.75	31.5	20	46%	61%	87%
0.7	31.7	20.3	44%	63%	84%

同样的，热回收冷量均随排风量的减少而有所衰减。因而，热回收装置在排风量不足时，热回收性能会受到一定影响，在实际设计中，需要仔细考虑可利用的排风量与新风量之间的比值。当可利用的排风量与新风量比例较小时，系统方案设计中需要对选取的热回收装置性能进行一定修正。

对于不同类型的新风处理装置，溶液调湿式、固体吸湿剂式中使用的吸湿剂在经过除湿过程都需要进行再生，利用室内排风进行再生是一种常见的再生方式。室内排风不足会对其工作性能产生重要影响，而对于一些类型的冷凝除湿新风机组，其工作过程不需要室内排风参与，新风处理装置的性能也就与室内排风量的比例无关。当用于吸湿剂再生的室内排风量不足时，可以通过引入一股新风的办法来补充再生空气量，但会增加风道布置和运行调节的复杂性；若无法补充再生空气量，应当根据再生空气量与处理新风量的比例对设备性能进行相应修正。

6.5.4 应用双冷源系统需要注意的问题

在一些建筑中应用高温冷水机组和低温冷水机组两种冷源分别实现对建筑的降温和除湿处理过程，此节以一具体案例分析采用两套冷水系统存在的问题。该办公建筑位于北京，空调区域建筑面积约 2 万 m^2，建造于 2008 年。制冷机组将制备的低温冷冻水送入新风机组，采用冷凝除湿方式对新风进行处理来满足建筑除湿需求；制冷机组制备的高温冷冻水被送入辐射板，利用辐射末端来满足建筑室内温度控制需求，图 6-16 给出了该办公建筑中空调系统的夏季运行原理图。该建筑夏季设计冷负荷约为 1200kW，折合 86W/m^2 空调面积。安装有高温冷水机组和低温冷水机组各 1 台。但在实际运行过程中，该建筑通常开启一台制冷机组在低温冷水工况下，制得低温冷冻水后，一部分低温冷水送入新风机组，对新风进行除湿降温处理；另一部分低温冷水进入板式换热器中与高温冷冻水回水进行换热，经过换热得到的高温冷冻水被送入辐射板末端，实现对末端的温度控制。这种运行模式下，只开启了一台冷水机组，且为了保证除湿需求，该机组运行在低温工况下，与设计中分别运行一台高温冷水机组和一台低温冷水机组来满足温度和湿度控制需求的运行模式有很大差异。这种现象出现的原因在于大部分时间空调系统均处于部分负荷状况，单独开启一台冷机时，冷机可以工作在较高的负荷率下，若开启两台冷机则两台冷机的负荷率都较低。

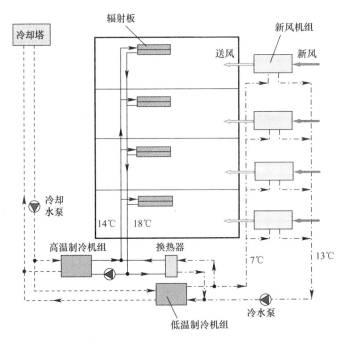

图6-16　THIC空调系统运行原理图（高温冷水机组＋低温冷水机组）

该建筑中的温湿度独立控制空调系统采用了高温、低温两种冷水机组形式，实际运行中多数时间采用仅开一台低温冷水机组来同时满足温度控制、湿度控制冷水需求的运行模式。这种运行模式尽管保证了单台冷机的负荷率，但使得冷水机组仅制取低温冷水，能效受到限制，未能实现空调系统的高效运行。实际上，建筑空调系统大部分时间都处于部分负荷状态，如何使得主要设备在部分负荷时能够运行于高效状态是整个空调系统高效运行的关键。当采用冷凝除湿方式对新风进行处理时，应当尽量选取直接膨胀式的新风处理机组，例如图4-28给出的独立冷源形式的冷凝除湿新风机组。这种方式将新风机组除湿所需的冷源分散设置，可以根据末端需求决定是否开启；单台设备的容量较小，避免出现由于设置统一低温冷源处理新风（见图6-16）使得部分负荷时设备负荷率过低的情况。在这种THIC空调系统中，高温冷水机组制取高温冷水满足温度控制需求，冷水机组运行在较高能效水平，整个空调系统可实现高效运行。

6.5.5　应用余热驱动的溶液除湿新风系统需要注意的问题

溶液除湿新风机组采用约70℃的热源即可实现对溶液的浓缩再生，这为工业余热、太阳能等低品位热能的利用提供了条件。由于溶液再生需要的热源温度并不是很高，因而在有的系统设计中，采用了提高制冷机组冷凝温度的方法使之满足溶液浓缩再生的需求，即制冷机组蒸发器制备出 17℃ 左右的冷水用于建筑降温、制冷机组冷凝器排热制备出约 70℃ 的热水用于溶液浓缩再生以满足建筑除湿需求。上述的系统设计方案效果如何，能比常规空调系统节能吗？本节以一个具体案例分析该系统的适宜性。

此建筑是位于上海的一幢办公建筑，面积约 2000m²，建成于 2004 年。该建筑的 TH-IC 空调系统设计方案为：采用电动冷水机组（热泵）制备出 17℃ 的冷水作为建筑降温使用，冷凝器制备出 75℃ 的热水作为溶液除湿新风系统的再生使用，构成温湿度独立调节的空调系统。图 6-17 给出了该建筑采用的空调系统原理图，其中热泵是整个空调系统的驱动源，该系统采用大温差型高温热泵机组，热水的出水温度可以在 75～35℃ 之间变化。夏季运行时，热泵产生的高温冷冻水大部分（约 70%）供给干式风机盘管，用于去除室内的显热负荷，承担温度控制任务；小部分（约 30%）高温冷冻水则进入带溶液热回收的除湿新风机，带走除湿过程中水蒸气汽化潜热等热量。热泵冷凝器侧产生的热水则送入再生器对除湿后被稀释的溶液进行浓缩再生。对于工作在这种大温差下的热泵机组，制冷循环的压缩比较大，在这种工况下性能优异的热泵机组的制冷 COP 为 2.0～2.5。以热驱动的溶液除湿新风机组的效率（新风获得冷量/再生溶液需热量）为 1.2 计算，则此 THIC 空调系统的性能系数为 2.0～2.5（高温冷水侧）×0.7＋(3.0～3.5)×1.2（新风机组承担的冷量)≈5.5。初看上去，此 THIC 空调系统有着很高的性能系数。但是，这样的系统设计合理吗？在所有的运行情况下，这种系统都是节能的吗？

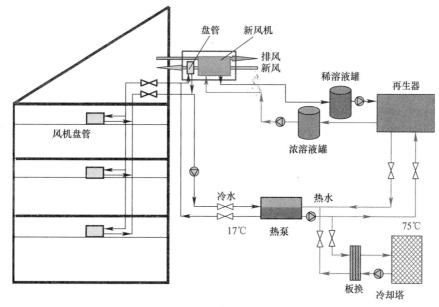

图 6-17　溶液空调系统夏季运行原理图

在实际建筑中，显热负荷在一般办公建筑中占 60%～80%，而潜热负荷仅占 20%～40%。因而在这种选用热驱动溶液再生的湿度控制方式的 THIC 空调系统中，温度控制系统承担的用于室内降温的负荷要占总负荷的大部分，高温冷水机组用于室内降温所承担负荷与新风机组承担的负荷比例约为 1∶0.5。而在此种设计运行模式下的 THIC 空调系统中，若将全部的冷凝热量都用于溶液再生过程，则温度控制系统（用于室内降温部分）与湿度控制系统（新风机组）承担的负荷比例约为 1∶2.5，这表明由于冷凝器排热量远大于溶液再生需求热量，使得新风机组承担的负荷比例远高于需求的比例。这时，如果冷凝器侧排出的热量没有被充分利用，此 THIC 空调系统的多余热量只能被排掉，整个系统的实际 COP 将低于常规空调系统的 COP。

溶液的蓄能（图 6-17 中浓溶液罐、稀溶液罐）是整个 THIC 系统高效运行的关键所在，需要充分利用溶液的良好蓄能特性。以一典型日为例，可采用以下运行策略：

（1）2～3h 冷水机组（热泵机组）运行在 17℃冷冻水/75℃冷凝器侧热水工况实现溶液的浓缩再生，再生后的浓溶液进入浓溶液罐储存起来供新风机使用，浓溶液可供给新风机组一整天的除湿使用，此时 THIC 空调系统的整体 COP 约为 5.5。

（2）其余时间冷水机组（热泵机组）冷凝器的排热全部通过冷却水并最终利用冷却塔排走，热泵机组工作在较低的冷凝温度下，由于制取高温冷水即可满足温度控制需求，此时冷水机组的 COP 在 6.5 左右，从而可以实现比常规空调系统显著的节能效果。

由此可见，上述采用冷凝器排热驱动的溶液除湿方式的 THIC 空调系统节能与否，除了与系统中空调部件的设计外，还与系统的运行调节策略密切相关。从该案例的分析可以看出，在 THIC 空调系统的设计运行中，当溶液除湿方式需要利用余热时，应当充分考虑建筑空调系统的负荷特性，对热量的利用进行合理评估，使余热利用与湿度控制系统的负荷之间有效匹配，使得 THIC 空调系统运行在合理的模式下，进而提高系统的整体运行性能。

第7章　温湿度独立控制空调系统全年运行方案与控制调节

7.1　全年采暖空调系统方案

7.1.1　我国典型气候区域采暖空调需求

我国地域广阔，各地之间的室外气候条件差异很大，图 2-26 给出了我国典型城市室外气象参数的情况。根据室外新风是否需要除湿，依据室外最湿月的平均含湿量 12g/kg 为分界线，可以得到：

（1）西北部干燥地区：室外空气非常干燥，THIC 空调系统中湿度控制系统的主要任务是对新风降温处理。

（2）东南部潮湿地区：湿度控制系统的主要任务是对新风除湿处理。

根据冬季是否需要供暖，以及目前我国冬季的供暖情况，可以得到：

（1）北方地区（已有供暖）：我国北方城镇建筑面积超过 90 亿 m^2，目前 90％的民用建筑采用集中供暖方式采暖，其余为各类分散方式。

（2）长江流域地区：室外温度可能出现 5℃ 以下的城镇建筑面积约为 70 亿 m^2（见图 7-1）。由于冬季室外温度与室内要求的舒适温度差别不大，采暖多以分散方式为主。

（3）长江流域以南的南方地区：冬季不供暖或极少供暖。

以下分别讨论这几个区域的特点。

7.1.1.1　北方地区

北方城镇采暖是我国城镇建筑能耗比例最大的一类建筑能耗，占我国建筑总能耗的 25％左右。图 7-2 为北方城镇建筑面积的逐年变化，北方城镇建筑面积从 1996 年的不到 30 亿 m^2，到 2008 年已增长到超过 88 亿 m^2，增加了 1.9 倍。这一方面是由城镇建设飞速发展和城镇人口的增长造成的必然结果；另一方面，有采暖的建筑占建筑总面积的比例也有了进一步提高，目前北方城镇有采暖的建筑占当地建筑总面积的比例已接近 100％。随着采暖建筑总量的增长，北方城镇采暖总能耗从 1996 年的 7200 万吨标准煤增长到了 2008 年的 15300 万吨标准煤，翻了一倍；而随着节能工作取得的显著成绩，平均的单位面积采暖能耗量从 1996 年的 24.3kg 标准煤/（m^2・a），降低到 2008 年的 17.4kg 标准煤/（m^2・a）。从图 7-2 可以看出：我国北方地区以集中采暖方式为主（包括城市热网供热、小区锅炉），

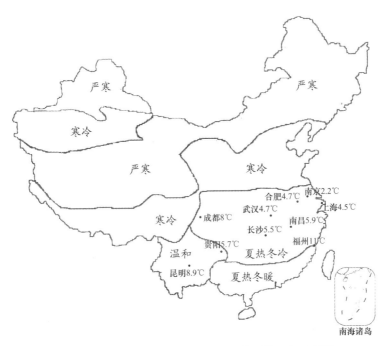

图 7-1 我国南方部分城市最冷月室外平均温度示意图

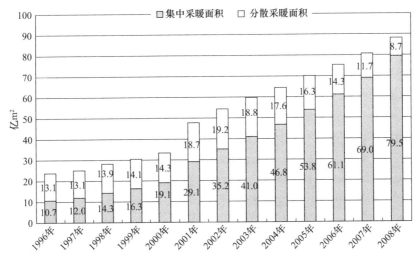

图 7-2 北方城镇建筑面积的逐年变化

分散采暖（包括分户燃气/煤炉、小型空调采暖等）仅占很小的比例。因而北方地区的建筑，冬季可直接利用城市热网或者锅炉的热水给建筑供暖，推荐冬、夏共用统一的室内末端设备。

7.1.1.2　长江流域地区

长江流域指长江流经的各省区及浙江等具有冬季供暖需求的省份。这些地区冬季室外温度在 10℃ 以下，有时也会短期出现低于 0℃ 的天气，2008 年初的冰雪灾害，南方地区出现大幅度降温，就主要发生在这一地区。这一地区目前拥有城镇民用建筑约 70 亿 m²，是城市建筑量飞速增长的主要地区。

按照 20 世纪 80 年代的采暖空调设计规范，这一地区不考虑冬季采暖，因此很少有集中供热系统。我国长江流域地区的特点是冬季约两个月的时间外温平均值降到 10℃ 以下，偶尔出现零度。目前的生活习惯是间歇采暖、局部采暖的方式，室内外温差不大，人在室内外着衣量的差别也不是很大。令人感觉不适的是有些房间没有完善的局部采暖设施，不能在需要的时候及时提供足够的热量，某些热风装置吹风感大，噪声大，舒适性差。同时，这一地区在夏季都会出现炎热、高湿的天气，降温和除湿手段又是满足室内基本的舒适要求的必要措施。而即使炎热夏季室外温度也大多低于 35℃，并不比北方温度高。这样，冬季室外温度为 5℃，室内温度为 16℃；夏季室外温度为 35℃，室内温度为 25℃；正是热泵系统最适合的工作状况，而且冬季和夏季需求的热泵系统压比相差不大。采用热泵空调系统满足这种局部环境控制、间歇采暖和空调的需求，同时在冬季能以辐射的形式或辐射对流混合形式实现快速的局部采暖，夏季同时解决降温和除湿需求，这将更适宜这一地区室内环境控制的要求。

7.1.1.3　长江流域以南的南方地区

南方地区指长江流域以南的广东、广西、福建等华南地区，不包括贵州。南方城市冬季温暖，夏季炎热，时间长。供热需求很小，冬季一般不供暖，只需要针对夏天设计空调系统。由于南方城市夏季湿度较大，在常规系统里，低温制冷机组需要供出更多的冷量用以除湿，温度方面得不到很好的控制，或者牺牲湿度控制温度，室内湿度会出现偏高的现象。于是南方城市很适宜采用温湿度独立控制的空调方式，这种方式不仅可以降低制冷机组能耗，还能提高空气品质，很好地控制室内环境。

7.1.2　我国典型气候区域采暖空调系统方案

由上述分析可知，我国北方地区冬季以集中供热系统为主，可直接利用市政热网或锅炉房产生的热水给建筑供热；我国长江流域地区，推荐采用热泵分散式采暖方式；长江流域以南的南方地区基本无冬季供暖需求。因而，以下仅给出北方地区和长江流域地区全年不同季节，采用温湿度独立控制系统的全年系统方案。

7.1.2.1　北方地区

我国北方冬季以集中供热为主，可直接利用集中供热热水实现建筑的采暖需求。室内末端与夏季可共用一套末端装置。辐射板或干式风机盘管通入热水，变夏季供冷工况为冬季供热工况，继续维持室温。图 7-3 以冷凝除湿新风机组（高温冷水预冷＋独立热泵除湿)＋干式风机盘管（或辐射板）形式的温湿度独立控制空调系统为例，分别给出了夏季和冬季空调系统的运行原理。

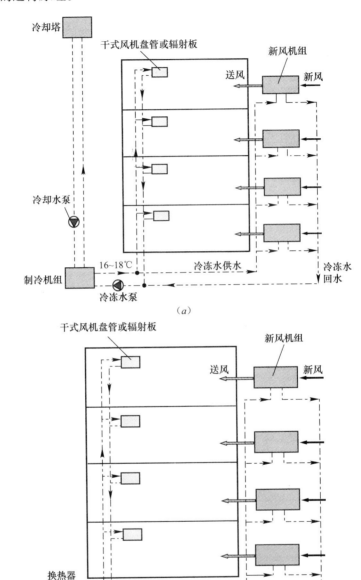

图 7-3 空调系统全年运行原理图

(a) 夏季工作原理；(b) 冬季工作原理

当冬季对建筑室内的湿度也有控制需要时，由于我国北方冬季室外的含湿量水平很低（见图 2-27），虽然室内有人员等产湿源，仍需要对新风进行加湿处理。当新风夏季除湿采用表冷器冷凝除湿方式时，冬季需要在新风机组内加设单独的加湿装置（循环水湿膜加湿、高压喷雾加湿等）。当新风夏季除湿采用热泵驱动的溶液除湿方式时，冬季可以通过热泵四通阀的转换，实现对于新风的加热加湿处理过程（见图 4-48），无需单独设置加湿装置。

7.1.2.2 长江流域地区

1. 水源与土壤源冷水机组（热泵机组）全年运行

在 THIC 空调系统中，冬夏共用同一末端装置，供热时热水温度为 35℃（相对供水温度为 45℃ 的常规热泵机组而言，可称之为低温热水）即可，利用地下水和土壤作为热源的水源热泵和土壤源热泵制备低温热水比常规热泵机组具有更好的性能。冬季供热时，其运行工况范围：冷凝温度 t_k 为 37～40℃，由于地下水源和土壤源温度稳定性良好，蒸发温度 t_0 为 3～5℃，其对应压缩比：R22 为 2.4～2.8；R134a 为 2.7～3.1。采用往复活塞式、离心式以及适宜内容积比的螺杆式、涡旋式压缩机制造热泵机组时，其 COP 在 4 左右。

2. 水冷式冷水机组（热泵机组）全年运行

在 THIC 空调系统中，夏季制冷运行时，制备 16～18℃ 的高温冷水，机组的设计蒸发温度 t_0＝14～16℃；冷凝温度 t_k＝36～40℃；采用 R22 为制冷工质的冷水机组的压缩比范围为 1.7～2.0，采用 R134a 工质对应的压缩比 1.8～2.2。

在冬季制热运行时，由于所需要的热水温度较低（为 35℃ 左右），故冷凝温度约为 38～40℃；室外设计工况为干球温度/湿球温度＝7/6℃，蒸发温度一般为 2～3℃；此时 R22 的压缩比约为 2.5～2.9，R134a 为 2.9～3.2，高于制冷工况。表 7-1 给出了以 R22 为制冷剂的水冷机组在夏季制备 18℃ 高温冷水与冬季制备 35℃ 低温热水的性能。可以看出，夏季相对制冷量 φ_0 为 1.0 的机组（t_0＝16℃、t_k＝36℃、过冷度 SL＝3℃、过热度 SH＝5℃），在冬季制热设计工况下，其相对制热量 φ_k 为 0.70～0.75。

单级压缩水冷式机组的运行工况与性能（制冷剂为 R22）　　表 7-1

运行模式	制冷运行			制热运行		
外温条件	外温＝35℃			外温＝7℃		
性能参数	p_k/p_0	$COP_{制冷}$	φ_0	p_k/p_0	$COP_{制热}$	φ_k
	1.7～2.0	6.3～8.4	0.9～1.0	2.5～2.9	5.1～5.5	0.70～0.75
备注	制备 18℃ 高温冷水；SL＝3℃、SH＝5℃			制备 35℃ 低温热水；SL＝3℃、SH＝5℃		

图 7-4 给出了采用双级压缩的离心式热泵冷水机组冬季运行的原理图。夏季通过冷却塔制取冷却水，作为冷水机组的热汇（放热源），利用制冷系统制备高温冷水，向房间供冷；冬季可将冷却塔的冷却介质更换为不易结冰的载冷剂（如乙二醇溶液），载冷剂在蒸发器和冷却塔中循环，在冷却塔中吸收空气的热量，作为热泵机组的热源，通过热泵系

统，在冷凝器中制备向建筑供热的热水，这种机组已在部分工程中得到应用。

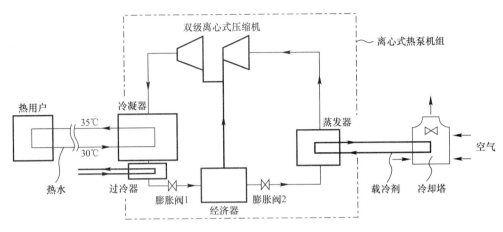

图 7-4 水冷式双级离心式热泵机组冬季工作原理

3. 风冷式冷水机组（热泵机组）全年运行

对于采用空气作为夏季运行的冷却介质和冬季运行热源的空气源热泵冷热水机组而言，由于其容量通常较小，主要采用往复活塞式、涡旋式、螺杆式等容积式压缩机。在 THIC 空调系统中，夏季制冷运行时制备 16～18℃ 的高温冷水，机组的蒸发温度与水冷式冷水机组相当，设蒸发温度 $t_0 = 14～16℃$；但由于冷凝器为风冷换热器，设计工况为干球温度/湿球温度＝35/24℃，即使采用高效传热管的风冷式冷凝器，其冷凝温度 t_k 也将高于水冷式（壳管式）冷凝器，一般取 $t_k = 45～50℃$。此时风冷式冷水机组的压缩比略高于水冷式机组，R22 的压缩比范围为 2.1～2.5，R134a 为 2.3～2.8。

在冬季制热运行时，需要的热水温度为 35℃ 时，冷凝温度为 38～40℃；室外设计工况为干球温度/湿球温度＝7/6℃，蒸发温度一般在 2～3℃；此时 R22 的压缩比约为 2.6～2.9，R134a 为 3.0～3.2，高于制冷工况。表 7-2 给出了以 R22 为制冷剂、采用内容积比为 2.2 的螺杆式压缩机的空气源热泵冷热水机组，在夏季制备 18℃ 高温冷水和冬季制备 35℃ 低温热水时的外压缩比和性能参数相对值的计算结果。可以看出，夏季相对制冷量 φ_0 为 1.0 的机组（$t_0 = 16℃$、$t_k = 45℃$、过冷度 $SL = 3℃$、过热度 $SH = 5℃$），在冬季制热设计工况下，其相对制热量 φ_k 达到 0.75～0.80。

单级压缩空气源热泵冷热水机组运行工况与性能（制冷剂为 R22）　　　　表 7-2

运行模式	制冷运行			制热运行		
外温条件	外温＝35℃			外温＝7℃		
性能参数	p_k/p_0	$COP_{制冷}$	φ_0	p_k/p_0	$COP_{制热}$	φ_k
	2.1～2.5	4.3～5.5	0.9～1.0	2.6～2.9	5.0～5.4	0.75～0.80
备注	制备 18℃ 的高温冷水；$SL = 3℃$、$SH = 5℃$			制备 35℃ 的低温热水；$SL = 3℃$、$SH = 5℃$		

7.2 温湿度独立控制空调系统运行调节策略

THIC 空调系统与常规系统的运行调节相同之处在于：制冷机组、冷冻水泵/冷却水泵、冷却塔的运行调节方式，以及新风从新风处理机组到室内各房间的送风过程。本节仅对运行调节与常规系统不同之处进行分析说明。

7.2.1 系统整体运行策略

基于温湿度独立控制的空调理念，可以构建新的室内环境控制方式。在室内环境控制过程中，优先考虑被动方式，尽量采用自然手段维持舒适的室内热湿环境。过渡季节可利用自然通风带走余热、余湿，缩短主动式空调系统的运行时间。需要注意的是，在利用自然通风排除室内余湿时，应对自然通风量与排除室内余湿需求的风量进行校核。若自然通风量不能满足排除室内余湿的风量要求，就需要通过主动式的湿度控制系统来满足余湿排除需求。自然通风采用以下运行模式：

(1) 当室外温度和含湿量均低于室内状态时，可以直接采用自然通风来解决建筑的排热排湿；

(2) 当室外温度高于室内温度、但含湿量低于室内含湿量时，可以利用自然通风排除室内余湿，再利用显热末端装置控制室内温度；

(3) 当室外含湿量高于室内含湿量时，关闭自然通风，被动方式已不能满足热湿环境调控需求，需采用主动式空调系统解决室内空调要求。

THIC 空调系统分别有控制温度的系统和控制湿度的系统，两系统分别控制室内温度和湿度，因而运行调节比常规热湿联合处理的空调系统从控制逻辑上来看更为简单。当室外温度低、但湿度较高时，可以单独运行新风除湿系统，满足建筑的新风和湿度处理需求。夏季需要严格保证室内没有结露现象发生，对于夏季不连续 24h 运行的建筑，THIC 空调系统中各设备的开启顺序和关机顺序与常规空调系统有所不同。

以高温冷水机组和独立新风机组（溶液除湿方式、自带热泵循环的新风机组等）、室内为干式风机盘管的降温末端装置为例，给出温湿度独立控制空调系统建议的运行次序：

(1) 上班前一段时间（需根据实际情况确定，见图 7-5），提前开启新风机组对室内进行除湿；

(2) 通过室内的温湿度传感器监测室内的露点信息，露点可通过温度和相对湿度参数运算得到。若露点温度低于冷冻水供水温度（一般设定为 16~18℃），启动风机盘管，末端水阀打开，此时可开启高温冷水机组；

(3) 高温冷水机组开启顺序：冷却水泵启动 → 冷却塔启动 → 冷冻水泵启动 → 主机启动；

（4）运行正常后，新风支路电动风阀根据温湿度传感器的监测数据自控调节，风机盘管的水阀也通过温度传感器的监测数据和水温开关；

（5）空调关机顺序：关高温冷机→依次关冷冻泵、冷却泵和冷却塔→关风机盘管风机→关新风机。

整个系统的运行控制思路：

（1）新风机组：比较室内含湿量实测值（可通过温湿度测点计算得到，或者室内 CO_2 水平）与设定值之间差异对新风机组进行调节，一种方案是定送风含湿量、部分负荷时调整新风量；一种方案是定新风送风量、部分负荷时调整送风含湿量设定值。

（2）显热末端（干式风机盘管与辐射板）：比较室内温度实测值与设定值之间差异对末端设备进行调节。干式风机盘管通过三挡风速调节、水阀进行调节。辐射板可通过变流量调节、定流量调节水阀开启占空比、末端混水泵调节辐射板入口水温等多种方式进行室温的调节。

7.2.2 新风送风调节策略

7.2.2.1 不连续运行建筑中新风机组提前开启时间

在实际建筑中，空调系统一般并非全时段运行而是以间歇方式运行，通常在工作时间段内开启空调系统维持室内适宜的温湿度环境，而非工作时间段则关闭空调系统。在夏季空调季，若室外空气含湿量高于室内，空调系统关闭后由于渗透风、人员开窗等影响，室内含湿量就会升高。当次日再开启空调系统时，室内含湿量对应的露点温度可能高于温度控制末端设备的表面温度，有可能导致结露。因而，在 THIC 空调系统中需要提前开启新风送风，通过送入干燥的空气来排除室内由于渗风等带来的余湿，降低室内含湿量。只有当室内含湿量降低到一定水平使室内对应的露点温度降低到一定水平后，才能开启温度控制系统末端，进而 THIC 空调系统才能正常运行。

图 7-5 给出了室内初始含湿量 d_0 不同时，典型办公房间室内初始含湿量、新风送风含湿量对提前开启新风送风时间的影响情况。当室内设计状态为 26℃、60％时，对应的室内设计含湿量为 12.6g/kg。当新风送风含湿量为 8g/kg、室内初始含湿量分别为 20g/kg 和 16g/kg 时，需要提前开启新风送风的时间分别为 1.2h 和 0.6h，室内含湿量即可达到设计含湿量水平。在空调系统间歇运行的情况下，室内初始含湿量水平 d_0 越大，所需提前开启新风送风的时间越长。

如果 THIC 空调系统选取利用高温冷水预冷形式的新风处理机组，在提前开启新风机组排除室内余湿时，应当开启高温冷水机组对新风进行预冷，但此时应关闭通入温度末端装置的高温冷水管路的水阀，即此时高温冷水仅用于对新风进行预冷。

7.2.2.2 新风机组的调节

新风机组按照室内新鲜空气与除湿需求进行调节，可采用湿度传感器、CO_2 传感器测

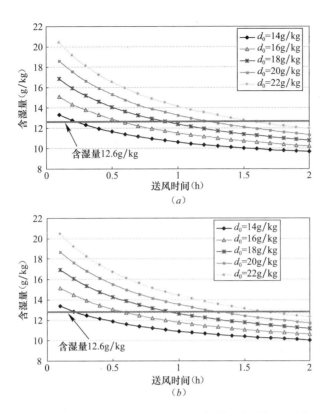

图 7-5　室内初始含湿量对新风机组提前开启时间的影响
(a) 送风含湿量为 8g/kg；(b) 送风含湿量为 8.5g/kg

量室内的湿度水平或空气质量情况；也有建筑辅助以红外线传感器，用于检测室内有人或无人，然后对新风机组进行调节。

　　本节给出一安装有大量传感器的建筑中新风送风调节方式的案例。该建筑是位于北京的一座办公建筑（建筑面积约 2 万 m²），新风的送风末端装置为压力无关型变风量末端，采用架空地板送风方式，架空地板高度为 350mm，新风送到架空地板内，通过地板上的风口送入室内。该建筑的变风量末端共有 3 种型号：（1）新风量最大值为 382m³/h，最小值为 44m³/h；（2）新风量最大值为 594m³/h，最小值为 72m³/h；3）新风量最大值为 764m³/h，最小值为 105m³/h。新风变风量末端由设在该房间排风短管内的 CO_2 传感器及该房间内的红外线传感器控制。红外线传感器用于探测室内有人或无人，当室内无人时变风量末端的风量控制在最小值，以去除室内散发的污染物，使室内的空气品质保持在良好的水平，此最小风量约为房间设计风量的 15%。当室内有人时，由 CO_2 传感器控制变风量末端的风量。房间内同时设置可开启窗的状态探测器，当探测到窗处于开启状态时，关闭变风量末端，停止供应新风。

新风机组在部分负荷下的调节策略，可以采用定送风含湿量、调节新风量的方式；或者定风量系统，改变送风含湿量设定值两种方式。以下以冷凝除湿新风机、溶液除湿新风机为例，分别给出新风机组的运行调节策略。

1. 冷凝除湿新风机组

图 7-6 给出了冷凝除湿新风机组的调节方式。测送风含湿量水平（可直接测量或者通过温湿度测点计算得到），根据实际送风含湿量与设定送风含湿量的差值，调节冷冻水流量，时间步长一般在 10s。测室内湿度水平，根据室内含湿量水平与设定值之间的差值，调节新风机送风量或者改变送风含湿量的设定值，此调节的时间步长一般在 15min，远大于冷冻水流量调节的时间步长。如带有室内排风热回收系统的新风机组，则新风送风侧风机与排风侧风机的风量联动控制。

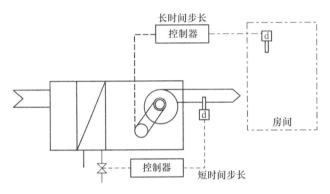

图 7-6　冷凝除湿新风机组的调节方式

冬季如对新风有加湿需求，需要在新风机组内另设置单独的加湿装置，表冷器内改走热水，实现对新风的加热加湿处理过程。调节策略依然是控制送风的含湿量，根据实测值与送风含湿量的设定值之间的差异调节表冷器中水阀开度与加湿装置；根据室内湿度水平（或 CO_2 浓度）的实测值与房间设定值之间的差异，调整新风机组的送风量或者送风含湿量设定值。

如果建筑冬季不考虑湿度处理，仅是控制室内温度，则新风机组的调节策略变为：控制送风的温度水平，根据实测送风温度与设定值的差异调节表冷器中水阀的开度。如为变新风量机组，则需根据室内 CO_2 浓度实测值与设定值之间的差异，调整新风机组的送风量。

2. 溶液除湿新风机组

溶液除湿新风机组的控制策略与冷凝除湿新风机组类似，控制逻辑也分成长时间步长与短时间步长两个调节层面。仅是短时间步长调节手段与冷凝除湿有所区别而已。通过送风含湿量实测值与设定值之间的差异，对于溶液除湿新风机组而言，需要调整机组内热泵开启台数或者变频控制、并通过补水方式调节机组内循环溶液的浓度水平，达到期望的机组送风含湿量，通过机组内部的控制程序实现，时间步长较短，一般为 10～15s。长时间步长的调节策略与冷凝除湿新风机组类似，通过室内含湿量的实测水平与室内设定值之间的差异，调整新风送风量或者送风含湿量的设定值进行调节，此调节的时间步长一般为15min。

溶液除湿新风机组可以通过热泵系统中四通阀的转换，实现冬季对新风的加热加湿处理过程，其控制调节策略与夏季相同。

7.2.3 显热末端调节策略

常用的显热末端装置主要包括干式风机盘管和辐射板两大类，在冬、夏可共用此末端装置实现建筑的供热和供冷，采用相同的室温调节方式。干式风机盘管的控制调节与普通湿工况风机盘管相同，设置三挡风量调节、室温控制器和电磁阀控制水路进行 ON/OFF 调节。此节主要介绍辐射板的调节方式。辐射板的调节可分成三类：一是采用变流量调节；二是采用定流量调节水阀开启占空比；三是末端混水方案。前两种方式中，进入辐射板的入口水温不进行调节；第三种方式则通过末端混水方案调节进入辐射板的入口水温，以下分别介绍这三类调节方式。

7.2.3.1 变流量调节方式

《实用供热空调设计手册（第二版）》（陆耀庆，2008）第 6 章详细介绍了此类调节方式。本节仅摘引该手册中的一个典型控制模式：房间温度控制器＋电敏（热敏）执行机构＋带内置阀芯的分水器。辐射板集水器、分水器的构造图，以及该控制模式的示意图参见图7-7。通过房间温度控制器设定值和检测室内温度，将检测到的实际室温与设定值进行比较，根据比较结果输出信号，控制电敏（热敏）执行机构的动作，带动内置阀芯开启与关闭，从而改变被控（房间）环路的供水流量，保持房间的温度水平。

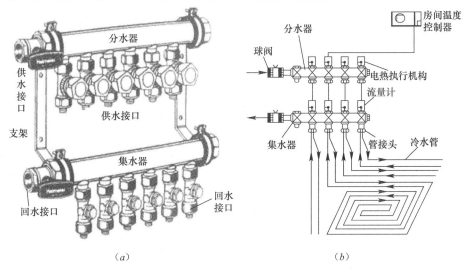

（*a*）　　　　　　　　　　　　　　　（*b*）

图 7-7　辐射板集水器、分水器构造及典型控制模式
（*a*）分集水器；（*b*）控制示意图

7.2.3.2 定流量改变阀门开启占空比调节方式

上一种控制调节方式中，当室内部分负荷时，辐射板内循环水流量降低，会造成辐射板表面温度不均匀。本小节介绍的调节方式的核心思想是开启水阀时，辐射板的流量为额定流量，通过调节水阀开启的占空比进行供冷量/热量的调节，其原理参见图7-8。在各分支支路上安装室温通断控制阀，通过测量的室内温度与室温设定值，通断控制阀根据实测室温与设定值之差，确定在一个控制周期内（一般为半小时）通断阀的开停比，并按照这一开停比确定的时间"指挥"通断调节阀的通断，从而实现对供冷量/热量的调节，实现对室温的控制。

7.2.3.3 末端混水泵调节方式

每个辐射末端单元可采用小型水泵驱动的混水方式调节水温，如图7-9所示。当水泵转速达到最高时，冷水已不能再补充到辐射板水回路中，辐射板不再提供供冷量。随着水泵转速的降低，混水比下降，辐射板内水温降低，供冷量加大。这种末端方式在冬季辐射板内通入热水，变供冷为供热，继续维持室温。

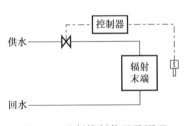

图 7-8　通断控制装置及原理

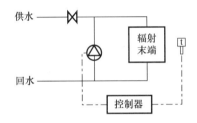

图 7-9　混水泵控制水温的方式

7.2.4 防结露措施与调节

避免供冷表面结露是温湿度独立控制空调系统夏季运行的前提条件。为避免室内结露，应在房间最冷处安装温度探测器，并保证供冷表面的最低温度高于室内露点温度。根据经验，室内最冷点应为远离窗户的，紧靠供水管的内侧墙角位置。理论上，供冷表面的最低温度（而不是冷冻水的供水温度）高于室内露点温度即可保证无结露现象。ASHRAE手册建议，必须保证辐射板供水温度高于室内空气露点温度0.5℃；有文献介绍，辐射供冷板的表面温度应高于室内空气露点温度1~2℃。

此外，还需要妥善处理门窗开启位置等有热湿空气渗入的地方，在气候潮湿地区需要尤为关注。图7-10给出了空气密度随着温度和含湿量的变化情况。室外温度越高、含湿量越大，空气的密度越低。由于渗入室内的热湿空气更易在房间上部，因而同样情况下，相对于辐射地板的供冷方式而言，辐射吊顶供冷方式结露的危险更高。在设计中，有的建筑中距离开口位置较近有结露危险的地方局部设置带有凝水盘的风机盘管；有的建筑房间内同时设置可开启窗的状态探测器，当探测到窗处于开启状态时，则关闭辐射板或者风机盘管的冷水阀；对于辐射地板供冷的建筑，辐射地板一般布置在距离进口一定距离以外的区域。

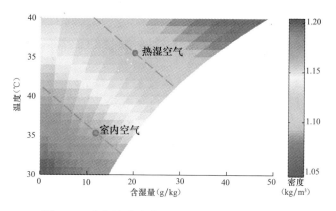

图 7-10　空气温度和含湿量对于空气密度的影响

当设置在房间最冷点的温度测量值接近露点温度，测得有结露危险时，应控制该房间的新风送风末端加大新风量或者降低新风机组的送风含湿量水平，如仍有结露危险，则关闭辐射板或干式风机盘管的冷水阀，停止供冷水。待送入的干燥新风将室内的湿度降低至一定水平时，再开启辐射板或干式风机盘管的冷水阀恢复供冷。

第8章　温湿度独立控制空调系统应用案例

近年来，温湿度独立控制的空调方式得到越来越多的关注和重视，并在很多实际工程中应用。基于温湿度独立控制的空调理念，可有各式各样的系统方案、处理设备，表8-1给出了一些文献中介绍的应用案例，这些实际工程的温湿度独立控制空调系统中高温冷源设备、新风处理装置和末端装置等采用了多种多样的形式。本章主要介绍温湿度独立控制空调系统的实践应用，给出了在不同地区、不同气候条件（潮湿、干燥）下不同类型（办公建筑、高大空间等）的建筑应用温湿度独立控制空调方式的系统情况及运行效果。

部分温湿度独立控制空调系统应用案例　　　　　　　　　　　　　　表 8-1

建筑类型	地点	建筑面积（m²）	温度控制方式	湿度控制方式	末端形式	来源
餐饮	新疆	1000	间接蒸发冷却方式制取高温冷水（15～20℃）	流经温度控制末端后的高温冷水对新风降温	干式风机盘管	谢晓云，等（2007）
办公	北京	2.0万	溴化锂吸收式冷水机产生高温冷水（16℃）	溴化锂吸收式冷水机组产生低温冷水（5℃）	辐射吊顶＋地板送风	金跃（2007）
办公	北京	9.4万	离心式冷机制取高温冷水	离心式冷机制取低温冷水冷凝除湿	干式风机盘管	林坤平，等（2009）
医院	河南	4.8万	地下水源热泵制取高温冷水（15℃）	热泵驱动的溶液调湿新风机组	干式风机盘管	陈萍，等（2009）
展馆	上海	3470	回风与处理后的新风混合后再由冷水降温	转轮全热回收＋预冷＋转轮除湿新风处理	全空气方式	胡建丽（2010）
文物存储	四川	3600	地下水（18℃）直接作为高温冷源	地下水源热泵制取低温冷水冷凝除湿处理新风	全空气方式	方宇（2010）
办公	北京	3.0万	螺杆制冷机制取高温冷水（16℃）	离心冷机制取低温冷水冷凝除湿处理新风	辐射冷梁	路斌，等（2011）
办公	深圳	2.1万	离心式高温冷机制取高温冷水（17.5℃）	热泵驱动的溶液调湿新风机组	干式风机盘管＋辐射板	杨海波，等（2009）
航站楼	西安	4.7万	冷站统一制取高温冷水	带有预冷的热泵驱动式溶液调湿新风机组	辐射地板	周敏（2011）
别墅	青岛	508	地源热泵制取高温冷水（16℃～19℃）	地源热泵冷水冷凝除湿	毛细管辐射板	李妍，等（2011）

8.1 潮湿地区应用案例 I：深圳某办公楼

8.1.1 建筑与空调系统概况

8.1.1.1 建筑概述

该办公建筑位于深圳市南山区，主体部分为 5 层，一层为车库、餐厅等，二、三、四层为普通办公区域，五层主要为会议室，建筑外观如图 8-1 所示（张涛，2012）。总建筑面积约 21960m²，其中一层 5940m²，二层 5045m²，三层 3876m²，四层 3908m²，五层 3191m²，整个建筑的空调面积共 15600 m²。

图 8-1 深圳某办公建筑外观

在建筑中部设中庭贯通二～五层。中庭顶部有可控制开闭的排风口，当排风口开启、同时办公区各个外窗开启时，可以形成从外窗到办公空间、到中庭的良好的自然通风，见图 8-2。当外窗和中庭顶部关闭时，办公区依靠机械新风系统通风换气。建筑物北部设立前庭，作为建筑的主出入口（见图 8-44）。前庭面积约 720m²，垂直方向连接二～四层，北侧全部采用玻璃幕墙，以使各层办公区能够得到较好的自然采光。前庭北侧上部设有通风换气窗，利用热压和风压，形成前庭顶部良好的自然通风，排除透过玻璃幕墙的太阳辐射得热。

8.1.1.2 空调方案设计

图 8-3 为与深圳邻近的广州全年室外温度和含湿量的逐日变化情况。从 3 月中旬到 10 月中旬，室外空气日平均含湿量大多高于 15g/kg，在 6～8 月，室外空气的日平均含湿量基本在 20g/kg 以上。要满足办公空间空气湿度的控制要求，在 3 月、4 月与 5 月上旬和 9 月下旬与 10 月需要根据室外状况在室外低湿的情况下自然通风排湿，在室外高湿时，关闭自然通风，采用专门的机械系统除湿和解决办公空间的通风换气。在 6 月、7 月、8 月的室外高温高湿季节，需要依靠机械系统营造室内适宜的热湿环境。

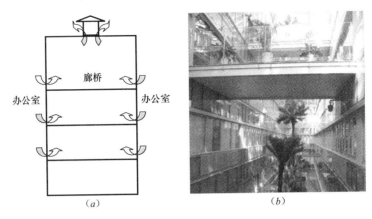

图 8-2 深圳某办公建筑中庭

(a) 截面图；(b) 中庭实景

　　办公区域的热湿环境采用温湿度独立控制的方式。当室外空气能够满足室内湿度控制要求时，通过自然通风实现湿度控制。当室外湿度（含湿量）超出要求的湿度范围时，关闭自然通风，通过溶液除湿型新风机组对室外空气进行除湿和调温后送入室内。新风量根据室内空气湿度状况进行调节。因为室内主要的产湿源是人体，保证了室内各区域的湿度，实际也就保证了活动在室内各区域人员的新风量需求。通过高温冷水机组制备的高温冷水（17.5℃）送入干式风机盘管和辐射板，实现室内温度的控制调节。

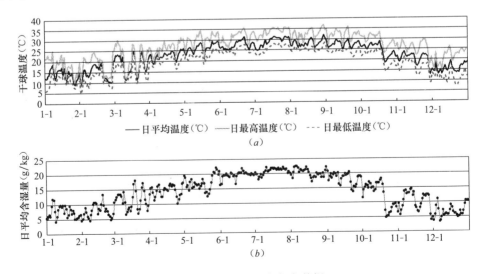

图 8-3 广州市典型年气象数据

(a) 室外空气温度；(b) 室外日平均含湿量

8.1.1.3 空调系统概况

在工程中，考虑到五层作为会议室常处在部分使用时间与部分负荷情况，选用多联机（VRF）及水冷柜机。一～四层选用温湿度独立控制空调系统形式，空调面积共计 $13180m^2$，下面的能耗测试及分析均集中在此部分的 THIC 空调系统。

图 8-4 给出了温湿度独立控制空调系统的工作原理。左侧为温度控制空调系统，右侧为湿度控制空调系统。温度控制空调系统由高温冷水机组、冷冻水泵、室内末端装置（干式风机盘管、辐射板）、冷却水泵、冷却塔组成。湿度控制空调系统由溶液除湿新风机组以及送风口组成。

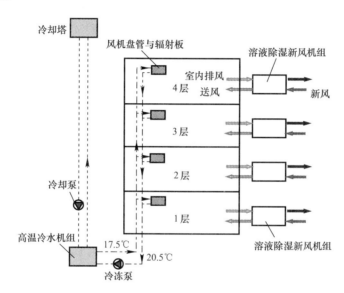

图 8-4 深圳某办公建筑 THIC 空调系统原理图

温湿度独立控制空调系统各部分的组成情况如下：

1. 温度控制空调系统

（1）高温冷水机组：磁悬浮离心式高温冷水机组 1 台，其额定工作性能为：制冷量 893kW，输入功率 107kW，COP 为 8.3，冷冻水量 $256m^3/h$，冷却水量 $172m^3/h$。

（2）冷冻水泵：1 用 1 备，额定流量 $262m^3/h$，扬程 32m，输入功率 37kW。冷冻水设计供/回水温度为 17.5/20.5℃，供回水设计温差为 3℃。

（3）冷却水泵：1 用 1 备，额定流量 $180m^3/h$，扬程 29m，输入功率 22kW。

（4）冷却塔：流量 $200m^3/h$，输入功率 7.5kW，台数为 1 台。

（5）辐射板：在前庭中采用毛细管网＋混凝土的辐射板形式，安放于地板表面，用于维持人员活动区域的温度。在部分办公区域采用抹灰形式的毛细管辐射吊顶方式［见图 8-5（a）］，通入 17.5℃冷冻水循环，在水路采用通断方式控制。

(6) 干式风机盘管：大部分办公区域采用干式风机盘管末端方式，见图 8-5 (b)。

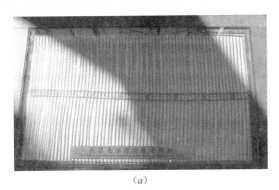 

(a)   (b)

图 8-5　THIC 空调系统温度控制末端

(a) 辐射地板中的毛细管；(b) 干式风机盘管

在温度控制的末端设备中，干式风机盘管的风机由三速开关控制，水路采用电磁阀通断调节；毛细管辐射板设有独立的温度和湿度传感器，分水器前设有电磁阀。

2. 湿度控制空调系统

溶液除湿新风机组共计 9 台，其额定性能与摆放位置参见表 8-2，机组工作原理参见图 4-31。高温潮湿的室外新风在全热回收单元中，以溶液为媒介和室内排风进行全热交换，新风被初步降温除湿，然后进入除湿单元中进一步降温、除湿到达送风状态点。除湿单元中，溶液吸收空气中的水蒸气后，浓度变稀，为重新具有吸湿能力，稀溶液进入再生单元浓缩再生。在溶液除湿新风机组内设有热泵系统，热泵蒸发器的冷量用于降低溶液温度以提高除湿能力和对新风降温，热泵冷凝器的排热量用于浓缩再生溶液。

溶液除湿新风机组相关参数　　　　　　　　　　　　表 8-2

额定风量（m³/h）	额定制冷量（kW）	输入功率（kW）	台　数	位　置
10000	196	45	1	一层食堂
4000	83	25	2	四层
8000	166	45	1	一层前庭
2000	39	10	1	四层中
5000	103	28	4	二、三层

图 8-6 为该办公楼内四层东侧的新风分配图，对该处一台额定风量为 4000m³/h 的溶液除湿新风机组所负责区域的新风输配进行了详细说明。在空调调试阶段，根据该区域内设计人员作息及办公使用情况，得到各区域分配新风量如图 8-6 所示。通过调节各新风支管处风量电动调节阀，使风量分配满足各区域要求，并将此时的电动风阀开度作为 DDC 控制的初始开度值。当负荷变化时，通过 DDC 控制电动风阀开度来实现对新风分配的调控。

图 8-6 四层东侧新风分配图

溶液除湿新风机组提前开启去除室内湿负荷；高温冷水机组比新风机组开启时刻晚1h，待新风将室内余湿负荷除去使得室内空气露点温度低于冷冻水供水温度后，制冷机组工作，干式风机盘管、辐射板的水阀打开，去除室内的显热负荷。

8.1.2 空调性能测试

该办公建筑于 2008 年夏季投入使用，图 8-7 为夏季空调期间室内各房间的 CO_2 浓度实测数值，各房间的 CO_2 浓度均低于 750ppm，满足楼内人员办公的需求。为得到温湿度

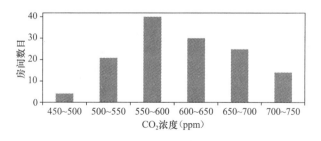

图 8-7 空调期间各房间的 CO_2 浓度测试结果

独立控制空调系统主要设备的实际性能，并分析其能耗水平，对楼内空调系统设备如高温冷水机组、溶液除湿新风机组的性能等逐一进行测试。测试时间的室外气象参数为29.3℃，相对湿度为79%，含湿量为20.3g/kg。

8.1.2.1 温度控制系统的性能

测试时间段内冷冻水流量为239m³/h，冷冻水供/回水温度为17.5/19.1℃，供回水温差仅为1.6℃，计算得到制冷量 Q_c 为446kW。高温冷水机组的输入功率 P_c 实测为52.5kW。表8-3给出了温度控制系统各项耗电量的测试结果。

温度控制系统各项耗电量测试数据 表8-3

电耗类型	高温冷水机组 P_c	冷冻水泵 P_{chp}	冷却水泵 P_{cdp}	冷却塔 P_{ct}	风机盘管 P_{fc}
电耗（kW）	52.5	30.6	14.6	3.7	19.4

（1）高温冷水机组的性能系数（COP_c）：为高温冷水机组制冷量 Q_c 与机组电耗 P_c 的比值，该高温冷水机组的 $COP_c = Q_c/P_c = 8.5$。

（2）冷冻水输送系数（TC_{chw}）：为高温冷水机组制冷量 Q_c 与冷冻水泵电耗 P_{chp} 的比值，该建筑的冷冻水输送系数 $TC_{chw} = Q_c/P_{chp} = 14.6$。

（3）冷却水输送系数（TC_{cdp}）：为高温冷水机组制冷量 Q_c 和机组电耗 P_c 之和与冷却水泵电耗 P_{cdp} 的比值，该建筑的冷却水输送系数为34.2。

（4）冷却塔输送系数（TC_{ct}）：为冷却塔排除热量（$Q_c + P_c$）与冷却塔风机耗电量 P_{ct} 的比值，该建筑的冷却塔输送系数为135。

（5）风机盘管输送系数（TC_{fc}）：为风机盘管提供冷量与风机盘管耗电量 P_{fc} 的比值，该建筑中高温冷水机组的制冷量有81%通过风机盘管带入室内，因而风机盘管的输送系数为 $TC_{fc} = 81\% \times Q_c/P_{fc} = 18.6$。

该办公建筑由于采用温湿度独立控制空调系统，使温度控制空调系统的冷冻水温度比常规空调系统有了很大提高，COP_c 达到8.5，远高于常规系统中冷水机组 COP（约为5.5）。对照表2-8给出的空调装置输送系数，TC_{chw} 处于较低水平，表明冷冻水泵电耗较大，冷冻水输配能耗较大。原因是冷冻水流量较大，供回水温差比设计值偏小。TC_{cdp} 处于中等水平。TC_{ct} 处于较低水平，冷却塔本身的耗电量占整个空调系统的比例很小，一般在2%以下，但其出水温度显著影响高温冷水机组的冷凝温度，对冷水机组耗电量有着显著影响。测试中发现冷却塔风机皮带轮松动，致使风量偏小，冷却水回水温度偏高。TC_{fc} 处于较低水平，常用的湿工况风机盘管输送系数在50左右。

冷站能效比定义为制冷机组制冷量 Q_c 与制冷机组耗电量 P_c、冷冻水泵耗电量 P_{chp}、冷却水泵耗电量 P_{cdp}、冷却塔耗电量 P_{ct} 之和的比值。常规空调系统的冷站能效比实测值通常在3.5左右（低于表2-8的计算值），而该办公建筑 THIC 系统的实测冷站能效比达到了4.3，体现出 THIC 空调系统的冷站能效性能优异。再加上干式风机盘管电耗，整个温度控制空调系统的性能系数 COP_{TEMP} 为3.7，计算式如下：

$$COP_{\text{TEMP}} = \frac{Q_c}{P_c + P_{ct} + P_{chp} + P_{cdp} + P_{fc}} \qquad (8\text{-}1)$$

8.1.2.2 湿度控制系统的性能

该办公楼内有 9 台溶液除湿新风机组负责处理办公区域所需新风，通过测试其耗电量、送风参数等可得到新风机组的能效情况，如表 8-4 所示。从实测结果看，新风机组的送风含湿量为 $6.0 \sim 6.5\text{g/kg}$，机组性能系数 COP_{AIR} 在 $4.4 \sim 5.0$ 之间，表明实际新风机组能够具有良好的能效水平。

溶液除湿新风机组性能测试结果（新风 $29.3℃$、20.3g/kg）　　表 8-4

位置	送风参数			冷量 Q_{AIR} (kW)	输入功率（kW）		COP_{AIR}	COP_{HUM}
	新风量 (m^3/h)	温度 $(℃)$	含湿量 (g/kg)		新风机组内压缩机与溶液泵 P_{AIR}	风机 P_{FAN}		
二层东侧	5059	17.1	6.2	82.6	17.8	2.2	4.7	4.2
二层西侧	5195	16.7	6.1	86.0	17.6	2.3	4.9	4.3
三层东侧	4972	16.8	6.5	80.4	18.2	2.2	4.4	4.0
三层西侧	5215	16.6	6.2	86.4	17.6	2.2	4.9	4.4
四层东侧	4261	16.7	6.4	69.5	15.0	1.7	4.6	4.2
四层中部	1940	16.5	6.2	32.1	7.1	0.9	4.5	4.0
四层西侧	4307	16.3	6.1	72.0	15.3	1.8	4.7	4.2

注：COP_{AIR}＝新风获得冷量/新风机组内压缩机与溶液泵输入功率。
　　COP_{HUM}＝新风获得冷量/新风机组内压缩机、溶液泵与风机输入功率。

整个湿度控制空调系统的性能系数 COP_{HUM} 为新风获得冷量 Q_{AIR} 与新风机组内压缩机、溶液泵及风机耗电量的比值，参见式（8-2）。该建筑的湿度控制空调系统的性能系数 COP_{HUM} 为 4.1。

$$COP_{\text{HUM}} = \frac{Q_{\text{AIR}}}{P_{\text{AIR}} + P_{\text{FAN}}} \qquad (8\text{-}2)$$

8.1.2.3 温湿度独立控制空调系统的总体性能

图 8-8 给出了该建筑的温度、湿度控制空调系统各部分的耗电量与承担负荷情况。湿度控制空调系统承担了该建筑所有湿负荷（新风和室内产湿）、新风显热负荷以及室内部分显热负荷，承担了整个建筑约 60% 的负荷（潜热负荷占总负荷的 46%）。温度控制空调系统承担了整个建筑约 40% 的负荷。

温湿度独立控制空调系统的整体 COP_{SYS} 为总制冷量与所有空调部件耗电量的比值，参见式（8-3）。该建筑空调系统的 COP_{SYS} 为 4.0。

$$COP_{\text{SYS}} = \frac{Q_{\text{CH}} + Q_{\text{AIR}}}{(P_{\text{CH}} + P_{ct} + P_{cdp} + P_{chp} + P_{\text{FC}}) + (P_{\text{AIR}} + P_{\text{FAN}})} \qquad (8\text{-}3)$$

8.1.3 空调系统的能耗分析

根据安装在空调设备中的分项计量电表，可统计出整个空调季内温湿度独立控制空调

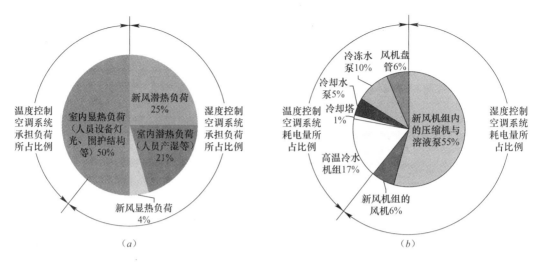

图 8-8　温湿度独立控制空调系统各部分承担负荷与耗电量情况

（a）承担负荷情况；（b）耗电量情况

系统各部分空调设备的耗电量情况，参见图 8-9。图 8-10 给出了整个空调季各空调部件耗电量所占的比例。整个空调季 THIC 空调系统的总耗电量为 42.5 万 KWh。温湿度独立控制空调区域的总空调面积为 13180m²，则单位空调面积 THIC 系统的耗电量为 32kWh/（m²·a）。如果按照建筑面积计算，扣除五层的建筑部分，则单位建筑面积 THIC 系统的耗电量为 23kWh/（m²·a）。从各分项能耗的组成来看，溶液除湿新风机组（包括了风机）的耗电量占 61％，高温冷水机组、冷冻泵、冷却泵和冷却塔的耗电量占 33％，干式风机盘管的耗电量占 6％。

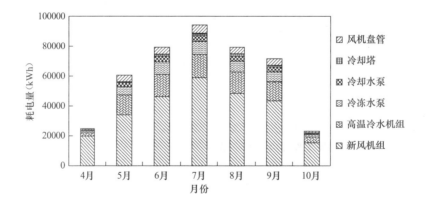

图 8-9　温湿度独立控制空调系统各月耗电量

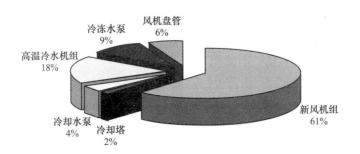

图 8-10　空调系统电耗各部分比例图

8.1.4　空调系统进一步提高性能的途径

由测试的结果可以看出，温度控制空调系统的 COP_{TEMP} 低于湿度控制系统的 COP_{HUM}，除湿任务是比降温更难的一件事情，因此 THIC 系统的温度控制部分应该有进一步改善的潜力。本节从改善温度控制系统的效率出发，分析进一步提高此 THIC 空调系统性能的途径。根据对温度控制系统中各部分性能测试结果的分析，该建筑温度控制空调系统可进一步改进的有：（1）通过变频降低冷冻水泵能耗；（2）通过调紧冷却塔风机松动的皮带轮，降低冷却塔出水温度，从而降低高温冷水机组的能耗；（3）提高室内末端风机盘管的性能。这三个措施中，前两个措施可在建筑中较为容易实现，第三个措施依赖产品性能的提高。

8.1.4.1　通过变频降低冷冻水泵能耗

该建筑中的冷冻水泵本身为变频水泵，但目前恒定工作在 50 Hz 情况。如表 8-3 所示，冷冻水泵的耗电量已是高温冷水机组的 60%。目前，冷冻水的供回水温差仅有 1.6℃，而设计供回水温差为 3.0℃，这是导致冷冻水泵能耗高的主要原因。通过冷冻水变频使得冷冻水供回水温差保持在设计水平，可以大幅度降低冷冻水泵的能耗。在降低水泵频率时，要注意各层的冷冻水均匀分配。目前冷冻水泵的输送系数 TC_{chw} 仅为 14.6，如果输送系数提高至 25，则可以节省 42% 的冷冻水泵能耗。

此外，该建筑冷冻水的设计供回水温差为 3℃（17.5℃/20.5℃），低于常规空调系统的 5℃ 温差（供/回水温度 7/12℃），使得在相同冷量情况下，水泵的输配能耗增大。冷冻水的设计供回水温差越小，一方面会加大水泵的输配能耗，但另一方面会提高制冷机组的蒸发温度，从而降低制冷机组的耗电量，因而需要综合考虑对于整个空调系统的性能影响。第 6.3.1 节给出了不同冷冻水设计温度对于空调系统性能的影响情况。

8.1.4.2　提高冷却塔的性能

冷却塔的能耗在整个空调系统能耗中所占的比例很小，但是冷却塔的出水温度却显著影响高温冷水机组的冷凝温度，从而影响高温冷水机组的能耗。通过冷却塔性能的详细测试，冷却塔的冷却效率为 37%，风水比仅为 0.55。由于冷却塔风机的皮带轮松了，导致空气流量偏低致使冷却塔的效率很低。如果调紧风机皮带轮，增加空气流量使得冷却塔的效率达到额定的 55%，则高温冷水机组的冷凝温度将会下降约 2℃。

8.1.4.3 提高干式风机盘管的性能

在该建筑中，干式风机盘管用于带走室内大部分显热。干式风机盘管是一种新的空调部件，该建筑安装的干式风机盘管的输送系数 TC_{fc} 低于 20（传统湿式风机盘管的输送系数 TC_{fc} 在 50 左右）。目前的干式风机盘管仍然沿用湿式风机盘管的结构形式，而对于没有凝结水的干式风机盘管可采用不同的结构形式（第 3.2.3 节，其输送系数为 50 左右）。

目前该建筑温度控制空调系统的性能系数 COP_{TEMP} 为 3.7，整个空调系统的性能系数 COP_{SYS} 为 4.0。采用上述三种措施后对温度控制空调系统性能的影响，汇总在表 8-5 中，温度控制系统的性能系数 COP_{TEMP} 将达到 4.8，整个 THIC 空调系统的性能系数 COP_{SYS} 为 4.4。改进后的温度控制空调系统将比目前的温度控制系统节能 23%，THIC 空调系统的整体性能也有 9% 的提高。

温度控制系统各项耗电量（改进后） 表 8-5

电耗类型	高温冷水机组 P_c	冷冻水泵 P_{chp}	冷却水泵 P_{cdp}	冷却塔 P_{ct}	风机盘管 P_{fc}
电耗（kW）	47.7	17.8	14.6	3.7	9.0
备注	COP_c 从 8.5 提高到 9.3	TC_{chw} 从 14.6 提高至 25			TC_{fc} 从 18.6 提高至 40

8.1.5 小结

位于深圳的该办公建筑是在我国华南地区应用温湿度独立控制空调系统最早的办公建筑之一，办公区域内空调效果良好，对温湿度独立控制空调系统的推广具有重要的示范作用。高温冷水机组的 COP 可以达到 8.5 左右，溶液除湿新风机组的 COP 在 4.4~5.0 之间，整个空调系统的性能系数 COP_{SYS} 达到了 4 以上，明显高于常规空调系统的性能系数。目前运行情况下，THIC 空调系统耗电量为 32kWh/($m^2_{空调面积}$ · a)、23kWh/($m^2_{建筑面积}$ · a)，表明此 THIC 空调系统具有显著的节能优势。目前该温度控制空调系统的整体性能系数为 3.7，低于湿度控制空调系统的整体性能系数 4.1，尚有进一步提高性能的潜力。

8.2 潮湿地区应用案例 Ⅱ：北京某办公楼

我国不少地区冬夏电负荷差异较大，以北京为例，夏季电负荷峰值比冬季高出 25% 左右。造成夏季电负荷大的重要原因是空调用电量巨大，且空调用电时间较集中，导致电负荷峰谷差大，使得夏季城市电力输送设备容量严重不足。随着电制冷空调装机容量逐年递增，这一问题日趋尖锐。解决上述问题的途径之一就是削减夏季空调用电负荷，采用电制冷以外的方式来满足空调需要。热电联产电厂发电（我国北方地区）的同时产生大量低品位热能，如能在夏季利用这一低品位热能驱动空调系统就能有效解决上述问题。此节以北京某办公建筑为例，介绍夏季采用城市热网热量驱动的 THIC 空调系统情况。

8.2.1 空调系统形式及负荷结果

本节介绍的采用溶液调湿空调系统去除湿负荷的 THIC 空调系统安装在北京某办公楼（陈晓阳，2005），该工程 2003 年 3 月开始施工，同年 10 月竣工。建筑外观及平面布局如图 8-11 所示，建筑高度为 18.6m，面积约 2000m²，共 5 层。一层主要为门厅、接待室、会议室，二至五层主要是办公室及会议室，每层设一个空调机房。

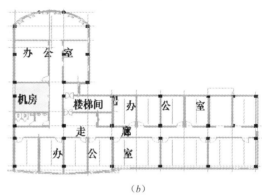

(a)　　　　　　　　　　　　　　　(b)

图 8-11　建筑外观与平面图

(a) 建筑外观图；(b) 平面示意图

北京室外夏季空调设计计算干球温度为 33.2℃、湿球温度为 26.4℃，冬季空调设计计算温度为 −12℃。室内夏季空调设计参数为 26℃，相对湿度为 60%，冬季空调设计温度为 20℃，人均新风量为 50m³/h，人员密度为 0.1 人/m²。

该办公楼主要以办公、会议为主，隔断较多，各房间相对独立，因此空调采用风机盘管加新风系统形式。新风采用以溶液为工质、低温热水驱动的新风机组（见图 8-12）处理，新风处理到低于室内含湿量的状态（送风状态点：25℃，50%），新风机组承担新风负荷和室内湿负荷，而末端风机盘管只需承担围护结构、灯光、设备、太阳辐射和人体显热负荷等。

新风承担室内湿负荷，新风送风含湿量按式（8-4）确定：

$$d_r = d_n - \frac{L}{\rho G} = 12.6 - \frac{109}{1.2 \times 50} = 10.8 \text{g/kg} \tag{8-4}$$

式中　ρ——空气密度，kg/m³；

　　　G——人均新风量，m³/(h·人)；

　　　d_n——室内设计含湿量，g/kg；

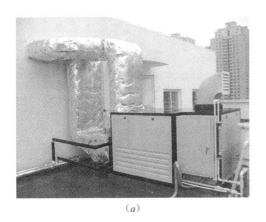

(a)　　　　　　　　　　　　(b)

图 8-12　热水驱动的溶液除湿新风机组
(a) 溶液除湿新风机；(b) 再生器

d_r——新风送风含湿量，g/kg；

L——湿负荷，g/(h·人)。

负荷计算结果见表 8-6，按楼层把空调面积划分为 5 个分区，每层一台新风机组，提供该层所需新风，新风机组共承担 90.7kW 的新风负荷及室内湿负荷；室内显热负荷共92kW，由一台风冷冷水机组承担。

建筑空调负荷计算结果　　　　　　　　　　　　表 8-6

楼层	空调面积（m²）	新风量（m³/h）	新风负荷（kW）	室内湿负荷（kW）	室内显热负荷（kW）
一层	400	2000	16	2.9	18
二层	400	2000	16	2.9	18
三层	400	2000	16	2.9	18
四层	400	2000	16	2.9	18
五层	320	1600	12.8	2.3	20
总计	1920	9600	76.8	13.9	92
			90.7		

8.2.2　空调系统方案设计

由负荷计算结果可知，该办公楼所需空调设备包括：5 台 2000m³/h 风量的新风机组提供新风；1 台 120kW 的风冷制冷机，供/回水温度为 18/21℃；新风机组承担 90.7kW的除湿冷量，这部分冷量由再生器提供的浓溶液承担，考虑 80% 的再生效率，需要的热源功率约为 113kW，热源为城市热网热水，设计供/回水温度为 75/60℃，计算得到热水流量为 6.5t/h。冬季采暖通过换热器与城市热网换热，热水供给至风机盘管对房间加热。

该办公建筑布局整齐，图 8-13 为典型办公室风口布置平面图，通常在一个 3.6m×

5.4m 的办公室内包括一个风机盘管风口、一个新风口和一个回风口，采用方形散流器下送风。每个新风口装有调节阀，平衡各房间新风量，风机盘管风口没有调节阀，通过风机调速调节风量。由于要对回风进行热回收，与一般的风机盘管加新风系统相比，增加了回风系统，但没有专门的回风管路。每个房间吊顶上有一个回风口，通过进入房间的新风管路周围的空间进入走廊的吊顶，新风机组的回风机在和机房相接的走廊的吊顶里抽取回风。

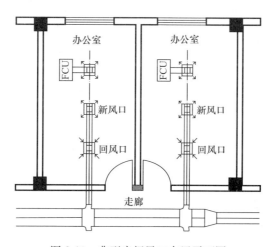

图 8-13　典型房间风口布置平面图

　　新风采用具有吸湿性能的溶液进行处理，这是与常规空调系统的最大区别，以下将详细介绍新风机组的不同运行模式。夏季新风机组运行在降温除湿模式下，以溶液为工质，吸收空气中的水蒸气，需不断向机组提供浓溶液以满足工作需求，溶液循环系统的工作原理参见图 8-14，图中右半部分为水系统原理图，制冷机产生的 18℃ 冷水输送到新风机组和室内盘管。浓溶液泵从位于一层机房的浓溶液罐中抽取浓溶液输送到各层新风机组，溶液和空气直接接触进行热质交换，溶液吸收水蒸气后变稀，通过溢流方式流回稀溶液罐。由于一层新风机组和储液罐没有高差，无法形成溢流，采用控制液位的方式，用泵把稀溶液抽回储液罐。溶液采取集中再生方式，从稀溶液罐中抽取溶液送入位于五层机房的再生器，浓缩后的浓溶液也通过溢流的方式回到浓溶液罐。热网热水提供再生所需的能量，设计供/回水温度为 75/60℃。进出再生器的溶液管之间有一个回热器，回收部分再生后溶液的热量，提高系统效率。为使系统运行稳定，根据供水管网定压的原理，在除湿溶液管路和再生溶液管路中各增加一个储液箱，每个储液箱上设有一根溢流管，多余溶液通过溢流管回流到溶液罐。系统中设计的储液罐如图 8-15 所示，储液量为 3m³（约 4.5t 溶液），可蓄能 1070MJ。根据负荷计算结果，空调潜热负荷约为 90kW，在不开启再生器的情况下，系统可连续工作 3.3h。实际中系统很少运行在设计负荷（满负荷）下，一般情况下蓄满浓溶液可满足一天的除湿要求。由于溶液对镀锌管或普通不锈钢管有腐蚀性，溶液管路系统采用CPVC材质。冬季运行时，关闭图中左侧溶液循环系统，新风机组通过内部溶液循环，实现对室内排风全热回收从而降低新风处理能耗。此时制冷机关闭，热网热水进入风机盘管向室内供热。

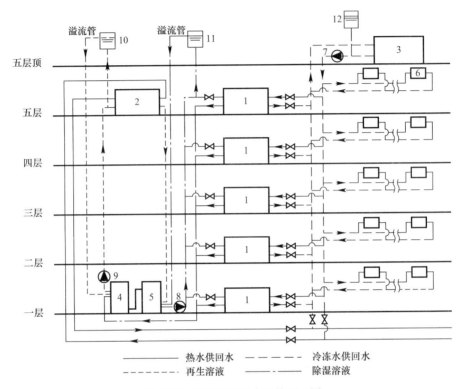

图 8-14　溶液系统和水系统原理图

1—新风机组；2—再生器；3—风冷冷水机组；4—稀溶液罐；5—浓溶液罐；6—风机盘管；
7—冷冻水泵；8—浓溶液泵；9—稀溶液泵；10—稀溶液溢液箱；11—浓溶液溢液箱；12—膨胀水箱

图 8-15　溶液系统的储液罐

8.2.3 空调系统运行调节

8.2.3.1 送风湿度控制

一般建筑室内湿源主要是人员产湿，新风量根据人数控制，送风含湿量相对稳定。当室外含湿量变化时，如何调节使得送风含湿量达到设定值是关键问题。通过测试发现送风的温度、相对湿度和与之对应的溶液槽中的溶液温度、密度存在很好的线性关系，如图 8-16 和图 8-17 所示，那么一种很自然的控制逻辑就是通过控制溶液温度和密度来控制送风的温度和相对湿度，进而控制所需的送风含湿量。

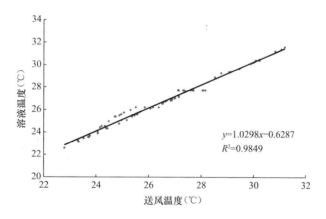

图 8-16 送风温度和溶液温度的线性关系

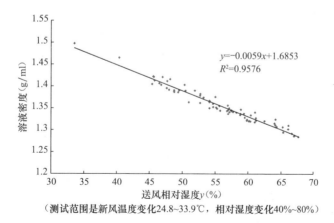

（测试范围是新风温度变化24.8~33.9℃，相对湿度变化40%~80%）

图 8-17 送风相对湿度和溶液密度的线性关系

8.2.3.2 再生器的控制

溶液系统中需要供给新风机浓溶液，吸湿后稀溶液进入再生器浓缩再生，完成溶液循环，如图 8-18 所示。新风机一般按照最大负荷选型，需随时提供充足的新风。若再生器也按最大负载选型，由于新风机大部分时间处于部分负荷运行，再生器将处于频繁的间歇运行状态。同时所需热源供应随负荷变化也存在峰谷差，而利用城市热网供热则希望有稳定的热负荷。这时可以利用溶液很好的蓄能能力，使再生器按平均负载选型，用蓄存的浓溶液满足平均负载能力和最大负荷的差别。此处的平均可以是负荷最大日平均，也可是若干天的平均，平均负载与最大负荷的差别决定了蓄能的规模。

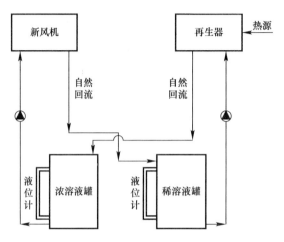

图 8-18　溶液调湿新风机组运行示意图

为保证充足的浓溶液满足新风机除湿要求，可根据浓溶液罐液位高度控制再生器启停。当除湿负荷大于再生器再生能力即再生器提供的浓溶液量小于新风机所要求的量时，浓溶液液位将持续下降，直至除湿负荷减小或关闭新风机组，但再生器继续工作，稀溶液被浓缩储存在浓溶液罐中，液位不断上升。当浓溶液罐液位达到一定高度后，系统中所有稀溶液都被浓缩为浓溶液，此时再生器关闭。城市热网供热希望系统能有稳定的热负荷，蓄能的使用可在最大限度地满足这一要求，有利于管网调节及降低设备容量。而且溶液蓄能增加了系统抵抗热源风险的能力，当热源由于某些原因停止供应时，依靠蓄存的浓溶液系统仍可维持一段时间。

8.2.4 空调系统性能测试

分别对夏季工况及冬季工况进行了测试，测试内容包括：所有房间逐时温、湿度，新风机组除湿器、再生器的工作性能，空调系统能耗情况等。

8.2.4.1 空调房间温湿度

测量各个房间逐时温、湿度主要有两个目的：一是温、湿度是评价室内热舒适的重要指标，通过测量考察该 THIC 空调系统能否提供一个舒适的室内环境；二是室内风机盘管在干工况下运行，没有凝水排放管路，因此室内露点温度必须控制在低于冷冻水供水温度，才能保证不会结露。图 8-19 给出了从 7 月 1 日～31 日室外干球温度、露点温度和室内干球温度、露点温度的变化情况，可看出室内温度大致在 24～27℃之间，相对湿度为

40%～60%，室内维持一个较为舒适的环境。而室内露点温度始终低于冷冻水供水温度（18℃），风机盘管表面不会结露。

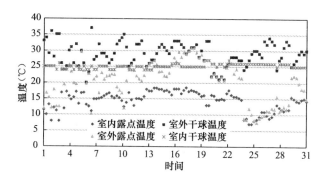

图 8-19　七月份各温度测试结果

8.2.4.2　新风机组性能测试结果

1. 夏季性能测试结果

溶液调湿新风机组和再生装置的效率分别定义为：

$$COP_d = \frac{新风获得冷量}{新风湿度变化 \times 汽化潜热} = \frac{h_{a,in} - h_{a,out}}{r_0(\omega_{a,in} - \omega_{a,out})} \tag{8-5}$$

$$COP_r = \frac{新风湿度变化 \times 汽化潜热}{再生加热量} = \frac{\dot{m}_a r_0(\omega_{a,in} - \omega_{a,out})}{Q_{hot}} \tag{8-6}$$

因而，溶液调湿新风处理系统的整体性能系数 COP_{air} 为：

$$COP_{air} = \frac{新风获得冷量}{再生加热量} = COP_d \cdot COP_r \tag{8-7}$$

表 8-7 给出了典型工况下新风机组空气进出口参数随室外状态变化情况。图 8-20 给出了新风机组能效比 COP_d 随相对湿度的变化情况，可以看出能效比受室外状态影响显著，随相对湿度增加而变小。通过对连续测量数据的分析计算，新风机组的平均 COP_d 为 1.83。表 8-8 列出了除水量及再生效率不同工况下的变化情况，再生的平均效率 COP_r 为 0.82。因而，溶液调湿新风处理系统的整体性能系数 COP_{air} 约为 1.5。

典型工况下新风机组的工作性能　　　　表 8-7

新风				回风				COP_d
进口		出口		进口		出口		
温度（℃）	含湿量（g/kg）	温度（℃）	含湿量（g/kg）	温度（℃）	含湿量（g/kg）	温度（℃）	含湿量（g/kg）	
28.6	17.1	27.1	10.6	26.7	12.4	29.9	23.3	1.11
29.3	13.7	24.3	10.4	26.1	11.9	27.5	19.3	1.66
31.3	11.6	22.8	9.8	26.4	10.6	26.6	17.3	2.87

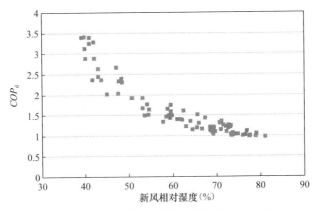

图 8-20　新风相对湿度对新风机组工作效率的影响

再生器在不同工况下的工作性能　　　　表 8-8

| 工况 | 新风 | | 热水 | | 进口溶液 | | 出口溶液 | | 除水量(g/s) | COP_r |
	温度(℃)	含湿量(g/kg)	进口温度(℃)	出口温度(℃)	流量(ml/s)	密度(g/ml)	流量(ml/s)	密度(g/ml)		
1	30.6	20.2	68.7	57.7	186.2	1.3049	147.3	1.3780	40.0	0.89
2	30.9	19.7	69.3	57.9	182.7	1.3112	142.0	1.3817	43.3	0.92
3	30.3	18.3	72.8	62.3	166.9	1.3550	128.8	1.4310	41.9	0.94
4	33.4	20.2	73.2	60.5	212.9	1.3452	173.2	1.4045	43.1	0.84
5	34.2	21.5	73.2	61.0	213.5	1.3581	172.6	1.4245	44.1	0.92
6	33.4	22.1	73.1	61.4	199.3	1.3632	170.0	1.4279	28.8	0.64
7	33.4	21.8	73.2	61.4	195.7	1.3648	161.3	1.4310	36.2	0.81
8	32.8	21.1	73.2	61.6	189.2	1.3722	156.6	1.4390	34.3	0.79
9	30.2	19.5	72.0	61.6	187.2	1.3815	155.6	1.4483	33.3	0.79
10	28.7	17.9	71.6	61.4	189.8	1.3855	155.8	1.4477	37.4	0.90
11	28.7	17.6	71.5	62.2	141.5	1.3868	112.6	1.4775	29.9	0.81

2. 冬季性能测试结果

冬季工况时，再生器停止运行，溶液在新风机内循环流动，实现新风与排风的全热交换。新风机组相当于一个全热交换器。表 8-9 给出了冬季某天的测量数据，结果表明全热回收效率以及潜热回收效率大约在 50% 左右，新风的处理能耗可降低一半。

冬季全热回收工作性能　　　　表 8-9

| 新风 | | | | 回风 | | | | 湿度回收效率 | 全热回收效率 |
| 进口 | | 出口 | | 进口 | | 出口 | | | |
温度(℃)	含湿量(g/kg)	温度(℃)	含湿量(g/kg)	温度(℃)	含湿量(g/kg)	温度(℃)	含湿量(g/kg)		
5.8	3.1	12.6	4.0	18.7	5.0	12.7	4.0	0.50	0.52
7.1	3.1	13.3	4.1	19.5	5.1	13.7	4.1	0.49	0.5
12.4	3.4	16.7	4.4	20.7	5.3	17.2	4.0	0.51	0.52

8.2.5 小结

基于城市热网热水驱动的溶液调湿方式的 THIC 空调系统工程，溶液处理新风承担新风负荷及建筑物湿负荷，利用高温冷源承担显热负荷，实现了温湿度独立控制。实测表明，该系统可提供健康、舒适的室内环境，空调季运行时溶液除湿空调系统综合能效比达1.5，再生效率达到 0.85；采暖季运行时，新风机全热回收效率约为 50%。具有很好的应用前景，为优化城市能源供应系统及大规模应用积累了实践经验。

8.3 干燥地区应用案例：乌鲁木齐某医院

8.3.1 建筑与空调系统概况

该医院位于乌鲁木齐市，于 2007 年投入使用，包括地下一层、地上一～十九层，总建筑面积约 46000m²，参见图 8-21（谢晓云，2009）。其中地下一层为车库、洗衣房、库房等，地上一～四层为诊室、治疗室，五～十八层为病房、诊室、网络和电教中心，十九层为手术层。其中，五～十八层的普通病房和诊室的建筑面积约为 38000m²。

图 8-21　乌鲁木齐某医院立面图

8.3.1.1 基于间接蒸发冷却的 THIC 空调系统原理

由于新疆位于我国典型的干热气候区，可直接利用室外的干燥空气带走房间的湿负荷，同时还可利用室外的干燥空气通过间接蒸发冷却技术制备高温冷水，送入房间的显热末端，带走房间的显热负荷。

该医院一～四层的诊室和手术层的空调系统由净化空调单独承担。五～十八层的普通病房和诊室采用间接蒸发冷却式空调系统，如图 8-22 所示，由间接蒸发冷水机组制备

15～19℃的高温冷水送入房间的干式风机盘管末端，带走房间大部分的显热负荷；由间接蒸发冷却新风机组制备温度为 18～21℃、含湿量为 8～10g/kg 的新风送入室内，带走房间的湿负荷和部分显热负荷。

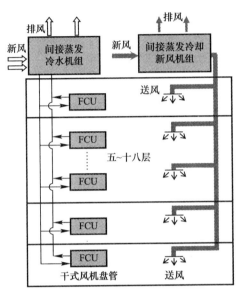

图 8-22　乌鲁木齐某医院 THIC 空调系统原理图

8.3.1.2　空调设备选型

间接蒸发冷水机组的原理图和实际机组如图 8-23 所示。该系统选用一台间接蒸发冷

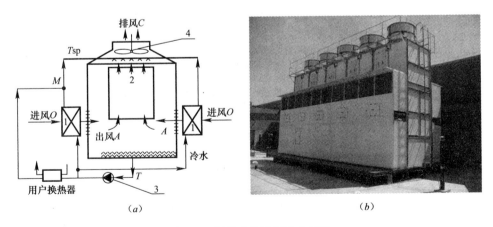

图 8-23　间接蒸发冷却冷水机组

（a）机组流程原理；（b）机组照片

1-空气—水逆流换热器；2-空气—水直接接触逆流换热塔；3-循环水泵，4-风机

水机组，共 374 台干式风机盘管，其装机功率如表 8-10 所示。间接蒸发冷却新风机组的原理图和实际机组如图 8-24 所示。该系统选用一台间接蒸发冷却新风机组，送风量为100000 m³/h，包括机组排风机、新风送风机在内的风机总装机功率 56kW。

间接蒸发冷水机组和干式风机盘管的装机功率 表 8-10

间接蒸发冷水机组		系统循环水泵（kW）	干式风机盘管风机总功率（kW）
设计冷量（kW）	排风机（kW）		
700	17.5	20	24.9

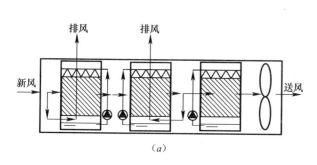

图 8-24 间接蒸发冷却新风机组

(a) 机组流程原理；(b) 机组照片

8.3.2 空调系统运行性能

8.3.2.1 冷水机组和新风机组实测性能

图 8-25 与图 8-26 给出了 2007 年典型日测试得到的间接蒸发冷却机组的性能。间接蒸

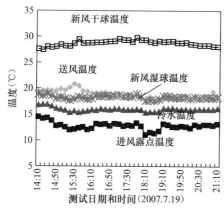

图 8-25 冷水出水温度和新风送风温度

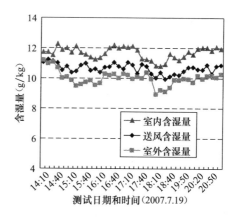

图 8-26 新风机组送风含湿量

发冷水机组的出水温度为 15～17℃，低于新风的湿球温度，基本处在新风湿球温度和新风露点温度的平均值。间接蒸发冷却新风机组的送风温度为 18～21℃，与新风湿球温度处在同一水平。间接蒸发冷却新风机组的送风含湿量为 10～11g/kg。当室外较干燥时，间接蒸发冷却新风机组通过多级间接蒸发冷却段对新风降温后，还可通过加湿段适当对新风进行加湿调节送风含湿量，使得新风送风含湿量处在室内、室外含湿量之间。

　　基于间接蒸发冷却式的空调系统，实测房间的温度和相对湿度如图 8-27 所示。当室外温度在 20～35℃ 间波动时，室内温度保持在 24～26℃ 左右，室内相对湿度 50%～60%，很好地满足了房间温度、湿度的需求，营造了舒适的室内温湿度环境。

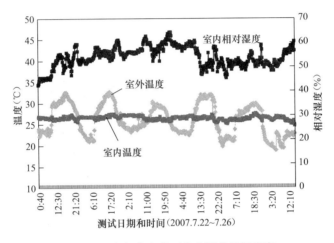

图 8-27　乌鲁木齐某医院实测房间温湿度

8.3.2.2　系统承担房间冷量

　　间接蒸发冷却式空调系统中，由间接蒸发冷水机组制备的冷水作为主要冷源，承担房间的显热。同时，由于经过间接蒸发冷却处理后的新风除可独立承担房间湿负荷外，还可承担部分房间的显热负荷，实际房间的显热由冷水和新风共同承担。这里只考虑系统带走房间的冷量 Q_r，不包括把新风冷却到室温的冷量，如式（8-8）所示：

$$Q_r = G_w \times c_{pw} \times (t_{w,r} - t_{w,out}) + G_f \times c_{pa} \times (t_{r,a} - t_{f,a}) \tag{8-8}$$

　　实测系统带走房间的总显热如图 8-28 所示，系统中冷水带走房间显热的比例如图 8-29 所示。系统带走房间的总显热在 400～500kW 之间，冷水带走房间显热的比例在 40%～60% 之间。对于间接蒸发冷却式空调系统，冷水带走房间显热的比例一般取决于新风量和建筑的热、湿负荷比例。对于医院类建筑，系统所需的新风量偏大，冷风带走房间显热的比例能达到 50% 左右。

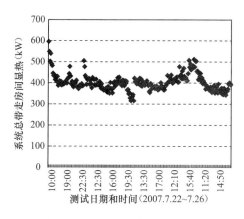

图 8-28 系统带走房间的总显热

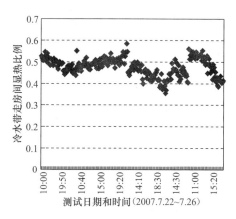

图 8-29 冷水带走房间显热的比例

8.3.3 空调系统能耗分析

实测间接蒸发冷却式空调系统各部件的实际电耗如表 8-11 所示，整个空调系统的性能如表 8-12 所示。间接蒸发冷却冷水机组的性能系数 COP_c 为 15.9，远高于压缩制冷的冷水机组；间接蒸发冷却新风机组的性能系数 COP_{air} 为 12.6。对于整个冷水系统，包括冷水机组、冷冻水泵和干式风机盘管耗电量在内，该冷水系统的综合性能系数 COP_{TEMP} 为4.6。对于整个新风系统，包括新风机组耗电量和送风机耗电量在内，该新风系统的综合性能系数 COP_{HUM} 为 4.0。由于冷水系统的综合性能系数高于新风系统，因而单纯从带走房间显热的角度，以冷水为媒介稍好。因此，一般间接蒸发冷却式空调系统中，输送新风的主要目的是满足房间的健康需求，满足健康需求的新风经过间接蒸发冷却新风机组处理后，还能带走房间部分显热。

间接蒸发冷却式空调系统各部件耗电量（单位 kW）　　　　表 8-11

间接蒸发冷却冷水机组（排风机）P_c	间接蒸发冷却新风机组（间冷水泵、排风机）P_{air}	冷冻水泵 P_{chp}	送风机 P_{fan}	干式风机盘管 P_{fc}	空调系统总电耗 P总
13.8	13.4	14.9	28.3	19.2	89.6

空调系统性能分析　　　　表 8-12

	整体性能	各部件性能
温度控制系统	性能系数 $COP_{TEMP}=4.6$ 提供冷量 $Q_T=219kW$	冷水机组 $COP_c=Q_T/P_c=15.9$ 冷冻水泵输送系数 $TC_{chp}=Q_T/P_{chp}=14.7$ 风机盘管输送系数 $TC_{fc}=Q_T/P_{fc}=11.4$
湿度控制（新风）系统	性能系数 $COP_{HUM}=4.0$ 提供冷量 $Q_H=170kW$	新风机组 $COP_{air}=Q_H/P_{air}=12.6$ 风机输送系数 $TC_{fan}=Q_H/P_{fan}=6.0$

由此，整个空调系统的性能系数 COP_{sys} 达到 4.3。值得注意的是，这里仅考虑了系统带走房间的显热 Q，而并没有把冷却室外新风需要的新风显热冷量计入。首先，由于间接蒸发冷却新风机组的参与，Q_r 并不等同于系统处理的冷量，同时考虑到干热地区室外新风本身具备带走房间湿负荷的能力，系统的能效比并未计入系统带走房间湿负荷的贡献。若考虑系统带走房间的全热（包括显热和潜热），则系统性能系数 COP_{sys} 可达到 6.2。

由表 8-12 的分析结果可以看出：虽然冷水机组和新风机组运行在较高的 COP 水平，但是输配系统的性能不佳。该医院各机组均未设风机变频、水泵变频等控制手段，冷冻水泵输送系数不到 15，风机盘管输送系数仅为 11，风机输送系数仅为 6。整个空调系统的性能还有进一步提高的潜力。即使在目前运行情况下，空调系统的性能系数实测值达到 4.3，显著高出普通空调系统运行的性能系数，因而在新疆等干燥地区，采用间接蒸发冷却方式获取高温冷水和处理新风是非常适宜于当地气候条件的空调系统方式。

8.4 高大空间应用案例

高大空间如机场、候车厅、建筑中庭等，室内净空间高达十几米甚至几十米，人员一般仅在地上 2m 以内的高度范围内活动。高大空间的空调往往是公共建筑空调能耗大户，目前这类空间大多采用全空气全面空调模式，通过射流式喷口送风来全面控制室内热湿环境，如图 8-30 所示。再加上在此类高大空间内，出于视野和采光要求采用较多的透光围护结构，导致夏季空调冷量消耗大，瞬态冷量一般在 $150\sim200\mathrm{W/m^2}$；冬季有时垂直温差太大，尽管耗热量很大，但人员活动区域仍温度偏低；每平方米每年仅风机电能就达几十千瓦时。这就需要通过空调系统形式的创新，大幅度降低这类空间的空调能耗。

图 8-30 喷口送风空调方式

从高大空间建筑负荷特点、室内温度和湿度分布以及人员活动区的空调需求出发，基于温湿度独立控制的空调理念，高大空间可以采用分层环境控制的模式：控制近地面人员活动区的热湿环境参数；再高的区域则依靠自然通风、周边缝隙进风及顶部排风等。这种分层控制、温湿度独立控制的空调方式不再沿用目前的全面通风换气和全面环境控制方式，在充分满足室内环境舒适性的前提下，可以大幅降低冷热负荷和风机电耗。本节介绍的案例主要采用了辐射地板末端与送风末端结合的 THIC 空调方式——送入干燥空气排除余湿负荷、实现湿度控制，利用辐射供冷末端承担温度控制任务。

8.4.1 泰国某机场应用案例

8.4.1.1 建筑基本信息

该机场位于曼谷，是世界上第一栋在机场大面积采用辐射地板供冷系统的建筑（Bjarne，2008），且曼谷地区气候终年炎热潮湿，对空调系统要求很高。其地板辐射供冷系统的成功设计和运行，为其他地区同类型建筑的空调系统设计提供了很好的范例。该机场的外观和内部环境如图 8-31 所示。

（a） （b）

图 8-31 泰国某机场外观与内部环境

（a）机场外观；（b）机场内部环境

8.4.1.2 空调方案与室内末端气流设计

1. 整体空调方案

机场大空间采用较多自然采光，室内太阳辐射得热量造成很大的室内负荷，如果采用喷口射流送风方式将带来巨大的风机输配能耗。该机场采用了辐射地板供冷＋分散置换通风的室内末端方式，参见图 8-32。辐射地板可直接吸收进入室内的太阳辐射得热，减少了太阳辐射得热向室内空气的掺混；分散式置换送风末端将干燥新风输送到人员活动区域，并补充辐射地板供冷不足所需的冷量，这种分散式送风末端避免了喷口射流送风形式造成的空气掺混，维持了空间上的空气温度分层。这种末端方案减少了风系统的风量，使输送空气的能耗降到最低，同时又可实现灵活调节室内供冷量的效果。

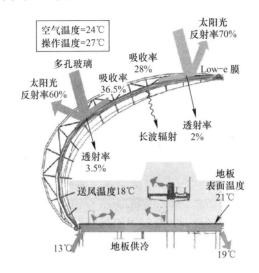

图 8-32　机场室内环境设计原理图（Bjarne，2008）

2. 辐射末端方案

图 8-33 为地板辐射供冷系统示意图。来自冷冻站的一次冷水（5/14℃）通过板式换热器换得供给辐射末端的二次冷水（13/19℃），辐射供冷系统控制策略如下：供水温度控制在 13℃，监控回水温度，监控室内温度、相对湿度；通过红外线传感器监控地板表面温度；若室内空气相对湿度较高，地板表面温度达到空气露点温度，关闭一次水回水管电动阀。

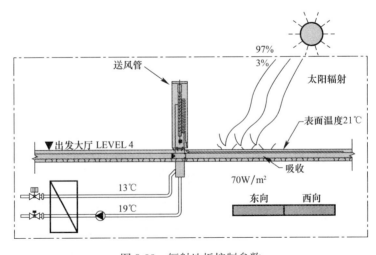

图 8-33　辐射地板控制参数

3. 新风控制参数

为置换通风的 AHU 位于辐射供冷地板下夹层，直接通过建筑构造的夹层回风，如图 8-34；而新风先经过 OAU 预处理降温、除湿后再接入 AHU 与回风混合到要求的送风状态送入室内。该机场采用冷凝除湿的方式，在保证除湿量的同时，空气温度非常低。该设计通过两种手段解决送风温度过低的问题：（1）OAU＋带回风 AHU 的方式，通过混风有效提高送风温度；（2）在冷凝除湿段前后增加换热盘管，通过两个盘管之间载冷剂的循环，回收新风的热量，如图 4-30 所示。室外新风（W）经预处理盘管预冷（W_1）到 29℃左右；通过冷凝除湿盘管（5/14℃）将新风处理到（L）10℃、7.8g/kg；通过回收新风热量的再热盘管将送风加热后（O）送入 AHU。实际的辐射地板末端及送风末端形式如图 8-35 所示。

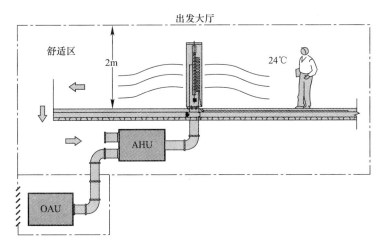

图 8-34 送风系统示意图

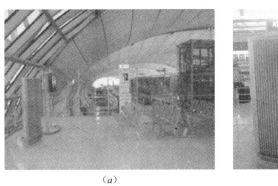

（a） （b）

图 8-35 辐射地板末端及送风末端实物图

（a）辐射地板末端；（b）送风末端

235

8.4.1.3 性能测试结果

测试日室外空气温度在30℃左右，典型时刻室外空气参数见表8-13。对出发大厅某置换送风口进行了详细测试，如图8-35（b）所示。单个置换送风口面积为2.1m²，有效系数为0.3，风口有效面积为0.63m²，实测送风平均风速为0.66m/s。送风温度为16.2～17.0℃，送风相对湿度为68%～70%，送风含湿量为7.8～8.4g/kg；室内空气温度约为25℃。

测试日典型时刻室外气象参数　　　　　　　　　　　表8-13

时 间	干球温度	相对湿度	含湿量	露点温度
中午12：30	30.5℃	65.4%	18.1g/kg	23.3℃
下午15：30	32.1℃	61.5%	18.6g/kg	23.8℃

1. 地板表面温度

（1）出发大厅辐射地板表面温度

测试时地板辐射供冷系统供水温度为14～21℃，出发大厅典型区域的地板表面温度测试结果如图8-36所示，可以看出靠近外窗处的地板因有太阳辐射而使得表面温度明显较高；地板表面温度集中在17～19℃之间。位于出发厅某处旅客坐席的室内空气参数实测为温度24.8℃、相对湿度56.9%，对应的露点温度为15.7℃。辐射地板表面温度高于其周围空气露点温度，不会出现结露现象。

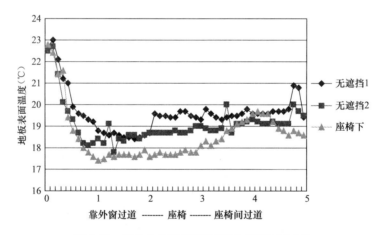

图8-36 出发大厅地板表面温度（当日15：00）

（2）候机楼地板表面温度

候机楼地板表面温度测试结果如图8-37所示，登机口座椅下的地板表面温度较低，在15℃左右。对登机口坐席上及坐席下地面附近的空气进行测试，坐席上空气温度为22.8℃、相对湿度为58.9%，对应的露点温度为14.3℃；坐席下地面附近的空气温度为19.8℃、相对湿度67.1%，对应的露点温度为13.5℃，地板表面温度也高于周围空气的露点温度，不会出现结露现象。

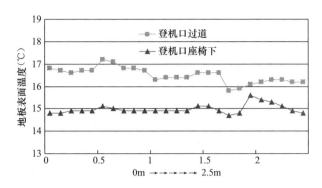

图 8-37 候机楼休息区地板表面温度（当日 10：00）

从实测结果来看，该辐射供冷末端实际运行时各处表面温度集中在 17～19℃，高于周围空气的露点温度，未出现结露现象；靠近外窗处的地板因有太阳辐射而使得表面温度明显较高；座椅遮挡处地板表面温度明显较低。

2. 入口处地板表面控制方法

在机场出入口等门禁经常开启的地方，室外热湿空气会渗透到室内，这一区域就成为易出现结露的危险区域，处理方法不当就可能会造成辐射供冷末端的结露现象。在该机场地板辐射供冷的解决方案中，距门口 10m 以内的地面未铺设辐射盘管，同时距门口 10m、15m 位置左右各有一个贴地面送风的风幕，通过送入干燥的空气尽量消除渗透风的影响，参见图 8-38。对门口周围区域进行测试：当门禁开启时，门口瞬时风速可达 3m/s 以上，表明门口存在大湿热空气侵入室内；距门口 10m 以内未铺设辐射供冷末端的地板表面温度达 27～28℃；经过第一个风幕后，此处铺设有辐射供冷末端，室内地板表面温度迅速降

图 8-38 机场入口处

低至 21℃左右；辐射供冷区域地面附近的空气露点温度均低于地板表面温度（21℃），不会出现结露现象。测试结果表明尽管有大量湿热空气侵入（露点温度为 23.8℃），由于采取了门口附近不铺设辐射供冷末端及设置阻隔风幕等措施，有效消除了渗透风的影响，地板表面不会结露。

8.4.1.4 小结

从该机场的空调方案及实际运行效果来看，在机场等高大空间中可以从温湿度独立控制的理念出发，通过送入干燥空气来实现湿度控制，通过辐射末端供冷来实现温度控制。辐射供冷末端必须与送风装置相互配合，在渗透风影响较大、容易出现结露的出入口等处应采取合理的预防措施。只要调节得当，这种温湿度独立控制的空调方式就可以实现良好的空调效果，满足高大空间中的空调需求，这种空调方式实现了高大空间中空调的局部控制、分层控制，为这类场所热湿环境的合理调控提供了有益经验。

在该机场中，冷冻水设计供/回水温度为 5/14℃，采用该温度的冷水实现对新风的除湿处理，并通过换热器换得高温冷水进入辐射地板供冷，该低温冷水制约了制冷机组的性能提高。在整个空调系统中，可提高冷冻水供回水温度，从而提高制冷机组的性能系数，对新风的除湿可用高温冷水预冷后再进一步冷凝除湿（新风机组内置热泵）或者采用溶液除湿等其他方式。图 8-39 给出了高大空间的一种室内环境控制模式。在近地面人员活动区 2m 范围内，下部送风装置直接将除湿处理后的干燥空气送入室内，承担建筑内所有的除湿处理任务；同时干燥的空气密度较大，从而起到"保护"辐射地板表面不结露的作用。由于辐射地板受到其表面不结露的制约以及人员热舒适性的考虑，因而其表面温度不能过低（一般不低于 20℃），从而限制了其供冷能力。图 8-39（b）新风送风口上部设置有类似于干式风机盘管的显热末端，可补充不足的冷量需求，从而实现对于室内温度的控制和调节。

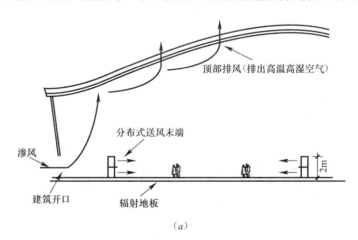

（a）

图 8-39 室内环境控制方法（近地面人员活动区）（一）

（a）渗透空气路径

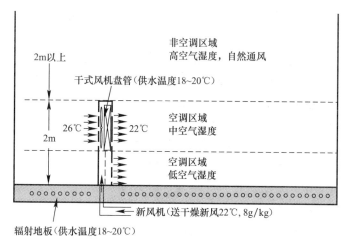

（b）

图 8-39　室内环境控制方法（近地面人员活动区）（二）

（b）分层控制方式

8.4.2　西安某机场应用案例

8.4.2.1　建筑基本信息

图 8-40 给出了西安咸阳国际机场 T3A 航站楼的设计外观，由中国建筑西北设计研究

（a）

（b）

图 8-40　西安机场 T3A 航站楼

（a）建筑外观；（b）办票大厅照片

239

院设计。建筑面积约 28 万 m²，于 2008 年 2 月开工建设，于 2012 年 5 月投入运行。该建筑地上 2 层、地下 1 层，地面建筑最大高度为 37m，地下深度为 8.6m，其中航站楼内最大层高（办票大厅）27m。航站楼是机场航空交通的枢纽中心，主要为旅客进出港提供各种服务，其主要功能为：办票大厅、候机大厅、行李提取厅、迎宾厅、行李分拣厅、商业和办公用房以及配套设备功能用房。

8.4.2.2 温湿度独立控制空调系统方案

该建筑采用了内遮阳大型玻璃幕墙作为其外围护结构。办票大厅和候机大厅布置在建筑顶部二层，内部为通透、开敞的高大空间，层高 11～27m；行李提取厅和迎宾厅布置在一层，内部为层高 10m 的畅通大空间；商业和办公用房一般是设置在大空间中的"房中房"。航站楼运营使用时间一般为 6:00～23:00/24:00。办票大厅和南指廊的候机大厅采用了温湿度独立控制空调系统，具体位置和区域见图 8-41，应用面积约为 4.7 万 m²。

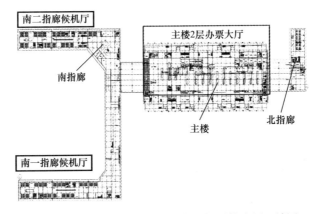

图 8-41 航站楼温湿度独立控制空调系统应用区域图

图 8-42 和图 8-43 为航站楼主楼和南指廊空调风系统原理图，对航站楼内高大空间部

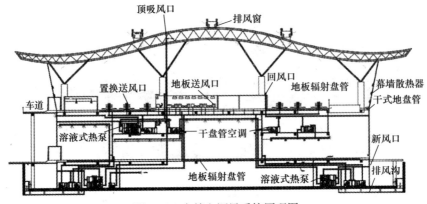

图 8-42 主楼空调风系统原理图

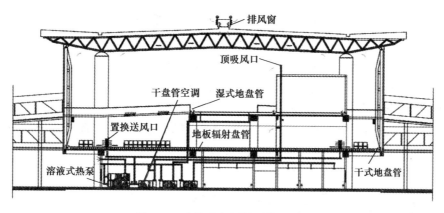

图 8-43 南指廊空调风系统原理图

分（主楼办票大厅和南指廊候机大厅）采用"置换式下送风＋地板冷热辐射＋干式地板风机盘管"的空调及送风方式，即室内温度主要由干式风机盘管和地板冷热辐射系统共同调节和控制，湿度则主要由置换下送风系统送入的空气进行调节和控制。该建筑室内THIC 空调系统采用了多种组合形式，具体内容详见表 8-14。辐射地板夏季设计供/回水温度为 14/19℃，设计供冷量为 60W/m²；辐射地板冬季供/回水温度为 40/30℃。需要说明的是置换送风空调夏季采用中部回风，顶部局部天窗排除污浊高温空气；冬季采用部分上顶回风，降低室内不必要的温度梯度；过渡季天窗全开，以便进行机械与自然通风（周敏，2011）。

航站楼 THIC 系统组成及功能　　　　　　　　表 8-14

处理形式	温度控制			湿度控制
	地板辐射盘管	干式地板风机盘管	干盘管空调机	热泵式溶液新风机组
送风方式		幕墙内侧下送	置换式下送	置换式下送
功能及作用	承担空调基本负荷；提高冷热辐射量，降低室内负荷且提高热舒适性；降低空调投资；提高回水温度，降低输送能耗和制冷能耗	承担空调负荷，辅助调节室内温度；消除外区负荷，提高舒适性；降低空调投资；提高回水温度降低输送能耗和制冷能耗	承担空调内区负荷，控制调节室内温度；充分利用置换送风，提供过渡季自然冷却新风，降低制冷能耗；配合置换送风温度，提高回水温度，降低输送能耗和制冷能耗	配合置换送风温度且承担空调湿负荷，调节室内湿度；提供空调季新风，承担新风负荷；充分利用置换送风，提供过渡季自然冷却新风，降低制冷能耗；就近利用冷热源，降低输送能耗

　　在 T3A 航站楼空调系统中，依据当地气候条件、冷热源特点等设计采用了地板辐射盘管和干式盘管空调，夏季运行时能够有效提高冷水回水温度。采用的 THIC 空调系统方案中，利用置换式下送风方式既能更好地满足室内热湿环境调节需求，又充分利用了当地

气候特点进行自然冷却，使得空调制冷能耗低于常规空调方式。

8.4.3 深圳某办公建筑前庭应用案例

8.4.3.1 前庭基本信息

本小节介绍深圳市某办公楼前庭的 THIC 空调系统应用案例，该前庭高 15m，连通一～四层，面积为 $720m^2$，前庭一侧（南侧）连接办公区域，另一侧（北侧）连接室外，前庭空间及截面如图 8-44 所示。

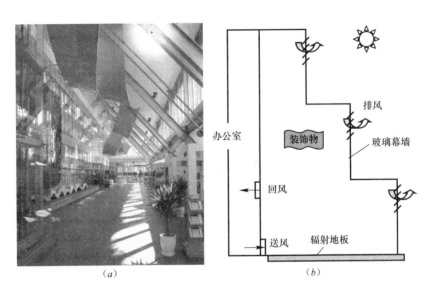

图 8-44　办公建筑前庭空间及截面图

(a) 前庭空间；(b) 前庭截面图

8.4.3.2 空调方案与室内末端气流设计

前庭采用分层空调方案，仅控制 2m 范围内人员活动区域的环境状况，采用温湿度独立控制的空调方式，具体方案为：

（1）温度：采用高温冷水机组制备出的 $17\sim18℃$ 冷冻水送入辐射地板，控制室内温度。湿度：采用 8000 m^3/h 风量的溶液除湿新风机组供干燥新风，控制室内湿度。

（2）人员活动区高度内：新风采用同侧下送上回的气流组织方式，通过一长条形格栅风口送入前庭。前庭在下方（南侧）设置了置换送风口，送入处理后的新风，侧上方为回风口，如图 8-45 (a) 所示。

（3）前厅上部空间：前庭三、四层的位置为与室外相通的百叶窗，如图 8-45 (b) 所示，有自然通风的作用，即利用室外空气将前厅顶部空间的热量带走。而且，在上部空间悬挂有一些装饰物，除了装饰美观作用外，还吸收太阳辐射热量，一定程度上减少辐射热量直接进入前庭下部人员活动区范围内。

(a)   (b)

图 8-45　前庭送回风口及排风口

(a) 前庭送回风口；(b) 前庭排风口

8.4.3.3　性能测试分析

1. 室外气象参数

测试阶段内室外空气温度和含湿量状况如图 8-46 所示，可以看出室外空气含湿量为 20g/kg 左右，日最高空气温度为 35℃。利用太阳辐射仪对室外太阳辐射量变化进行测试，如图 8-47 所示，太阳辐射最高可达 900W/m²，在 14:00 左右达到最高值。由于 7 月 16 日午后有雨，所以辐射量有较大程度的降低。

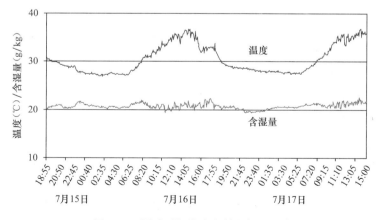

图 8-46　测试时间段内室外空气温湿度

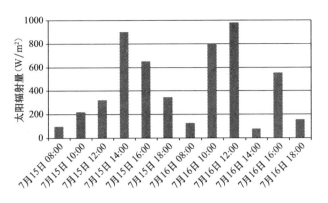

图 8-47 测试时间段内室外总太阳辐射量

2. 送风、回风、排风处温度

选取位于一个截面的不同风口（排风口为与室外相通的百叶），对前庭的送风、回风以及排风温度的变化情况进行测试，结果如表 8-15 所示。

空调系统运行时前庭送回风及排风温度 表 8-15

时刻	送风温度（℃）	回风温度（℃）	三层排风温度（℃）	四层排风温度（℃）
09：00	17.2	26.3	30.1	30.3
12：00	19.1	26.9	33.3	33.1
15：00	19.6	27.3	34.5	34.0
18：00	19.1	27.9	33.9	34.7

3. 辐射地板表面温度分布

为了得到地板表面温度分布情况，在前庭地板表面沿供水方向布置温度测点，地板表面温度测试结果如图 8-48 所示。辐射地板沿供水方向温度分布：白天辐射地板表面温度维持在 22～23℃左右；夜晚辐射地板表面温度缓慢提高到 25℃。早上从冷机开启（6:30）到表面温度达到稳定状态（9:30）用时 3h 左右；下午 16:00～17:00，太阳辐射直接照射到辐射地板表面，使得被照射表面温度升高。

遮挡对辐射地板表面温度的影响如图 8-49 所示，遮挡处的辐射地板减少了与周围环境的辐射换热，地板表面温度比无遮挡处低 1℃左右。遮挡等原因会造成辐射地板表面温度分布不均匀，表面低温区域有可能成为结露危险点。对地板附近的空气温湿度参数进行测量，结果如图 8-50 所示，可以看出在上午 7 时～下午 5 时的时间段内室内空气露点温度多在 15℃左右，低于地板表面最低温度，没有结露危险。根据前庭壁面温度分布及空气温度，可以得到操作温度，其含义为人体实际感受到的舒适温度。该办公楼前庭的操作温度稳定在 26℃左右，是人体感觉舒适的温度水平。

（a）

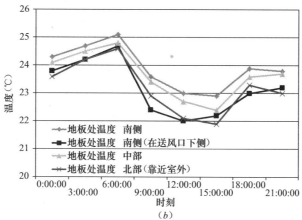

（b）

图 8-48　前庭地板表面温度分布

（a）测点位置；（b）温度数值

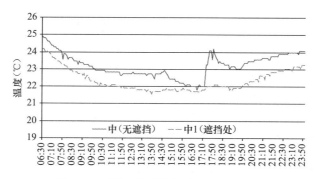

图 8-49　遮挡对辐射地板表面温度的影响

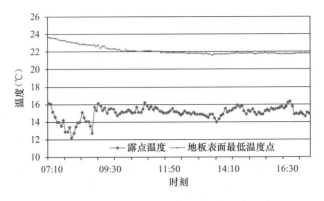

图 8-50　地板表面最低温度与空气露点温度

4. 前庭温湿度垂直分布

对于仅为了满足在地面活动人员的舒适性要求的高大空间，空调系统节能的关键在于合理的空调末端方式及释放冷/热量的形式。前庭设计辐射地板＋置换通风方式的目的是为了营造一个湿度垂直分布的环境，使底层湿度小、顶层湿度大，保证冷辐射地板不会结露。实际测试前庭垂直方向的温湿度分布情况如图 8-51 所示，其特点在于：（1）在垂直高度上形成良好的温度梯度，人员活动区域空气温度维持在 25℃ 左右，距地面 2m 以上高度的空间温度高，实现了温度分层控制；（2）利用新风系统从下部送入低于 20℃ 的干燥新风，在垂直高度上形成良好的湿度梯度，下部送风密度显著低于空间上部的热、湿空气，在地板表面形成低温低湿的保护膜，保证了室内地板附近的低湿环境，避免结露。

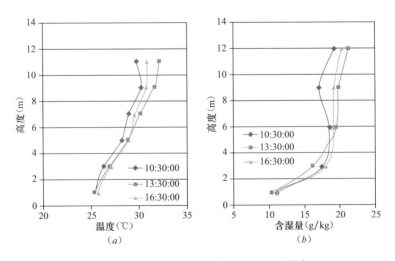

图 8-51　前庭垂直方向空气温度、湿度分布
（a）温度分布；（b）含湿量分布

8.5 工业建筑应用案例

对于工业建筑的工艺性恒温恒湿空调环境，一般采用全空气空调系统。由于被控环境的温湿度控制精度要求较高，经过冷凝除湿后空气含湿量虽然满足要求，但往往送风温度过低，传统空调一般采用冷凝除湿加再热的处理方式，存在明显的冷热抵消问题，能源消耗量非常大，温湿度独立控制空调系统在这一领域的应用具有更为显著的优势，以下以一恒温恒湿工艺性空调环境的改造工程为例进行分析。

8.5.1 建筑与原有空调系统概况

该工业建筑为北京某印钞厂检封车间，空调面积约10000m²，建筑外观如图8-52所示（刘拴强，2010）。检封车间对室内空气温湿度参数要求较高，室内设计参数为温度24±2℃、相对湿度为55％±5％。原有空调设备为1985年产品，采用传统的一次回风全空气系统，新风与回风混合后利用7/12℃的冷冻水除湿，然后利用蒸汽加热（热源为燃气锅炉）将空气再热至送风状态点，其系统原理如图8-53所示。

图8-52 检封车间外观照片

由于该项目原有空调系统年代较久，车间内存在油墨味浓重、空气品质差、室内温湿度参数难以控制等问题。图8-54给出了车间各房间室内参数的现场测试结果，可以看出：空调房间温度为21.5～25.5℃，相对湿度为46％～58％，超出了设计参数要求的范围。而且在车间内，由于新风量严重不足导致室内油墨味严重。笔者在中控室发现，所有组合式空调箱的新风阀和排风阀开度均为0，回风阀开度为100％，即系统运行在全回风工况，车间内没有新风供应。这是因为原空调系统夏季高温高湿条件下室内参数失控，运行人员

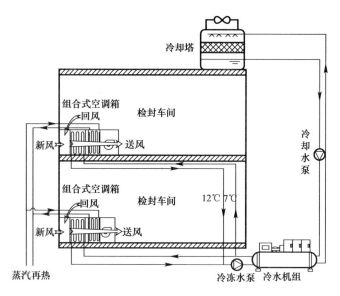

图 8-53 原有空调系统原理图

为维持室内生产条件，选择了关闭新风。不开启新风则对印刷车间的工人健康有着非常不利的影响。新风量不足的问题实际上是上一个问题的延续，若保证室内新风量充足，由于新风参数的波动性，室内参数无法精确控制，运行人员才选择关闭新风、牺牲室内空气品质来保证室内空气参数。因此，当解决好室内温湿度参数的控制问题，新风量不足的问题也能随之解决。原有空调系统采用冷凝除湿配合再热的方式，原有空调系统在设计工况下，冷水机组制冷量为 1574kW（制冷电耗为 463kW），蒸汽再热量为 531kW（为冷水机组设计制冷量的 34%）。上述冷热抵消问题，既增加了空调系统冷负荷，又消耗了大量蒸汽，运行费用较高。由于上述原因，业主决定对其进行节能改造。

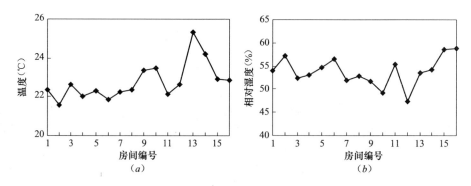

图 8-54 不同房间室内空气参数测试（2009 年 10 月）
(a) 空气温度；(b) 空气相对湿度

8.5.2 改造后的空调系统方案

系统改造时采用温湿度独立控制的系统形式，其工作原理如图 8-55 所示。经过除湿处理后的新风，承担排除建筑余湿、控制室内湿度的任务；室内温度的控制采用高温冷源对回风进行降温来实现。高温冷水机组提供的冷冻水供/回水设计参数为 14/19℃，高温冷水用于对新风的预冷和将新风送风与回风混合后的空气进行降温。图 8-56 给出了热泵驱动的溶液调湿空气处理机组的工作原理。室外新风首先在表冷器 I 利用高温冷水（14/19℃）预冷，之后进入溶液调湿单元进一步独立除湿至低湿状态，再与回风混合后在表冷

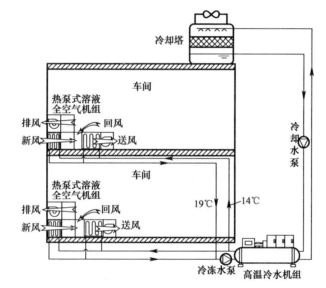

图 8-55 改造后空调系统方案

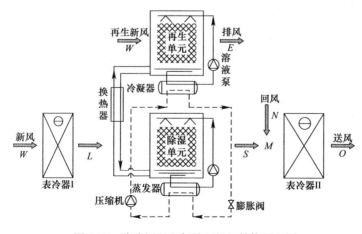

图 8-56 溶液调湿空气处理机组结构原理图

器 II 利用高温冷水（14/19℃）降温处理至送风状态点。对于溶液调湿系统，在除湿单元吸收了空气中的水分而变稀、吸水能力下降的溶液，被送入机组上层的再生模块（再生热量来源为热泵冷凝器的排热量），与再生新风接触，向新风释放水分，实现了溶液的再生浓缩；溶液被浓缩后再次送入机组下层的除湿单元，由此完成吸湿溶液的循环过程。溶液调湿系统中设置的热泵，其蒸发器用于冷却进入除湿单元喷淋的溶液、增强其吸湿性能；冷凝器的排热量用于加热进入再生单元喷淋的溶液，提供溶液浓缩再生的热量。

改造后的空调系统通过调节溶液调湿系统内置的热泵，实现对被处理新风送风含湿量（绝对湿度）的控制，通过调节高温冷水系统实现对送风温度的控制，从而全面满足室内温湿度与新风量的需求。由此可见，改造后的空调系统可以从根本上避免原有空调系统中先利用冷水机组冷凝除湿降温、后利用蒸汽再热的冷热抵消问题，同时由于冷水机组供水温度的提高，可使得冷水机组的性能系数比原有冷水机组获得大幅提升。

8.5.3 改造后空调系统测试结果

对改造后的空调系统运行效果进行了测试，测试期间内室外空气参数的变化参见图 8-57，室外空气温度为 28～34℃、含湿量在 18～24g/kg 范围内。图 8-58 给出了改造后的溶液调湿空气处理机组的送风温度和含湿量的情况（K-1～K-5 为空气处理机组编号），空气处理机组的送风温度为 16～20℃、含湿量在 7～10g/kg 范围内变化。图 8-59 给出了上述测试期间，车间内不同房间的室内空气温度和相对湿度情况，可以看出：车间内温度为 23～25℃、相对湿度在 52%～58% 范围内变化，很好地满足了车间对于温湿度参数的控制要求。

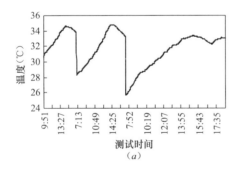
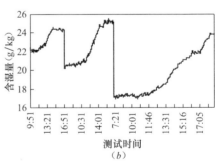

图 8-57 室外温湿度变化情况（图中数据为连续几天运行时间内的测试结果）

(a) 温度；(b) 含湿量

综上所述，改造后的空调系统采用温度、湿度独立控制的系统形式，既满足了工业车间对于室内温湿度参数和新风量的要求，又避免了原有空调系统的冷热抵消问题，节省了大量运行费用。改造后的温湿度独立控制系统年运行费用比原有空调系统节约了 52 元/㎡，比原有空调系统节能超过 50%。

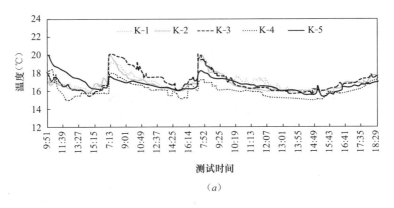

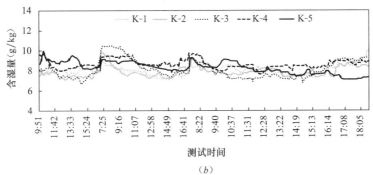

图 8-58 溶液调湿空气处理机组的送风参数

（a）送风温度；（b）送风含湿量

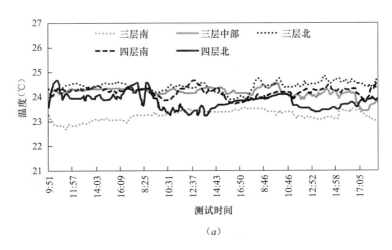

图 8-59 不同房间室内空气参数测试（改造后）（一）

（a）温度

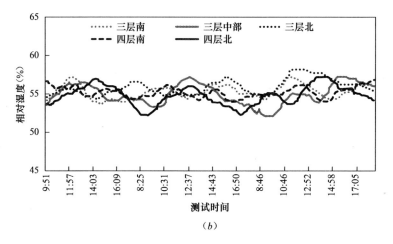

（b）

图 8-59 不同房间室内空气参数测试（改造后）（二）
（b）相对湿度

附录 A 湿负荷计算

室内的余湿主要来自人体散湿、敞开水表面散湿、植物蒸发散湿以及某些特殊建筑中需考虑从围护结构渗入的水分等，室内的余湿总量应等于上述各项产湿量之和。

A.1 人体散湿量

人体散湿量与性别、年龄、衣着、劳动强度以及环境条件（温、湿度）等多种因素有关，成年男子的散湿量参见表 A-1。从性别上看，可认为成年女子总散湿量约为男子的84%、儿童约为75%。由于性质不同的建筑物中有不同比例的成年男子、女子和儿童数量，为了计算方便，以成年男子为基础，乘以考虑了各类人员组成比例的系数，称群集系数，参见表 A-2。

不同温度条件下的成年男子散湿量（g/h）　　　　　表 A-1

劳动强度	温度（℃）														
	16	17	18	19	20	21	22	23	24	25	26	27	28	29	30
静坐	26	30	33	35	38	40	45	50	56	61	68	75	82	90	97
极轻劳动	50	54	59	64	69	76	83	89	96	102	109	115	123	132	139
轻劳动	105	110	118	126	134	140	150	158	167	175	184	194	203	212	220
中等劳动	128	141	153	165	175	184	196	207	219	227	240	250	260	273	283
重劳动	321	330	339	347	356	365	373	382	391	400	408	417	425	434	443

群集系数　　　　　表 A-2

工作场所	影剧院	百货商店	旅馆	体育场	图书阅览室	工厂轻劳动	银行	工厂重劳动
群集系数	0.89	0.89	0.93	0.92	0.96	0.90	1.0	1.0

人体散湿量（单位 g/h）的计算公式为：

$$W_1 = g \cdot n \cdot \beta \tag{A-1}$$

式中　g——成年男子散湿量，g/h；

　　　n——总人数；

　　　β——群集系数。

对于普通办公室，当室内温度为 25℃时，单个成年男子的散湿量为 102g/h。当人均 5m² 建筑面积时，单位建筑面积的人员散湿量即约为 20.4g/h。

A.2　敞开水表面散湿量

在某些建筑物内，存在着水箱、水池、卫生设备存水等水面，这些水体会不断向空气中散湿，其散湿量（单位 kg/s）的计算公式为：

$$W_2 = \gamma \cdot (p_{qb} - p_q) \cdot A_w \cdot \frac{B}{B'} \tag{A-2}$$

式中　p_{qb}——相应于水表面温度下的饱和湿空气的水蒸气分压力，Pa；

p_q——空气中水蒸气分压力，Pa；

A_w——蒸发水槽表面积，m²；

γ——蒸发系数，kg/(N·s)；

B——标准大气压，Pa；

B'——当地大气压，Pa。

蒸发系数的计算公式如下，其中 a 和 v 分别为不同水温下的扩散系数 [kg/(N·s)] 和水面上周围空气的流速（m/s），表 A-3 给出了不同水温下的扩散系数。

$$\gamma = (a + 0.00363v) \times 10^{-5} \tag{A-3}$$

不同水温下的扩散系数　　　　　　　　　　　　　　　　表 A-3

水温（℃）	<30	40	50	60	70	80	90	100
扩散系数 [kg/(N·s)]	0.0043	0.0058	0.0069	0.0077	0.0088	0.0096	0.0106	0.0125

当室内温度为 25℃、相对湿度为 55％，水槽的温度与空气温度相同时，p_{qb} 与 p_q 分别为 3156Pa 和 1729Pa。对于普通办公室，敞开水表面一般远小于房间建筑面积的 1％，因而单位建筑面积的散湿量远小于 2.5g/h。与人员散湿相比，一般情况下，由于敞开水表面所导致的散湿量可以忽略不计。

A.3　植物蒸发散发的水分

当室内种植有大量植物时，还需要考虑由于植物的蒸发作用散发到房间的水分。表 A-4 给出了一些植物蒸发率的测量结果。一盆大型花木如果其叶片面积达到 1m²，则从表中可见其产湿量可相当于 2～3 个人员的产湿量，因此在某些室内绿化较多的区域，这部分散湿量也必须给予考虑。

植物蒸发率 表A-4

植物名称	桂花	榆叶梅	紫叶李	连翘	白玉兰	木瓜
蒸发率 $[g/(cm^2 \cdot h)]$	0.0396	0.0441	0.0648	0.0431	0.0511	0.0620
植物名称	海棠	珍珠梅	紫藤	火棘	紫薇	紫荆
蒸发率 $[g/(cm^2 \cdot h)]$	0.0359	0.0954	0.0435	0.0378	0.0677	0.0364

注：摘自张景群等（1999）。

A.4 从围护结构渗入的水分

大多数建筑物的围护结构是多孔结构，水分能在其中吸附、扩散，并在墙内壁与室内空气之间发生传递过程。在大多数情况下，从这些围护结构进入室内的水分可以忽略不计。但在地下建筑物等某些特殊建筑中，由于建筑物的壁面与岩石或土壤连接，周围的岩石或土壤中的地下水，会通过墙壁的多孔结构渗入室内。由于影响壁面散湿的因素非常复杂，目前还没有成熟的壁面散湿量计算公式，在没有实测数据的情况下，可按照壁面散湿量 $0.5g/(m^2 \cdot h)$（离壁衬砌）或 $1\sim2g/(m^2 \cdot h)$（贴壁衬砌）估算。壁面散湿量（单位 g/h）的计算公式为：

$$W_3 = A_b \cdot g_b \tag{A-4}$$

式中　A_b——衬砌内表面积，m^2；

　　　g_b——单位内表面积散湿量，$g/(m^2 \cdot h)$。

附录 B 全球气候分析

B.1 世界各国夏季室外含湿量水平

图 B-1 给出了世界各国整体的气候情况，各个国家之间气候条件存在着明显的差异。我国东南部处于温带湿润地带，西北部处于干旱地带。图 2-26 给出了我国各个主要城市最湿月的平均室外含湿量情况。根据夏季室外含湿量的高低，可以区分出夏季需要对空气除湿的区域和无需除湿要求的干燥区域。图 B-2～图 B-5 分别给出了美国、欧洲、澳大利亚和新西兰、日本等地的夏季室外含湿量设计水平（数据来源为 ASHRAE Handbook 第 27 章 Climatic Design Information）。

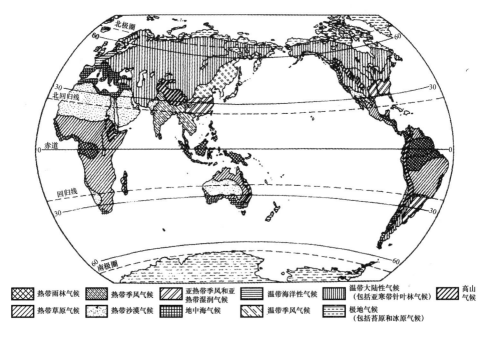

图 B-1 世界气候的地区差异

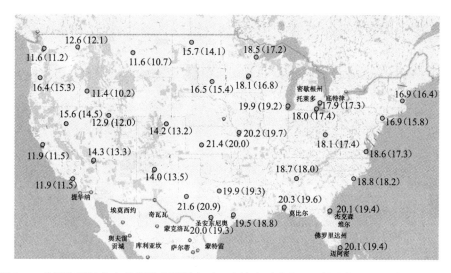

图 B-2　美国主要城市室外设计含湿量水平（未给出夏威夷和阿拉斯加两州，单位：g/kg）

注：括号外的数据是室外参数不保证率 0.4%，括号内的数据是室外参数不保证率 1.0%。

图 B-3　欧洲主要城市的室外设计含湿量水平（单位：g/kg）

注：括号外的数据是室外参数不保证率 0.4%，括号内的数据是室外参数不保证率 1.0%。

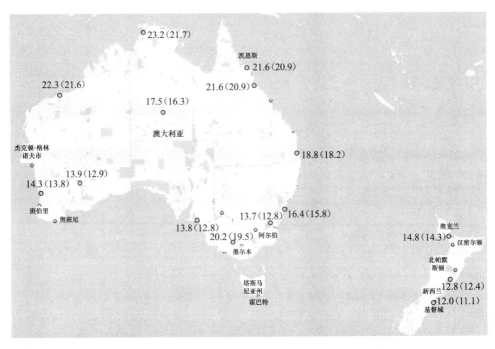

图 B-4 澳大利亚和新西兰主要城市的室外设计含湿量水平（单位：g/kg）

注：括号外的数据是室外参数不保证率 0.4％，括号内的数据是室外参数不保证率 1.0％。

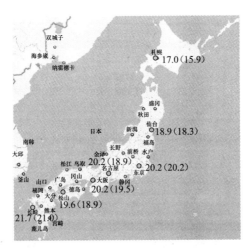

图 B-5 日本主要城市的室外设计含湿量水平（单位：g/kg）

注：括号外的数据是室外参数不保证率 0.4％，括号内的数据是室外参数不保证率 1.0％。

美国的气候大部分地区属温带和亚热带气候，由于本土范围辽阔、地形多样，气候变化比较复杂。图 B-2 给出了美国本土主要城市的室外设计含湿量水平，图中同时给出了室外参数不保证率为 0.4％（相当于不保证 35h）和 1.0％（相当于不保证 88h）的数据。室外的湿度状况，呈现出西部低、东部高的特点。美国东部地区夏季室外设计含湿量为 17～21g/kg；而美国西部地区旧金山、洛杉矶、西雅图等地的夏季室外设计含湿量仅为 11～12g/kg，该地区的建筑夏季一般仅需降温、无除湿处理需求。

　　欧洲大部分地区位于北纬 35°～60°之间，属温带海洋性气候。图 B-3 给出了欧洲较低纬度城市的室外设计含湿量水平。可以看出：室外湿度情况呈现出北部低、南部高的特点。北部很多城市夏季室外含湿量的设计值为 11～13g/kg，室外空气足够干燥，在很多建筑中仅有降温需求、无需除湿处理要求。而在南部地区，如意大利，室外设计含湿量在 20g/kg 左右，夏季既需要降温，又需要除湿处理。

　　图 B-4 给出了澳大利亚和新西兰的夏季室外设计含湿量设计水平。澳大利亚除东部地区山地迎风坡降水较多、北部夏季受西北季风影响而多雨外，大陆中部及西岸降水较少、气候干燥。新西兰气候温和，冬天温和湿润，夏天温暖干燥；冬夏季的气温相差甚小，即使最寒冷的 7 月和 8 月，气温也不低于 10℃；最炎热的 1 月和 2 月，气温则保持在 25℃左右。

　　日本从北到南跨越 25°的纬度范围，其气候的一个主要特点是四季分明。图 B-5 给出了夏季日本主要城市的室外含湿量设计水平，可以看出：日本整体夏季气候潮湿，室外设计含湿量水平在 17～22g/kg 范围内，夏季需要对建筑进行除湿处理过程。

B.2　不同国家冷水机组出水温度标准

　　冷水机组的出水温度在一定程度上反映了建筑空调系统的处理方式。世界各国的室内需求温度与湿度情况差异不大，一般为 24～26℃，相对湿度为 50％～60％，相应的含湿量为 9.3～12.6g/kg，相应的露点温度为 12.9～17.6℃。如果冷水机组的出口冷水温度高于室内环境的露点温度，则室内处理则是仅降温处理过程，室内末端处于没有凝水的"干工况"。反之，如果对空气进行冷凝除湿处理时，则要求冷水机组的出口水温低于要求的室内环境露点温度。在集中空调系统中，冷水机组制备出冷冻水，需要经过冷冻水循环泵输送至空调箱表冷器或者室内风机盘管等末端装置，才能实现对于室内的空气处理过程。冷水机组出口水温的确定，除了需要考虑建筑是否有"除湿"需求外，还需要考虑：（1）换热器有限面积的制约；（2）风机、水泵输送能耗，即有限的冷水（或空气）循环流量造成的自身供回水温度的变化这两部分因素的影响，因而需求的冷水温度与室内空气温度（或露点温度）之间需要能够克服上述两部分因素造成的温差损失。

　　表 B-1 列出了一些主要国家和地区规定的名义工况（或标准工况）下，冷水机组的冷冻水进出口水温情况，主要为如下三种：

关于冷水机组的标准情况汇总 表 B-1

标准来源	标准编号	名 称	名义工况			备 注
			冷水出口水温（℃）	冷水进口水温（℃）	冷水进出口水温差（℃）	
中国	GB/T 18430.1—2001	蒸气压缩循环冷水热泵机组 工商业用和类似用途的冷水热泵机组	7	12	5	代替《容积式冷水（热泵）机组》JB/T 4329—1997 和《离心式冷水机组》JB/T 3355—1998
	GB/T 18430.1—2007	蒸气压缩循环冷水（热泵）机组 第1部分：工业或商业用及类似用途的冷水（热泵）机组	7	12	5	代替 GB/T 18430.1—2001
	GB/T 18430.2—2001	蒸气压缩循环冷水（热泵）机组 户用和类似用途的冷水（热泵）机组	7	12	5	《容积式冷水（热泵）机组》JB/T 4329—1997 基础上制定
	GB/T 18430.2—2008	蒸气压缩循环冷水（热泵）机组 第2部分：户用及类似用途的冷水（热泵）机组	7	12	5	代替 GB/T 18430.2—2001
美国	ARI 550 590—1998	Standard for water chilling packages using the vapor compression cycle	6.7	12.3	5.6	代替《离心式和回转螺杆式冷水机组》ARI 550—1992 和《容积式压缩机冷水机组》ARI 590—1992
	ARI 550 590—2003	Performance rating of water chilling packages using the vapor compression cycle	6.7	12.3	5.6	代替 ARI 550 590—1998
日本	JIS B 8613:1994	Water chilling unit	7	12	5	1981 年制定，1987 年、1994 年修订 2001 年、2007 年 Reaffirmed
欧洲	EN 14511—2	Air conditioners, liquid chilling packages and heat pumps with electrically driven compressors for space heating and cooling-Part 2: Test conditions	7	12	5	适用于风冷机组和水冷机组 Standard rating conditions
			18	23	5	适用于风冷机组和水冷机组 Standard rating conditions：For floor cooling and similar application

续表

标准来源	标准编号	名 称	名义工况			备 注
			冷水出口水温（℃）	冷水进口水温（℃）	冷水进出口水温差（℃）	
澳大利亚	AS/NZS 4776.1.1:2008	Liquid-chilling packages using the vapour compression cycle—Part 1.1: Method of rating and testing for performance—Rating	4～9 范围内数值			未找到标准正文，仅在说明文档中找到"运行在冷冻水出水水温 4～9℃ 范围内"

（1）冷水进出口温度为 12.3℃（54°F）/6.7℃（44°F），进出口水温差为 5.6℃（10°F）：来自美国 ARI 550 590 标准。

（2）冷水进/出口温度为 12/7℃，进出口水温差为 5℃：来自中国标准 GB/T 18430.1 和 GB/T 18430.2、日本标准 JIS B 8613、欧洲标准 EN 14511。

（3）冷水进/出口温度为 23/18℃，进出口水温差为 5℃：来自欧洲标准 EN 14511 中用于地板供冷或类似用途。

上述三类冷水进出口水温中，冷水出口温度为 6.7～7.0℃ 就可以满足建筑的除湿需求（通过冷凝除湿方式）；冷水出口温度为 18℃ 仅能用于建筑的降温需求，无法进行除湿。从调研的标准来看，仅有欧洲的冷水机组标准中同时规定了出水温度为 7℃ 和 18℃ 两种情况下，作为制冷机性能检测分析的标准工况（Standard condition）。

在欧洲，如图 B-3 所示，位于偏北部地方的夏季室外湿度很低，如英国、丹麦夏季室外含湿量设计值为 11～12g/kg，德国大部分地区、法国北部地区、波兰、奥地利、乌克兰等地的夏季室外设计含湿量在 13g/kg 左右。由于欧洲大部分地区夏季气候干燥，仅需要对建筑进行降温处理、而无除湿要求，辐射地板、楼板、吊顶等多种利用辐射降温末端在欧洲得到了快速的发展，而且有不少学者研究利用夏季昼夜之间的温差、夜晚蓄冷白天使用的蓄冷方法。为满足建筑新鲜空气的需求，辐射板供冷＋独立新风系统在欧洲得到了较为广泛的使用。由欧洲众多学者参与的 IEA Annex 49 项目（2006-2009）中，重点研究低温供暖、高温供冷技术（Low temperature heating and high temperature cooling system）。由于欧洲大部分地区的干燥气候特点，不难理解在冷水机组标准 EN 14511—2 中同时给出了出水温度 18℃ 作为冷水机组的标准工况的原因。

再来分析一下冷水机组生产厂家的产品情况。世界几大冷水机组生产厂家：开利、特灵、约克、麦克维尔等生产的冷水机组，基本上均采用出水温度为 7℃ 左右的设计冷水温度。2006 年，由意大利设计师、暖通人员设计的中意合作项目——清华大学环境系办公楼中，采用辐射吊顶＋独立新风的空调系统形式，采用了麦克维尔公司制造的水冷式冷水机组，冷水机组可以工作在出水温度为 7℃ 的低温水工况（用于新风除湿），也可以工作在出水温度为 14℃ 的高温水工况（用于辐射板降温）。选取性能系数较高的一台冷水机组，在 7/13℃低温水工况下（冷却水供/回水温度 30/35℃），冷水机组的性能系数 COP 为 5.22；在 14/18℃高温水工况下（冷却水供/回水温度 30/35℃），冷水机组的 COP 为 5.98。以冷水机组蒸发温度比冷冻水出水温度低 2℃、冷凝温度比冷却水出水温度高 2℃ 计算卡诺制冷机的 COP，则此冷水机组在低温水工况下的热力完善度（机组实际 COP/卡诺制冷机 COP）为 60%，而在高温水工况下的热力完善度仅为 52%。

表 B-2 中，（1）国内目前常规出 7℃冷水的常规机组运行到 16℃出水温度、18℃出水温度的 COP 实测值；（2）上述几大冷机厂家给出的理论计算值；（3）国内新开发的高温冷水机组的实测性能。可以看出：设计在 7℃冷水出水温度的冷水机组，运行在 16℃、18℃工况下，机组的热力完善度从原有的 66%分别下降至 54%和 51%。根据高温工况研发的冷水机组其热力完善度则保持在较高水平，为 69%。在出水温度为 16℃的情况下，根据高温工况研发的冷水机组的 COP 为 8.58，远高于传统 7℃出水冷机直接运行在高温工况的性能（COP 仅为 6.80）。

冷水机组的性能对比

表 B-2

机组形式	冷水机组 COP			热力完善度			备 注
	7℃出水	16℃出水	18℃出水	7℃出水	16℃出水	18℃出水	
（1）国内常规离心机组（格力电器）	5.78	6.80	7.05	66%	54%	51%	实测值
（2）美国几大离心机组厂家	—	8.3		—	66%		计算值
（3）国内高温离心机组（格力电器）	—	8.58	9.47	—	69%	69%	实测值

附录 C 不同建筑模型及参数设置

C.1 不同类型建筑模型及参数设置

C.1.1 办公建筑

该建筑为办公楼，主要房间功能为办公室和会议室，单层建筑面积 3020m²，一共 22 层，建筑面积共计 66440m²，其模型平面图如图 C-1 所示。

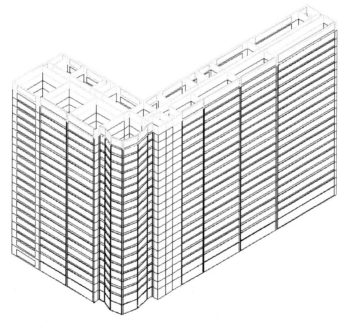

图 C-1 办公建筑模型

分别模拟计算在北京、上海、武汉、广州四个地区的全年建筑冷负荷，不同地区建筑围护结构参数设置见表 C-1。建筑室内设计参数、空调系统运行时间段、室内热扰和作息情况参见表 C-2～表 C-4 和图 C-2。

不同地区建筑围护结构参数 表C-1

传热系数［W/(m²·K)］	北 京	上 海	武 汉	广 州
屋面	0.55	0.7	0.7	0.9
外墙	0.6	1	1	1.5
外窗	3	3.5	3.5	4.7

建筑室内舒适参数设置 表C-2

	室内舒适温度（℃）	室内舒适相对湿度
夏季	24～26	40%～60%
过渡季	22～26	40%～60%
冬季	20～22	30%～60%

各地区季节区间表（参考） 表C-3

季 节	北 京	上 海	武 汉	广 州
夏季	6.1～9.30	5.1～10.30	5.1～10.30	4.1～11.30
过渡季	3.16～5.30 10.1～11.14	3.1～4.30 10.1～11.30	3.1～4.30 10.1～11.30	12.1～12.31 3.1～3.31
冬季	11.15～3.15	12.1～2.28	12.1～2.28	1.1～2.28

室内热扰参数 表C-4

功能房间	灯光（W/m²）	设备（W/m²）	人（个/m²）	新风量［m²/(人·h)］
办公室	10	20	0.1	30
会议室	15	0	0.3	30
走廊	5	0	0.05	30

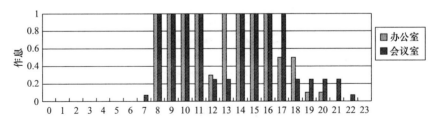

图C-2 办公室/会议室工作日热扰作息

C.1.2 宾馆

该宾馆的建筑面积为 71850m²，主要房间功能为客房，共 22 层，首层面积 4650m²，标准层建筑面积 3200m²，其模型平面图如图 C-3 所示。

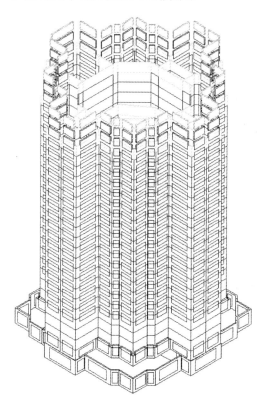

图 C-3 宾馆建筑模型平面图

宾馆客房日常热扰作息如图 C-4 和表 C-5 所示。

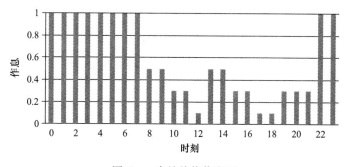

图 C-4 宾馆热扰作息图

宾馆室内热扰参数　　　　　　　　表 C-5

功能区	灯光（W/m²）	设备（W/m²）	人（个/m²）	人均新风量（m³/h）
客房	15	10	0.04	50

C.1.3 商场

该建筑的总建筑面积为 11.9 万 m²，共 6 层，其中地下 1 层、地上 5 层。包含多处餐厅、商场、影剧院等商业设施，该建筑的新风量较大，其二层平面图如图 C-5 所示。

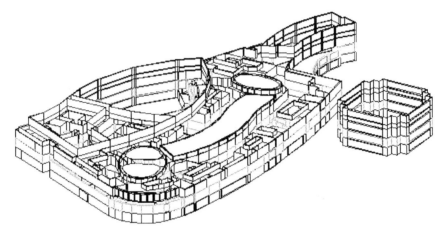

图 C-5 商场二层平面图

其中某日该建筑内商场和餐厅的作息如图 C-6 和表 C-6 所示。

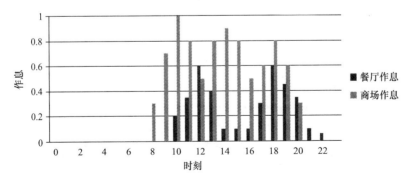

图 C-6 商场、餐厅日常作息图

商场室内热扰参数   表 C-6

功能区	灯光（W/m²）	设备（W/m²）	人（个/m²）	人均新风量（m³/h）
商场	19	13	0.25	20
餐厅	19	0	0.67	20
影剧院	3	0	0.5	20

C.1.4 医院

该医院建筑的总建筑面积为 8.6 万 m²，共计 22 层，第一层主要为候诊室、门诊室、门厅、检查室等，二～二十二层主要为病房和办公室，其建筑平面图如图 C-7 所示。

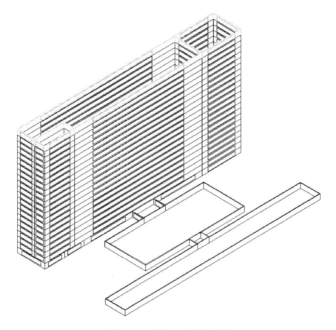

图 C-7 医院建筑平面图

病房日常作息热扰设置如图 C-8 和表 C-7 所示。

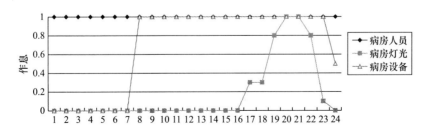

图 C-8 病房日常相关作息

医院室内热扰参数　　　　　　　　　　　　　　表 C-7

功能区	灯光（W/m²）	设备（W/m²）	人（个/m²）	人均新风量（m³/h）
病房	5	30	0.1	50

C.1.5　体育馆

该体育馆建筑总建筑面积为 6.3 万 m²，其模型平面图如图 C-9 所示。

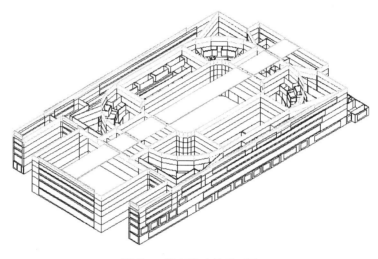

图 C-9　体育馆建筑平面图

其中比赛场地和观众席场地空调只在有比赛时开启。每周使用一次比赛场地。比赛日一天的作息热扰如图 C-10 和表 C-8 所示。

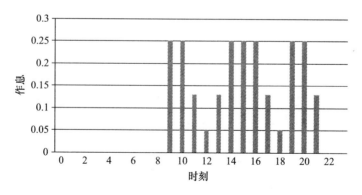

图 C-10　体育馆比赛场地比赛日作息

体育馆室内热扰参数   表 C-8

功能区	灯光（W/m²）	设备（W/m²）	人（个/m²）	新风量 [m³/(h·人)]
观众席	2.2	0	0.73	30
比赛场地	98	0	0.1	30

C.2 负荷计算结果分析——逐时负荷特性

此处选取典型办公建筑和商场建筑并以夏季典型周为例，说明室内显热、室内潜热负荷及新风负荷的逐时变化。以北京为例，图 C-11（a）给出了典型周（7 月 9 日～7 月 15 日）的室外逐时气象参数变化，典型办公建筑和商场建筑的单位面积逐时负荷分别如图 C-11（b）和图 C-11（c）所示。对于办公建筑，室内显热负荷多集中在 30～50W/m²，室

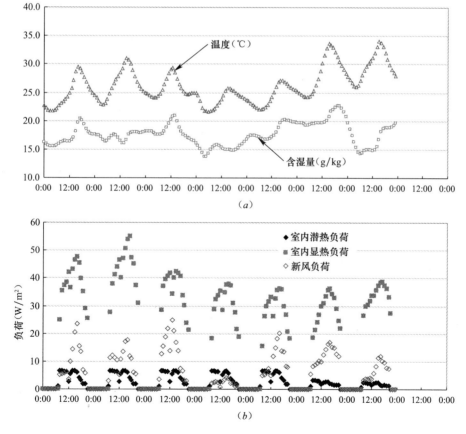

图 C-11 北京典型周（7.9～7.15）不同建筑单位面积逐时负荷（一）

（a）室外逐时气象参数；（b）办公建筑单位建筑面积逐时负荷

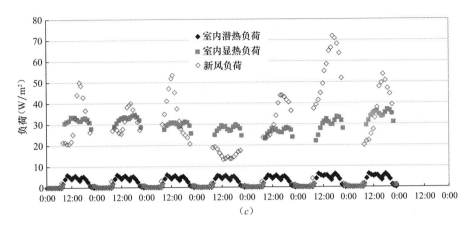

图 C-11 北京典型周（7.9～7.15）不同建筑单位面积逐时负荷（二）

（c）商场建筑单位建筑面积逐时负荷

内余湿负荷（室内人员产湿等）通常不足 $10W/m^2$。新风负荷主要随人员密度、室外气象参数而变化，由于办公建筑人员密度不高，新风负荷通常在 $25W/m^2$ 以内。对于商场建筑，由于室内人员密度较高，单位面积的新风量需求也要高于普通办公建筑，在该典型周中单位面积的新风负荷集中在 $30～50W/m^2$，最高值甚至超过了 $70W/m^2$；室内显热负荷集中在 $30W/m^2$ 左右；室内潜热负荷约为 $10W/m^2$。

再以广州地区的办公建筑和商场建筑为例，图 C-12 依次给出了广州地区典型周（7月9日～7月15日）的室外气象参数变化、办公建筑逐时负荷和商场建筑逐时负荷情况。对于广州地区的典型办公建筑，室内显热负荷多集中在 $30～50W/m^2$；室内潜热负荷约为 $10W/m^2$。对于商场建筑，新风负荷集中在 $40～70W/m^2$，最高值甚至超过了 $90W/m^2$；

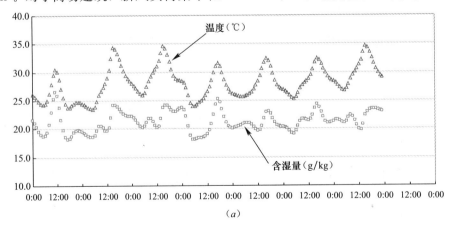

图 C-12 广州典型周（7.9～7.15）不同建筑单位面积逐时负荷（一）

（a）室外逐时气象参数

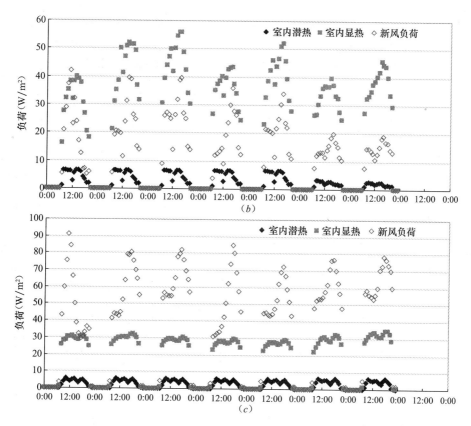

图 C-12　广州典型周（7.9～7.15）不同建筑单位面积逐时负荷（二）

（b）办公建筑单位建筑面积逐时负荷；（c）商场建筑单位建筑面积逐时负荷

室内显热负荷则多集中在 $30W/m^2$ 左右；室内潜热负荷约为 $10W/m^2$。

　　对比北京和广州地区典型建筑负荷情况可以发现，室内湿负荷随地区不同的变化很小；尽管外温等气象参数影响建筑显热负荷，由于两地温度差异不大，北京和广州同种类型建筑的显热负荷也差异不大；但由于两地室外新风含湿量差异较大，因而新风负荷存在较大差异。

C.3　温湿度独立控制系统承担负荷分析

　　在温湿度独立控制空调系统中，通常利用新风承担排除室内湿负荷、调节室内湿度的任务。当新风送风温度低于室内温度时，部分室内显热负荷可利用新风送风排除，而剩余的室内显热负荷则需要通过相应的显热末端装置排除，即此时室内显热负荷由新风送风和室内显热末端装置共同承担。

　　新风送风温度和风量显著影响其承担室内显热负荷的能力，以表 6-1 中所示的典型建筑为例,当新风送风温度为20℃、送风量按照本附录选取参数时,图 C-13 给出了不同地区典型建筑中新风送风和显热末端装置分别承担室内显热负荷的情况。当新风的送风温度、新风量发生变化时,新风送风与显热末端承担室内显热负荷的分摊情况将相应发生变化。

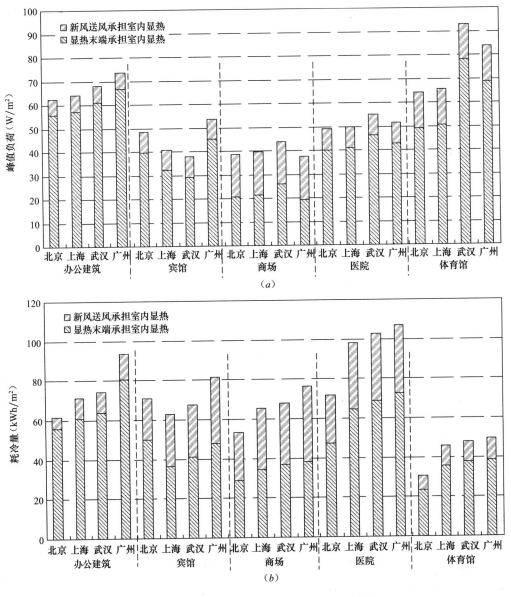

图 C-13 不同地区典型建筑室内显热承担情况
(a) 建筑峰值负荷;(b) 建筑耗冷量

附录 D　室外设计气象参数讨论

室外气候条件是影响建筑热环境和空气热湿处理设备能效的重要参数，合理的室外空气计算参数对空调系统设计至关重要。对于夏季空气调节室外空气设计参数，我国采用《采暖通风与空气调节设计规范》（以下简称《设计规范》）中规定的温度参数和统计方法。《设计规范》GBJ 19-87 中采用 1951～1980 年气象数据，按历年平均不保证 50h 的统计方法给出了一些主要城市的干球温度和湿球温度设计值。2004 年起实行的《设计规范》GB 50019-2003 中对室外空气计算参数的规定与 GBJ 19-87 一致。2005 年，中国气象局气象信息中心气象资料室和清华大学建筑技术科学系联合出版了《中国建筑热环境分析专用气象数据集》，按照《设计规范》GB 50019-2003 的要求，采用 1971～2003 年间中国气象资料统计出了夏季空气调节室外计算干球温度、湿球温度等参数作为室外设计参数。该数据集采用的气象数据来源于 270 个遍布全国各个气候区的国家地面气象观测站，经过了严格的质量控制，更能有效反映近年各地区气象情况。

美国 ASHRAE Handbook 中根据不同空气参数对空气处理设备的影响，分别给出了不保证率为 0.4%、1.0% 和 2.0% 三种水平下（相当于不保证 35h、88h、175h），室外设计的干球温度、湿球温度、露点温度，并将这三种温度指标作为热湿环境营造过程中不同处理过程、设备设计的参考气象参数。

D.1　我国室外气象参数分析

依据该数据集中北京、上海和广州三个城市的典型年逐时数据，得到三个城市全年室外空气状况分布，如图 D-1 所示，其中 A 点表示该城市全年干球温度最高点，B 点表示该城市全年湿球温度最高点，C 点表示该城市全年露点温度最高点。从图中可见，干球温度、湿球温度和露点温度的最高值不在同一时刻发生：干球温度最高时刻室外空气湿度未必最高，露点温度最高时刻室外空气温度也未必最高，湿球温度最高的时刻可能发生在空气温度和湿度二者都较高的时候。

不考虑极端温度情况，从不保证 50h 的干球温度、湿球温度和露点温度来看，室外空气的温度和湿度也无必然联系。图 D-1 中不保证 50h 的干球温度线与不保证 50h 的湿球温度线交点对应的含湿量值低于不保证 50h 的含湿量值，对应露点温度也低于不保证 50h 含湿量所对应的露点温度。

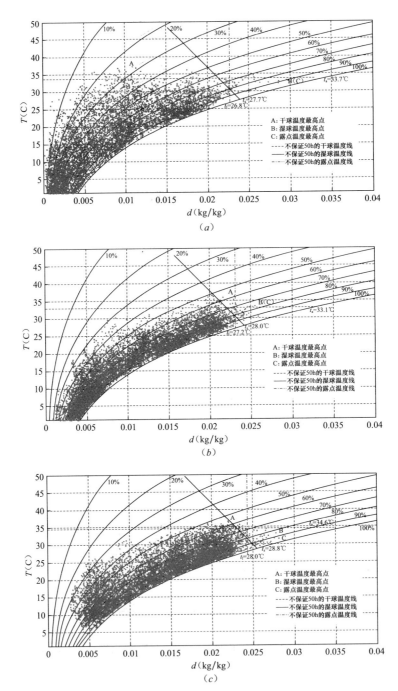

图 D-1　各城市全年气象数据（图中未标出 0℃以下气象点）

(a) 北京；(b) 上海；(c) 广州

通过对全国一些主要城市的干球温度、湿球温度和含湿量进行统计（见表 D-1），得到了同样结论，由不保证 50h 的干球温度和不保证 50h 的湿球温度计算得到的含湿量（第5 列），低于相应城市不保证 50h 的含湿量（第 6 列）。

一些主要城市夏季室外空气参数对比　　　　表 D-1

城市		室外大气压力（Pa）	不保证 50h 干球温度（℃）	不保证 50h 湿球温度（℃）	含湿量计算值（g/kg）	不保证 50h 含湿量（g/kg）
		1	2	3	4	5	6
北京	设计规范	99860	33.2	26.4	19.1	
	建筑气象集	99987	33.6	26.3	18.9	20.9
天津	设计规范	100480	33.4	26.9	20.0	
	建筑气象集	100287	33.9	26.9	19.8	21.8
石家庄	设计规范	99560	35.1	26.6	18.9	
	建筑气象集	99390	35.2	26.8	19.3	21.7
太原	设计规范	91920	31.2	23.4	16.8	
	建筑气象集	91847	31.6	23.8	17.3	19.1
呼和浩特	设计规范	88940	29.9	20.8	13.8、	
	建筑气象集	88837	30.7	21.0	13.8	16.3
沈阳	设计规范	100070	31.4	25.4	18.3	
	建筑气象集	99850	31.4	25.2	18.0	19.5
长春	设计规范	97700	30.5	24.2	17.2	
	建筑气象集	97680	30.4	24.0	16.9	18.8
哈尔滨	设计规范	98510	30.3	23.4	15.8	
	建筑气象集	98677	30.6	23.8	16.3	18.2
上海	设计规范	100530	34.0	28.2	22.1	
	建筑气象集	100573	34.6	28.2	21.9	23.5
南京	设计规范	100400	35.0	28.3	21.9	
	建筑气象集	100250	34.8	28.1	21.7	23.2
杭州	设计规范	100050	35.7	28.5	22.1	
	建筑气象集	99980	35.7	27.9	21.0	22.6
合肥	设计规范	100090	35.0	28.2	21.8	
	建筑气象集	99907	35.1	28.1	21.6	23.3
福州	设计规范	99640	35.2	28.0	21.5	
	建筑气象集	99743	36.0	28.1	21.3	22.5
南昌	设计规范	99910	35.6	27.9	21.0	
	建筑气象集	99867	35.6	28.3	21.8	23.5
济南	设计规范	99850	34.8	26.7	19.2	
	建筑气象集	99727	34.8	27.0	19.7	21.5

续表

城市		室外大气压力（Pa）	不保证 50h 干球温度（℃）	不保证 50h 湿球温度（℃）	含湿量计算值（g/kg）	不保证 50h 含湿量（g/kg）
		1	2	3	4	5	6
郑州	设计规范	99170	35.6	27.4	20.3	
	建筑气象集	98907	35.0	27.5	20.8	22.7
武汉	设计规范	100170	35.2	28.2	21.7	
	建筑气象集	99967	35.3	28.4	22.1	23.7
长沙	设计规范	99940	35.8	27.7	20.6	
	建筑气象集	99563	35.6	28.1	21.5	23.0
广州	设计规范	100450	33.5	27.7	21.4	
	建筑气象集	100287	34.2	27.8	21.3	22.7
海口	设计规范	100240	34.5	27.9	21.4	
	建筑气象集	100340	35.1	28.1	21.5	23.0
南宁	设计规范	9600	34.2	27.5	20.9	
	建筑气象集	100340	34.4	27.9	21.4	22.9
成都	设计规范	94770	31.6	26.7	21.8	
	建筑气象集	100340	31.9	26.4	19.8	22.5
重庆	设计规范	97320	36.5	27.3	20.2	
	建筑气象集	97310	36.3	27.3	20.3	22.5
贵阳	设计规范	88790	30.0	23.0	17.4	
	建筑气象集	88817	30.1	23.0	17.3	18.8
昆明	设计规范	80800	25.8	19.9	15.9	
	建筑气象集	80733	26.3	19.9	15.7	17.2
拉萨	设计规范	65230	22.8	13.5	11.2	
	建筑气象集	65200	24.0	13.5	10.8	13.0
西安	设计规范	95920	35.2	26.0	18.7	
	建筑气象集	95707	35.1	25.8	18.4	20.6
兰州	设计规范	84310	30.5	20.2	13.6	
	建筑气象集	84150	31.3	20.1	13.2	15.5
西宁	设计规范	77350	25.9	16.4	11.4	
	建筑气象集	77057	26.4	16.6	11.5	13.9
银川	设计规范	88350	30.6	22.0	15.6	
	建筑气象集	88137	31.3	22.2	15.6	17.5
乌鲁木齐	设计规范	90670	34.1	18.5	8.5	
	建筑气象集	93213	33.4	18.3	8.1	11.9

注：《采暖通风与空气调节设计规范》GBJ 19-87（简称《设计规范》），《中国建筑热环境分析专用气象数据集》（简称《建筑气象集》）。

D.2 各地室外气象参数统计

选取 1971～2003 年全国主要城市气象台站的 6h 定时观测数为基础，分别统计得到历年平均不保证 50 个小时的干球温度、湿球温度和露点温度及各种温度下对应的其他参数，供 THIC 空调系统设计时选用，参见表 D-2。

一些主要城市夏季室外空气参数 表 D-2

城市	夏季室外大气压力（Pa）	计算干球温度 t_a（℃）		计算湿球温度 t_s（℃）		计算露点温度 t_d（℃）	
		DB	MWB	WB	MDB	DP	MDB
1	2	3	4	6	7	9	10
北京	99987	33.6	23.2	26.3	29.9	25.4	28.7
天津	100287	33.9	24.1	26.9	30.3	26.2	29.5
石家庄	99390	35.2	23.9	26.8	30.8	25.9	29.8
太原	91847	31.6	21.1	23.8	28.5	22.6	26.5
呼和浩特	88837	30.7	18.4	21.0	26.7	19.5	24.0
沈阳	99850	31.4	23.6	25.2	28.9	24.3	27.7
长春	97680	30.4	21.6	24.0	27.4	23.3	26.6
哈尔滨	98677	30.6	21.4	23.8	27.3	23.0	26.3
上海	100573	34.6	27.5	28.2	31.8	27.4	29.8
南京	100250	34.8	27.2	28.1	32.3	27.2	30.9
杭州	99980	35.7	27.2	27.9	33.3	26.7	30.7
合肥	99907	35.1	27.1	28.1	32.7	27.2	30.8
福州	99743	36.0	27.4	28.1	34.4	26.6	32.0
南昌	99867	35.6	27.4	28.3	32.7	27.3	31.0
济南	99727	34.8	24.0	27.0	31.6	25.8	30.0
郑州	98907	35.0	24.9	27.5	31.3	26.6	30.1
武汉	99967	35.3	27.4	28.4	32.6	27.5	30.7
长沙	99563	36.5	27.4	29.0	33.1	26.9	30.7
广州	100287	34.2	26.9	27.8	32.0	26.8	29.6
海口	100340	35.1	27.4	28.1	32.8	27.1	30.2
南宁	100340	34.4	26.9	27.9	32.3	27.0	29.9
成都	100340	31.9	25.3	26.4	30.0	26.7	29.1
重庆	97310	36.3	26.4	27.3	32.9	26.2	30.6
贵阳	88817	30.1	21.9	23.0	27.9	21.8	25.5
昆明	80733	26.3	17.5	19.9	25.2	18.8	22.2
拉萨	65200	24.0	12.0	13.5	20.5	11.3	16.2
西安	95707	35.1	23.7	25.8	31.5	24.5	29.9

续表

城市	夏季室外大气压力（Pa）	计算干球温度 t_a（℃）		计算湿球温度 t_s（℃）		计算露点温度 t_d（℃）	
		DB	MWB	WB	MDB	DP	MDB
1	2	3	4	6	7	9	10
兰州	84150	31.3	18.6	20.1	28.0	17.9	24.7
西宁	77057	26.4	15.4	16.6	23.0	14.8	19.9
银川	88137	31.3	20.5	22.2	28.4	20.5	26.4
乌鲁木齐	93213	33.4	17.4	18.3	29.3	15.4	20.9

注：DB——计算干球温度，℃；

WB——计算湿球温度，℃；

DP——计算露点温度，℃；

MDB——在计算湿球/露点温度下的平均干球温度，℃；

MWB——在计算干球温度下的平均湿球温度，℃。

附录 E 辐射地板热阻简化计算方法

在辐射地板的实际应用中，辐射地板的供冷量、表面温度分布的均匀性和表面最低温度是研究者以及工程人员重点关注的三个问题。此处通过求解导热方程，得出辐射地板热阻的解析表达式，提出一种辐射地板供冷量、表面温度分布的简化计算方法。在实际应用中，可通过公式便捷地计算出辐射地板供冷性能相关的主要参数。

E.1 辐射板供冷量计算

辐射地板的结构如图 E-1 所示，辐射地板的供冷量在不同的工作环境中差别较大。但辐射板的热阻只与辐射板的结构与材料相关，因此通过求解导热方程，得到辐射地板热阻的表达式，再结合辐射地板工作环境的参数，例如室内空气温度、壁面温度、对流换热系数和辐射换热系数，即可求解出辐射地板的表面平均温度和供冷量。一般辐射地板在沿供回水管方向的温度变化比较缓慢，可将三维的导热问题简化为二维的导热问题。在求解辐射地板供冷量时，核心的参数是辐射地板表面的平均温度，因此，可将二维的导热问题通过热阻转化为一维问题求解。而在求解表面温度分布时，核心的参数是辐射地板表面的最高温度和最低温度，因此必须考虑求解二维的导热问题。

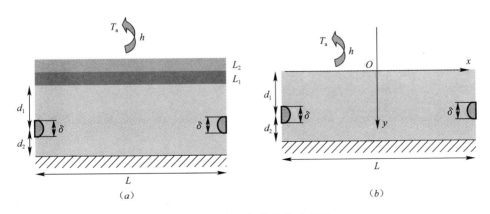

图 E-1 辐射地板的结构示意图

(a) 多层介质；(b) 均一介质

E. 1. 1 均一介质辐射地板的热阻

均一介质辐射地板［见图 E-1 (b)］的导热方程满足如下关系：

$$\frac{\partial^2 T}{\partial x^2} + \frac{\partial^2 T}{\partial y^2} = 0 \tag{E-1}$$

边界条件为：

$$\lambda \frac{\partial T}{\partial y}\bigg|_{y=0} = h(T - T_a) \tag{E-2}$$

$$\frac{\partial T}{\partial y}\bigg|_{y=d_1+d_2} = 0 \tag{E-3}$$

$$\frac{\partial T}{\partial x}\bigg|_{x=\pm L/2} = 0 \tag{E-4}$$

$$T_{供回水管管壁} = T_m \tag{E-5}$$

定义辐射地板的热阻 R_a，表示从辐射地板供回水管管壁到室内空气的热阻：

$$R_a = \frac{T_m - T_a}{Q} \tag{E-6}$$

通过求解导热方程，可以得到热阻的表达式：

$$R_a = \frac{T_m - T_a}{Q} = \frac{L}{\Gamma 2\pi k} = \frac{L}{2\pi k}\Big[\ln\Big(\frac{L}{\pi\delta}\Big) + \frac{2\pi k}{L}\frac{d_1}{k} + \sum_{s=1}^{\infty}\frac{G(s)}{s}\Big] + \frac{1}{h} \tag{E-7}$$

其中：

$$\Gamma = \Big[\ln\Big(\frac{L}{\pi\delta}\Big) + \frac{2\pi k}{LU} + \sum_{s=1}^{\infty}\frac{G(s)}{s}\Big]^{-1} \tag{E-8}$$

$$U = \Big[\frac{1}{h} + \frac{d_1}{k}\Big]^{-1} \tag{E-9}$$

$$G(s) = \frac{\dfrac{Bi + 2\pi s}{Bi - 2\pi s}e^{-\frac{4\pi s}{L}d_2} - 2e^{-\frac{4\pi s}{L}(d_1+d_2)} - e^{-\frac{4\pi s}{L}d_1}}{\dfrac{Bi + 2\pi s}{Bi - 2\pi s} + e^{-\frac{4\pi s}{L}(d_1+d_2)}} \tag{E-10}$$

$$Bi = hL/k \tag{E-11}$$

定义辐射地板的热阻 R_0，表示从辐射地板供回水管管壁到辐射地板表面的热阻：

$$R_0 = \frac{T_m - T_s}{Q} \tag{E-12}$$

比较 R_a 和 R_0 的表达式，可以得到：

$$R_a = R_0 + \frac{1}{h} \tag{E-13}$$

因此，从辐射地板供回水管管壁到室内空气的热阻（R_a）等于辐射地板供回水管管壁到辐射地板表面的热阻（R_0）加上辐射地板表面和室内空气的热阻（$1/h$）。

E.1.2　均一介质矩形固体的热阻

均一介质的矩形固体导热满足以下条件，其中底面的边界条件为 $T = f(x)$，$f(x)$ 为任意的温度分布：

$$\frac{\partial^2 T}{\partial x^2} + \frac{\partial^2 T}{\partial y^2} \tag{E-14}$$

边界条件为：

$$\lambda \frac{\partial T}{\partial y} = h(T - T_a), \quad y = 0 \tag{E-15}$$

$$T = f(x), \quad y = L_1 \tag{E-16}$$

$$\frac{\partial T}{\partial x} = 0, \quad x = 0; \quad x = L \tag{E-17}$$

通过求解温度分布，可以得到均一介质的矩形固体的热阻：

$$R_1 = \frac{\overline{T}(x,0) - \overline{T}(x,L_1)}{Q} = \frac{\dfrac{1}{L}\displaystyle\int_0^L T(x,0)\mathrm{d}x - \dfrac{1}{L}\displaystyle\int_0^L T(x,L_1)\mathrm{d}x}{h\,\dfrac{1}{L}\displaystyle\int_0^L T(x,0)\mathrm{d}x - hT} = \frac{L_1}{\lambda} \tag{E-18}$$

E.1.3　多层介质辐射地板的热阻

如图 E-2 所示，组成辐射地板的各个部分的热阻分别为：

$$R_0 = \frac{L}{2\pi k}\left[\ln\left(\frac{L}{\pi\delta}\right) + \frac{2\pi k}{L}\frac{d_1}{k} + \sum_{s=1}^{\infty}\frac{G(s)}{s}\right] \tag{E-19}$$

$$R_1 = \frac{L_1}{\lambda_1} \tag{E-20}$$

$$R_2 = \frac{L_2}{\lambda_2} \tag{E-21}$$

$$R_d = \frac{L_d}{\lambda_d} \cdot \frac{L}{\pi d} \tag{E-22}$$

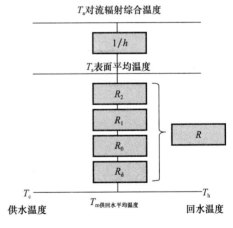

图 E-2　辐射地板热阻示意图

由热阻的叠加原理，得到对于多层介质的辐射地板，辐射地板供回水到室内空气的热阻：

$$R_a = R_0 + R_1 + R_2 + R_d + \frac{1}{h}$$

$$= \frac{L}{2\pi k}\left[\ln\left(\frac{L}{\pi\delta}\right) + \frac{2\pi k}{L}\frac{d_1}{k} + \sum_{s=1}^{\infty}\frac{G(s)}{s}\right] + \frac{L_1}{\lambda_1} + \frac{L_2}{\lambda_2} + \frac{L_d}{\lambda_d} \cdot \frac{L}{\pi d} + \frac{1}{h} \tag{E-23}$$

如仅考虑辐射地板自身，那么辐射地板供回水到辐射地板表面的热阻为：

$$R = R_0 + R_1 + R_2 + R_d \qquad (E-24)$$

通过热阻，可以推导出辐射地板表面平均温度的表达式，以及供冷量的表达式：

$$T_s = \frac{T_m + (R_a h - 1)T_a}{R_a h} = \frac{T_m + R h T_a}{R h + 1} \qquad (E-25)$$

$$Q = \frac{T_m - T_a}{R_a} = \frac{T_m - T_s}{R} \qquad (E-26)$$

E.1.4 辐射地板供冷量

通过模拟和实验两种方法验证辐射地板的热阻、表面平均温度和供冷量的表达式。模拟的方法可以得到辐射地板的温度分布，主要验证了辐射地板每层介质的热阻；通过实验可以测得辐射地板表面的温度和热流，主要验证了表面平均温度和供冷量的取值。

模拟和实验采用相同的参数设定：豆石混凝土层的热导率为 1.84W/(m·K)，水泥砂浆的热导率为 0.93W/(m·K)，大理石地面的热导率为 3.83W/(m·K)，PERT 塑料管的热导率为 0.4W/(m·K)。实际辐射板结构如图 E-3 所示。对流和辐射的混合换热系数 $h = 6.5 \sim 7 \text{W/(m}^2 \cdot \text{K)}$，其中辐射换热系数为 5.5W/(m·K)，冷表面在下的对流换热系数为 $1 \sim 1.5 \text{W/(m}^2 \cdot \text{K)}$，对应的外界温度为 26℃。

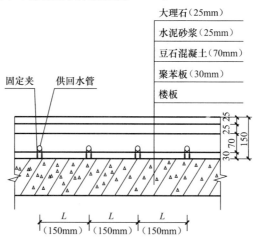

图 E-3　实际辐射地板结构

实验了 6 种工况的供回水温度，测量表面平均温度和热流，与式（E-25）、式（E-26）计算相同供回水温度下的表面平均温度和热流比较，详见表 E-1，误差均在 10% 以内。通过模拟在相同供回水温度下，比较了辐射地板每一层的热阻、表面平均温度和热流。除供回水管管壁热阻外，其余误差均在 10% 以内，参见表 E-2。

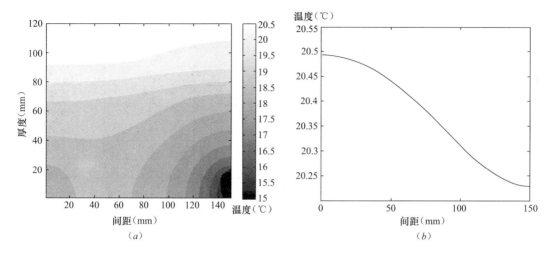

图 E-4　模拟结果（供水温度：15℃；回水温度：18℃）

(a) 内部温度分布；(b) 表面温度

表面平均温度、热流和热阻比较　　　　　　表 E-1

	符号	工况 1			工况 2			工况 3		
		实验	解析	误差	实验	解析	误差	实验	解析	误差
供水温度（℃）	T_c	12.82	12.82		13.02	13.02		13.20	13.20	
回水温度（℃）	T_h	17.63	17.63		17.64	17.64		17.69	17.69	
供回水平均温度（℃）	T_m	15.23	15.23		15.33	15.33		15.45	15.45	
表面平均温度（℃）	T_s	20.63	20.16		20.73	20.21		20.78	20.28	
热流（W/m²）	Q	53.04	50.97	−3.90%	51.17	50.47	−1.37%	51.51	49.91	−3.11%
热阻（m²·K/W）	R	0.102	0.097	−4.90%	0.106	0.097	−8.49%	0.104	0.097	−6.73%
	符号	工况 4			工况 5			工况 6		
		实验	解析	误差	实验	解析	误差	实验	解析	误差
供水温度（℃）	T_c	13.31	13.31		14.41	14.41		14.60	14.60	
回水温度（℃）	T_h	17.71	17.71		18.32	18.32		18.37	18.37	
供回水平均温度（℃）	T_m	15.51	15.51		16.37	16.37		16.49	16.49	
表面平均温度（℃）	T_s	20.65	20.31		21.06	20.78		21.03	20.84	
热流（W/m²）	Q	50.00	49.62	−0.76%	49.11	45.55	−7.25%	48.01	44.99	−6.29%
热阻（m²·K/W）	R	0.103	0.097	−5.83%	0.096	0.097	1.04%	0.095	0.097	2.11%

各层介质热阻比较　　　　　　表 E-2

	符　号	解析式	模拟结果	误　差
供水温度（℃）	T_c	15.0	15.0	
回水温度（℃）	T_h	21.0	21.0	
豆石混凝土层热阻（m²·K/W）	R_0	0.051	0.047	9.15%

续表

	符　号	解析式	模拟结果	误　差
水泥砂浆层热阻（m²·K/W）	R_1	0.027	0.026	3.46%
大理石层热阻（m²·K/W）	R_2	0.0065	0.006	8.33%
供回水管管壁热阻（m²·K/W）	R_d	0.012	0.014	−15.00%
水与管壁换热热阻（m²·K/W）	R_w	0.001	0.001	−10.00%
总热阻（m²·K/W）	R	0.097	0.094	3.30%
表面平均温度（℃）	T_s	21.67	21.68	
热流（W/m²）	Q	37.78	38.37	−1.55%

E.2　辐射板表面温度分布

在辐射地板的实际工程应用中，其表面温度分布的均匀性以及表面的最低温度也是研究者和工程应用人员关注的问题。辐射表面的最低温度必须高于辐射地板表面空气的露点温度，否则将会出现结露，因此辐射地板表面的最低温度成为辐射地板供冷量的主要限制。在此前提之下，得到辐射地板表面的最低温度就显得尤为重要。

E.2.1　均一介质辐射地板的表面温度分布

考虑到辐射地板表面的最高温度与最低温度之差小于辐射地板的供回水温度，所以可以定义辐射地板的衰减系数 S，通常情况下 S 为一个小于 1 的常数，且 S 不随供回水温度变化而变化：

$$S = \frac{T_{sh} - T_{sc}}{T_h - T_c} \tag{E-27}$$

通过求解均一介质的二维导热微分方程，可以得到衰减系数的表达式：

$$S = \frac{T(0,L_1) - T(L,L_1)}{T(0,0) - T(L,0)} = \frac{\displaystyle\sum_{m=1}^{\infty} \frac{\frac{2}{L}\int_0^L f(x)\cos(\beta_m x)\,\mathrm{d}x}{\frac{h}{\lambda\beta_m}sh(\beta_m L_1) + ch(\beta_m L_1)} \times \left[\cos(\beta_m \cdot 0) - \cos(\beta_m \cdot L)\right]}{\displaystyle\sum_{m=1}^{\infty} \frac{2}{L}\int_0^L f(x)\cos(\beta_m x)\,\mathrm{d}x \times \left[\cos(\beta_m \cdot 0) - \cos(\beta_m \cdot L)\right]}$$

(E-28)

分析式（E-28）中各项随 m 增加的变化趋势，在工程误差允许范围内，可将 S 简化为：

$$S_0 \approx 1 \Big/ \left[\left(\frac{h}{\lambda\beta_1} + 1\right)\frac{e^{\beta_1 L_1}}{2}\right],\text{其中}\ \beta_1 = \frac{\pi}{L_1} \tag{E-29}$$

那么表面的最低温度和最高温度分别为：

$$T_{sc} = T_s - \frac{1}{2}S(T_h - T_c) \tag{E-30}$$

$$T_{sh} + T_s + \frac{1}{2}S(T_h - T_c) \tag{E-31}$$

不同工况下，衰减系数比较 表 E-3

供水温度（℃）	回水温度（℃）	模拟 S	S_0
15.0	21.0	0.1494	
15.0	18.0	0.1493	0.1321
15.0	16.0	0.1487	
15.0	15.5	0.1496	

表面温度分布比较 表 E-4

	供水温度（℃）	回水温度（℃）	衰减系数 S	表面温差（℃）	表面平均温度（℃）	表面最高温度（℃）	表面最低温度（℃）
模拟	15.0	21.0	0.1494	0.90	21.14	21.58	20.68
解析	15.0	21.0	0.1321	0.79	21.25	21.65	20.85

E.2.2 实际辐射地板的表面温度分布

实际的辐射地板往往由多层介质构成，同时必须要考虑供回水管对表面温度分布的影响。对于多层的辐射地板，可以得到等效的导热系数：

$$L_1 + H_1 + H_2 + H_3 \tag{E-32}$$

$$\lambda = \frac{\lambda_1 e^{\beta_1 H_1} + \lambda_2 e^{\beta_1 H_2} + \lambda_3 e^{\beta_1 H_3}}{e^{\beta_1 H_1} + e^{\beta_1 H_3} + e^{\beta_1 + H_3}}, \text{其中} \beta_1 = \frac{\pi}{L_1} \tag{E-33}$$

如果考虑供回水管的影响，供回水管的热容可以忽略，但其热阻不可忽略，因此必须计算在供回水管管壁上的温差变化。在工程计算中，首先可以分别得到供水管与回水管的供冷量：

$$\Delta T_c = T_s - T_c, \Delta T_h = T_s - T_h \tag{E-34}$$

$$Q_c = \frac{\Delta T_c}{\Delta T_c + \Delta T_h}Q, Q_h = \frac{\Delta T_h}{\Delta T_c + \Delta T_h}Q \tag{E-35}$$

然后通过管壁的热阻计算在管壁上的温差变化：

$$\Delta T_{cW} = \frac{Q_c}{R_\pi}\frac{d}{k_W}, \Delta T_{hW} = \frac{Q_h}{R_\pi}\frac{d}{k_W} \tag{E-36}$$

最后可以得到管壁对于供回水温差的减少值：

$$\Delta T_W = \Delta T_{cW} - \Delta T_{hW} \tag{E-37}$$

通过式（E-32）～式（E-37）的推导，可以分别计算在未考虑管壁影响和考虑管壁影响下，多层介质辐射地板的温度分布，表 E-5 和表 E-6 列举了两种工况（供水温度为

15℃，回水温度分别为 16℃和 21℃）的计算结果。

表面温度分布比较（供水温度 15℃，回水温度 16℃）　　　　表 E-5

		表面平均温度（℃）	供冷量（W/m²）	供回水温差（℃）	衰减系数 S	表面温差（℃）	表面最高温度（℃）	表面最低温度（℃）
未考虑管壁	模拟	19.82	53.89	1	0.1070	0.11	19.87	19.76
	解析	19.96	52.67	1	0.1348	0.14	20.03	19.89
考虑管壁修正	模拟	20.24	50.22	1	0.0827	0.08	20.28	20.19
	解析	20.30	49.67	0.9	0.1348	0.12	20.36	20.24
	误差	0.06℃	−1.10%				0.08℃	0.05℃

表面温度分布比较（供水温度 15℃，回水温度 21℃）　　　　表 E-6

		表面平均温度（℃）	供冷量（W/m²）	供回水温差（℃）	衰减系数 S	表面温差（℃）	表面最高温度（℃）	表面最低温度（℃）
未考虑管壁	模拟	21.29	41.07	6	0.1071	0.64	21.60	20.96
	解析	21.40	40.11	6	0.1348	0.80	21.80	21.00
考虑管壁修正	模拟	21.60	38.44	6	0.0818	0.49	21.84	21.35
	解析	21.66	37.84	5.3	0.1348	0.71	22.02	21.31
	误差	0.06℃	−1.56%				0.18℃	0.04℃

E.2.3 小结

通过分析辐射地板的传热过程以及与室内空气对流换热，各表面辐射换热的过程，可得到如下一些结论：

（1）辐射地板热阻几乎不随辐射地板工作的环境变化，其解析表达式可参见式（E-23）和式（E-24）。在已知辐射地板供回水温度的情况下，辐射地板的表面平均温度和供冷量分别由式（E-25）和式（E-26）计算得到，比较计算值与实验值，误差在 10%以内。误差产生的原因主要是由于接触热阻的影响和材料参数的误差。

（2）针对辐射地板表面温度分布的均匀性以及表面最低温度的问题，可通过式（E-30）和式（E-31）计算得到。实际辐射地板必须考虑多层介质和供回水管管壁的影响，简化的计算方法通过式（E-32）～式（E-37）表述。

（3）采用上述辐射地板分析方法，可在工程应用中简便计算与辐射地板相关的重要参数，而不需要数值计算传热方程，大幅度缩短了计算时间，同时保证了计算的精度。

附录 F　不同除湿处理方式的比较

本书第 4 章介绍了冷凝除湿、溶液除湿和固体除湿三种不同除湿方式的相关内容，本附录将具体分析不同除湿方式之间的差异。

F.1　常用液体吸湿剂的性质

由于对空气的除湿过程是依赖于吸湿溶液较低的表面蒸汽压来进行的，可以说对溶液除湿空调的研究最早是从吸湿溶液的物性开始的。三甘醇是最早用于溶液除湿系统的吸湿溶液（Lof，1955），但由于它是有机溶剂，黏度较大，在系统中循环流动时容易发生停滞，粘附于空调系统的表面，影响系统的稳定工作；而且二甘醇、三甘醇等有机物质易挥发，容易进入空调房间，对人体造成危害。上述缺点限制了它们在溶液除湿空调系统中的应用，近年来已逐渐被金属卤盐溶液所取代。目前常用的吸湿溶液有溴化锂溶液、氯化锂溶液、氯化钙溶液等。

溴化锂（LiBr）是一种稳定的物质，在大气中不变质、不挥发、不分解，常温下是无色晶体，无毒、无臭、有咸苦味，分子量为 86.86，熔点为 549℃，沸点为 1265℃。溴化锂极易溶于水，20℃时食盐的溶解度为 35.9g，而溴化锂的溶解度是其 3 倍左右。溴化锂溶液的蒸汽压远低于同温度下水的饱和蒸汽压，表明溴化锂溶液有较强的吸收水分的能力。溴化锂溶液对金属材料的腐蚀，比氯化钠、氯化钙等溶液要小，但仍是一种有较强腐蚀性的介质。60%～70%浓度范围的溴化锂溶液在常温下溶液结晶，因而溴化锂溶液浓度的使用范围一般不超过 70%。

氯化锂（LiCl）是一种白色、立方晶体的盐，分子量为 42.4，熔点为 605℃，沸点为 1350℃，在水中溶解度很大。氯化锂水溶液无色透明，无毒无臭，黏性小，传热性能好，化学稳定性好。在通常条件下，氯化锂溶质不分解，不挥发，溶液表面蒸汽压低，吸湿能力强，是一种良好的吸湿剂。氯化锂溶液结晶温度随溶液浓度的增大而增大，在浓度大于 40%时，氯化锂溶液在常温下即发生结晶现象，因此在除湿应用中，其浓度不宜超过 40%。氯化锂溶液对金属有一定的腐蚀性，钛和钛合金、含钼的不锈钢、镍铜合金、合成聚合物和树脂等都能承受氯化锂溶液的腐蚀。

氯化钙（CaCl₂）是一种无机盐，具有很强的吸湿性，吸收空气中的水蒸气后与之结合为水化合物。无水氯化钙白色，多孔，呈菱形结晶块，略带苦咸味，熔点为 772℃，沸点为 1600℃，吸收水分时放出溶解热、稀释热和凝结热，但不产生氯化氢等有害气体，只有在 700～800℃的高温时才稍有分解。与固体氯化钙相比，氯化钙溶液仍有吸湿能力，但吸湿量明显减小。氯化钙价格低廉，来源丰富，但氯化钙水溶液对金属有一定的腐蚀性，其存放容器必须能够防腐。

　　对于常用的吸湿盐溶液，溶质的沸点与水的沸点差异非常大。常压情况下，溴化锂、氯化锂和氯化钙的沸点均在 1200℃以上，而水的沸点仅为 100℃，因而溶液的表面蒸汽压就近似等于水蒸气的分压力。当溶液与空气接触并达到平衡时，二者的温度与水蒸气分压力分别对应相等。溶液的等效含湿量是指与溶液状态相平衡的湿空气的含湿量，根据与溶液状态平衡的湿空气状态，可以将溶液的状态在湿空气的焓湿图上表示出来，图 F-1 给出了溴化锂溶液、氯化锂溶液和氯化钙溶液三种常用的吸湿盐溶液在湿空气焓湿图上的对应状态，图中 X 表示溶液中溶质的质量分数，φ 表示湿空气的相对湿度。从图中可以看出：

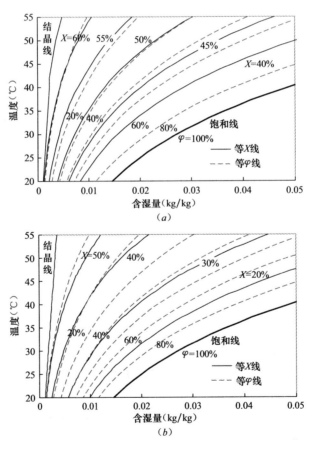

图 F-1　在焓湿图上表示的常用吸湿溶液状态（一）

（a）溴化锂溶液；（b）氯化锂溶液

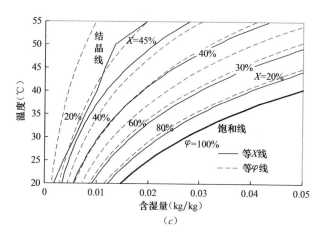

图 F-1 在焓湿图上表示的常用吸湿溶液状态（二）
(c) 氯化钙溶液

相同质量分数下，溶液的温度越低，其等效含湿量也越低，溶液的吸湿能力越强；盐溶液的等质量分数线与湿空气的等相对湿度线基本重合，例如 40％的湿空气相对湿度线所对应的溴化锂、氯化锂、氯化钙溶液的质量分数分别为 46％、31％和 40％。由于盐溶液结晶线的限制，在焓湿图左侧某些区域，溶液的状态是达不到的，氯化钙溶液所能达到的空气处理区域最窄；而溴化锂溶液、氯化锂溶液的处理区域类似，均可将空气处理到较低的含湿量范围，因而溴化锂溶液和氯化锂溶液具有更强的吸湿能力。

F.2 常用固体吸湿剂的性质

固体除湿依靠固体吸湿剂对水蒸气分子的吸附或吸收作用来实现除湿过程，其驱动力为固体吸湿剂表面水蒸气分压力与空气中水蒸气分压力之差。某些固体吸湿剂对水蒸气有强烈的吸附或吸收作用，当湿空气流过这些吸湿材料时，空气中的水蒸气被脱除，达到除湿的目的。使用固体吸湿剂的典型空气处理过程可以看作是等焓升温的绝热过程，除湿处理过程中空气的含湿量降低但温度升高，若需要得到温度较低的空气，还应对干燥后的空气进行冷却处理。经过对空气的除湿过程后，固体吸湿剂吸附（吸收）水分，其表面水蒸气分压力不断升高，达到一定程度的平衡时固体吸湿剂就会失去继续吸附（吸收）水分的能力，这时就需要通过一定的手段来对固体吸湿剂进行再生。

单位质量的固体吸湿剂在达到吸收水分的平衡状态时的吸湿量是衡量吸湿剂性能的重要指标，吸湿剂的平衡吸湿量可以用下式表示：

$$\frac{W}{W_{\max}} = \frac{\varphi}{C + (1-C)\varphi} \tag{F-1}$$

式中 W——单位质量吸湿剂平衡时所吸附的水分，kg（水分）/kg（吸湿剂）；

W_{max}——吸湿剂在 100% 相对湿度下的最大吸湿量，kg（水分）/kg（吸湿剂）；

C——吸附等温线的形状因子；

φ——相对湿度。

根据吸湿剂在不同相对湿度下的平衡吸湿量，可以得到固体吸湿剂的吸附等温线，按照不同类型固体吸湿剂的吸附特性，吸附等温线可分为 I 型（包括 I E、I M）、II 型和 III 型（包括 III E、III M），其对应的形状因子 C 分别为小于 1、等于 1 和大于 1，如图 F-2 所示。不同处理过程要求的固体吸湿材料的吸湿特性不同，对于常见的空气除湿（转轮除湿等）处理过程，I 型、II 型吸湿剂比较适用。

目前常用的固体吸湿剂包括硅胶、活性氧化铝、分子筛、氯化钙和沸石等。图 F-3 所示为这几种常用固体吸湿剂的吸附等温线，从中可以看出分子筛为 I 型吸湿剂，硅胶为 II 型吸湿剂，而活性铝为 III 型吸湿剂。

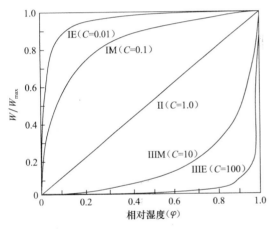 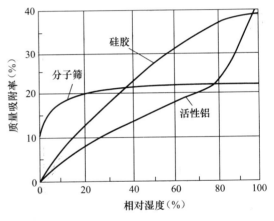

图 F-2　理想吸湿剂的吸附等温线　　　　图 F-3　常用吸湿剂的吸附等温线

硅胶是一种无毒、无臭、无腐蚀性的半透明结晶体，硅胶的孔隙率多达 70%，吸湿能力可达其质量的 30%。目前国产的硅胶有粗孔和细孔、原色和变色之分：粗孔硅胶易饱和，吸湿时间短；细孔硅胶可维持较长的吸湿时间；原色硅胶在吸湿过程中不变色；而变色硅胶由于掺杂了氯化钴，吸湿后由蓝色变为红色。硅胶是空调处理过程中一种最常见的固体吸湿剂，在一些空气处理装置中得到了很好的应用。通常情况下，硅胶的再生方法是利用 100～150℃ 的热风加热，让其吸附的水分从硅胶中蒸发除去。

活性氧化铝对水有较强的亲和力，在一定的操作条件下，它的干燥精度可达露点零下 70℃ 以下。而它的再生温度比分子筛低很多。工业上，活性铝是用三水合铝、$Al(OH)_3$ 或三水铝矿经热脱水或热活化形成。

氯化钙是白色的多孔结晶体，略有咸味，吸湿能力较强，但吸湿后就潮解，最后变为氯化钙溶液。氯化钙溶液对金属有强烈的腐蚀作用，使用起来不方便，但因其价格便宜，加热后也能再生和重复利用,所以使用比较普遍。

沸石是硅铝酸盐的化合物,具有极强的亲水性,其对水的亲和性与所含的 Si 和 Al 比例有关,比值越小,亲水性越好。人工合成沸石(分子筛)具有大小比较均匀的微孔,可以制成具有不同孔径的产品用作除湿。在非常低的水蒸气分压力下,沸石也能达到饱和吸附量。另外,分子筛还具有选择性吸附能力,在进行气体和液体吸湿时只吸附水分而不吸附气体。

当固体吸湿剂与空气接触并达到平衡时,二者的温度与水蒸气分压力分别对应相等。固体吸湿剂的等效含湿量等于与其状态平衡的湿空气的含湿量。根据与固体吸湿剂状态平衡的湿空气状态,可以将固体吸湿剂的状态在湿空气的焓湿图上表示出来。图 F-4(a)给出了 RD 型硅胶状态在湿空气焓湿图上的情况(Pesaran 等,1987),其中 W 表示硅胶的

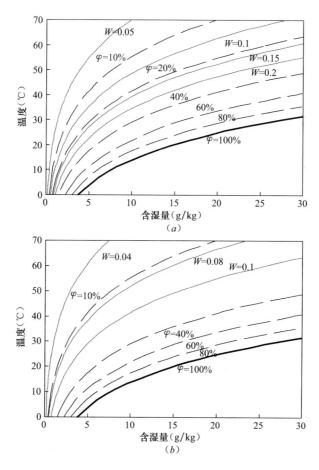

图 F-4 常见固体吸湿剂在湿空气焓湿图上的表示(一)
(a) RD 型硅胶在湿空气焓湿图上的表示;(b) 分子筛在湿空气焓湿图上的表示

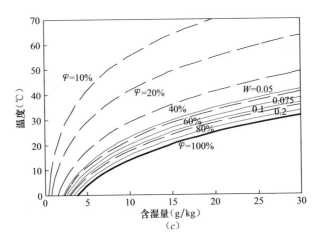

图 F-4　常见固体吸湿剂在湿空气焓湿图上的表示（二）

（c）活性氧化铝在湿空气焓湿图上的表示

吸附量（kg 水/kg 吸湿剂），可看出硅胶的等吸附量曲线与湿空气的等相对湿度线基本重合，与溴化锂、氯化锂等液体吸湿剂性质类似。

　　由图中可看出，同样吸附量下的固体吸湿剂，其温度越低，对应的水蒸气分压力越低，硅胶的吸湿性能越强。在除湿、再生过程中，固体吸湿剂与湿空气之间的传热传质驱动力与溶液吸湿方式有着类似的表达式。在除湿过程中，传质驱动力为硅胶表面与空气中水蒸气分压力差（或等效含湿量差），降低固体吸湿剂的温度、降低固体吸湿剂的吸附量（相当于提高溶液的浓度），均可以增强除湿过程中的传质驱动力。再生过程与除湿过程的原理类似，仅是传质方向与除湿过程相反。

F.3　冷凝除湿方式与采用吸湿材料除湿方式的比较

　　图 F-5 分别给出了水、液体吸湿剂及固体吸湿剂的平衡状态在湿空气焓湿图上的表示，水仅处在湿空气饱和状态（相对湿度为 100%），而液体或固体吸湿剂则几乎覆盖焓湿图的所有空气状态。冷凝除湿的本质是采用低温的冷水（冷媒）通过与空气间接接触（表冷器形式，若是喷淋室则为直接接触）对空气降温。当空气降温到其露点温度以下，继续降温就能将空气中的水分凝结出来，从而实现对被处理空气的除湿处理过程。在焓湿图上，水的平衡状态仅处在湿空气饱和状态下，因而采用冷凝除湿方式除湿后的被处理空气只能接近饱和状态。

　　而采用液体或固体吸湿剂处理空气过程中，当溶液为不同浓度或者固体吸湿剂为不同吸附量时，溶液的等浓度线（或固体的等吸附量线）与湿空气的等相对湿度线基本重合，因而理论上采用吸湿材料处理空气时，被处理空气可以达到焓湿图上的任意状态。以常用

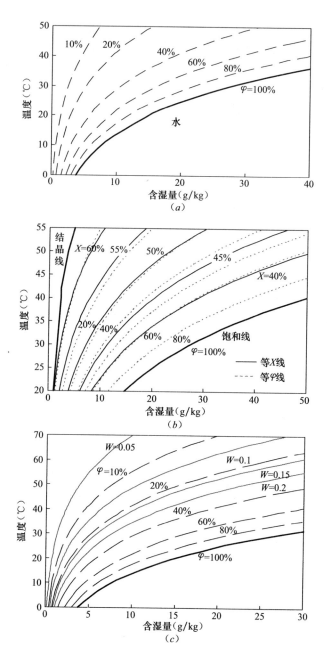

图 F-5 水、液体（及固体）吸湿剂状态在湿空气焓湿图上的表示

（a）水在焓湿图上的表示；（b）液体吸湿剂（以溴化锂溶液为例）；（c）固体吸湿剂（以硅胶为例）

的盐溶液为例，当盐溶液的浓度趋于 0 时，吸湿溶液处理空气的过程接近于水的处理过程；由于盐溶液受到结晶的制约，在焓湿图上溶液结晶线左侧的区域状态是盐溶液无法达

到的。对于固体吸湿剂，由于存在最大吸附量的制约，在焓湿图上最大吸附量曲线右侧的区域是固体吸湿剂无法达到的。不同盐溶液对应的结晶线是不同的，从图 F-1 可以看出采用溴化锂溶液和氯化锂溶液能达到的空气处理状态区域较宽，而采用氯化钙溶液时可达到的处理状态区域则相对较窄。同样，不同固体吸湿剂对应的最大吸附量存在较大差异，从图 F-4 可以看出分子筛适用于相对湿度较低时的湿空气处理，而活性氧化铝则适用于相对湿度较高时的湿空气处理过程。

无论采用哪种除湿方式，在除湿过程中，水分从湿空气的水蒸气状态转换为液态水，此过程释放出大量的汽化潜热。如果空气温度变化 1℃，对应的热量变化为 1 份的话，则空气含湿量变化 1g/kg 时对应的热量变化约为 2.5 份。在除湿过程中，如何有效地排走这些释放的潜热量是影响除湿过程效率的关键因素。在冷凝除湿方式中，除湿过程是伴随着冷媒的冷却过程进行的，除湿过程中释放出的热量能够直接、就地排走。而在溶液除湿和固体除湿过程中，要做到在除湿过程中就地冷却，则需要在空气处理流程等方面进行仔细设计。以下介绍几种常见的液体吸湿剂处理空气过程中的冷却方式：

（1）绝热型溶液除湿装置＋外部冷却装置：这是目前市场上溶液除湿系统大多采用的形式，本书第 4.4 节介绍的溶液除湿装置也采用了这种冷却方法。溶液被外部冷源进行冷却后，再进入绝热型溶液除湿装置，与被处理空气直接接触进行热质交换过程。对于同样浓度的溶液，其温度越低，溶液对应的吸湿能力越强。

（2）绝热型转轮除湿装置＋外部冷却装置：此固体除湿装置与上述溶液除湿装置不同的是，由于固体吸湿材料置于转轮轮毂内部、并随转轮一起转动，因而外部冷源难以实现对于固体吸湿材料的冷却，而只能采用冷却除湿过程中进口空气的方法。采用冷却空气的除湿方式（对应固体除湿装置）与冷却溶液的除湿方式相比，处理到同样含湿量的空气状态，前者要求固体吸湿剂的等效含湿量更低，因而对于固体吸湿材料的再生提出了更高的要求，即需要更高的再生温度才能满足固体除湿装置的再生需求。

（3）内冷型溶液（固体）除湿装置：能够在除湿过程中进行有效的冷却。相对于填料塔形式的绝热型除湿装置而言，内冷型溶液除湿装置对装置结构和工艺要求较高，目前内冷型装置多处于实验室研究阶段，市场上利用吸湿剂处理空气的产品设备基本上为绝热型装置，内冷型装置极少。对于内冷型固体除湿装置，以日本大金公司近年推出的 DESICA 为代表，其能够有效实现内部冷却的除湿过程，该除湿方式为吸湿床形式，每隔 3～5min 需要除湿和再生模式的切换，这就对风道切换装置提出了很高的要求；内置的制冷系统同时需要进行制冷与制热工况的切换，制冷系统频繁处于平衡建立、平衡被破坏的动态过程，对制冷系统运行要求很高。

F.4　不同溶液除湿流程的比较

国内外很多学者研究了多种多样的溶液除湿处理流程，由于溶液在除湿过程中水分从湿空气的气态变为液态要释放出大量的汽化潜热，对于目前普遍采用的填料塔绝热型除湿装置与再生装置构成的溶液除湿空气处理系统，大都采用对进入除湿装置的溶液进行冷却以带走除湿过程释放的大量汽化潜热；但对于溶液再生过程，则有多种多样的处理方式。总结不同的处理流程，依据再生过程需热量的加热方式不同，可以分成两大类：

　　（1）加热再生装置进口空气的方式：即再生空气先被加热后再进入再生装置，提供溶液浓缩过程的热量来源。代表性的研究学者包括 Kinsara 等（1996）、Dai 等（2001）；

　　（2）加热再生装置进口溶液的方式：即再生过程需要的热量通过加热溶液的方式，由加热后的溶液携带进入再生装置。代表性的研究学者包括 Yadav（1995）、Ma 等（2006）。此外，在 Lazzarin 和 Castellotti（2007）的研究中，再生过程的热量一部分用来加热再生空气，一部分用来加热溶液。

　　本小节通过一个具体案例来对比分析采用加热进口空气与加热进口溶液两种不同再生方式，对整个溶液除湿系统的性能影响。图 F-6 给出了两种再生方式的溶液除湿—再生系统的工作原理图，系统中内置热泵循环：热泵系统蒸发器的冷量用于冷却进入除湿器的溶液，通过冷却溶液以提高溶液的吸湿能力；热泵系统冷凝器的排热量作为溶液浓缩再生的热量来源。在流程 A 中冷凝器的热量用于加热进入再生器的空气，在流程 B 中冷凝器用于加热进入再生器的溶液。在除湿器和再生器间循环流动的溶液之间设置有热回收装置，从除湿器流出的低温稀溶液在进入再生器之前被从再生器流出的高温浓溶液预热后再进入再生器，从再生器流出的高温浓溶液则被预冷后再进入除湿器。

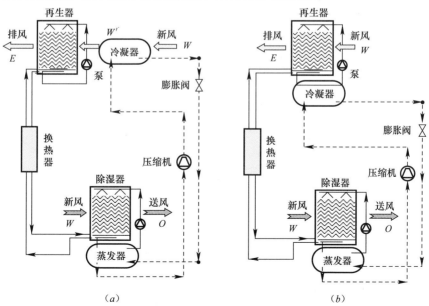

图 F-6　不同再生加热方式的溶液除湿工作原理

（a）溶液除湿流程 A；（b）溶液除湿流程 B

此处以室外新风状态为 32℃、18g/kg，需求的送风含湿量为 9.5g/kg 为例，分析两种溶液除湿流程的不同处理性能。图 F-7 给出了该工况下两种流程的空气处理过程，从处理过程来看，在流程 A 中再生空气被冷凝器加热后有较大温升；再生器中空气近似沿等焓线降温，而溶液状态在焓湿图上看来变化很小。而流程 B 中，再生溶液先被冷凝器加热，再生空气与溶液间再进行传热传质，再生处理过程与流程 A 相比更贴近溶液的等浓度线。两种流程的送风参数及热泵系统的工作性能如表 F-1 所示。从热泵系统性能可以看出，在相同的送风含湿量下，流程 A 的冷凝温度远高于流程 B，由于二者的蒸发温度差异不大，流程 B 中热泵系统的能效比要远高于流程 A。

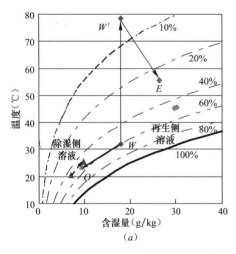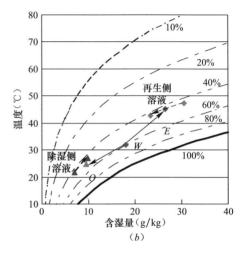

图 F-7 不同溶液除湿流程空气处理过程

(a) 溶液除湿流程 A；(b) 溶液除湿流程 B

不同溶液流程典型工况性能　　　　　　　　　　　　表 F-1

性能参数	流程 A	流程 B
送风参数	23.6℃、9.5g/kg	24.7℃、9.5g/kg
蒸发温度（℃）	16.5	17.7
冷凝温度（℃）	78.8	51.1
热泵 COP	1.9	4.5

通过上述两个溶液除湿—再生流程的比较可以看出：流程 A 加热进口空气的再生方式，再生过程中再生空气贴近等焓的处理过程，需要非常高的再生温度才能满足系统的再生需求；而流程 B 加热进口溶液的再生方式，再生过程中再生空气贴近空气的等相对湿度线（或溶液的等浓度线），再生过程需要较低的温度即可满足需求。这两种再生方式出现非常大的再生温度需求的原因在于：接近等焓线的再生过程（加热空气方式）中，溶液和空气的热湿传递过程存在非常大的传递损失，即不匹配损失，在相关文章（Liu 等，2009）

中有较为详细的阐述。因此，当构建溶液除湿—再生处理过程时，应该尽量避免位于流程A所示的接近等焓线的处理过程，尽可能使除湿过程与再生过程贴着空气的等相对湿度线（或溶液的等浓度线）进行。

F.5 溶液除湿方式与固体除湿方式的对比

F.5.1 固体除湿方式与溶液除湿方式的相似性

溶液的等浓度线（溶液浓度＝溶质质量/溶液质量）与固体吸湿剂的等吸附量曲线（吸附量＝水分质量/干燥吸湿材料的质量）均与湿空气的等相对湿度线基本重合。在除湿、再生过程中，固体吸湿剂—空气之间的传热传质驱动力与溶液吸湿剂—空气有着类似的表达式。在除湿过程中，传质驱动力为吸湿材料表面与空气中水蒸气分压力差（或等效含湿量差），降低固体吸湿剂的温度、降低固体吸湿剂的吸附量（相当于提高溶液的浓度），均可以增强除湿过程中的传质驱动力。再生过程与除湿过程的原理类似，仅是传质方向与除湿过程相反。

图 F-8 以空气与溶液直接接触的热湿交换过程（除湿过程或再生过程）为例，给出了传热过程与传质过程之间的相互影响关系，湿空气与固体吸湿剂直接接触的热湿交换过程（除湿或再生过程）也存在相同的规律。如图 F-8 所示，一方面，传质过程中伴随的相变潜热的吸收/释放影响了溶液与空气体系的温度，进而影响了二者之间的传热过程；另一方面，溶液温度的变化显著影响溶液的表面蒸气压（或等效含湿量），从而影响了溶液与空气之间的传质驱动力、影响了二者的传质过程。由于传热过程与传质过程的相互影响，不能单纯分析某个传递过程，必须综合考虑传热与传质作用的相互影响。在除湿过程中，

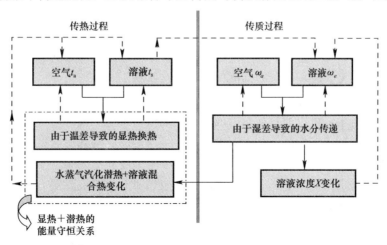

图 F-8 采用吸湿剂除湿/再生过程中传热与传质的相互影响关系

伴随着水分从湿空气向固体吸湿剂（或液体吸湿剂）的传递过程，会有大量的相变潜热释放出来，会使得吸湿剂的温度升高。虽然除湿过程中，吸湿剂的浓度可能变化不大，但其温度会显著升高，导致吸湿剂的表面水蒸气压大幅上升，降低了传质驱动力。同样，在再生过程中，需要吸收大量的热量实现水分从吸湿剂到湿空气的传递过程，会降低吸湿剂的温度，从而降低了吸湿剂与湿空气之间的传质驱动力，弱化了传质过程。

F.5.2 固体除湿方式与溶液除湿方式的差异性

溶液除湿方式与固体除湿方式最根本的差别在于液体吸湿剂的可流动性，这一看似不起眼的差别却导致了二者在空气处理流程、能源利用效率上的显著差异。与固定吸附床除湿方式相比，溶液除湿方式可以通过溶液在除湿、再生装置之间的流动，实现连续的除湿与再生过程，获得稳定的空气出口处理参数。转轮式除湿方式，通过将固体吸湿材料与转轮基材粘结在一起，随着转轮一起转动，从而实现了连续的除湿、再生过程，获得了稳定的空气出口状态。固体转轮除湿方式与溶液除湿方式的差异主要体现在如下两点：

（1）溶液除湿方式可以很容易实现带冷却的除湿过程（直接冷却溶液）、带加热的再生过程（直接加热溶液）。由于转轮除湿方式内部结构的限制，对于除湿过程的冷却仅能通过冷却空气方式而非冷却吸湿剂来实现，再生过程的加热也仅能通过加热空气实现。已有的研究结果表明：除湿过程冷却溶液方式的除湿效果远优于冷却空气方式，再生过程加热溶液方式的再生效果远优于加热空气方式。这是同样处理情况下，溶液的再生温度低于转轮方式再生温度的原因所在。

（2）溶液除湿方式可以通过在除湿装置、再生装置之间循环的溶液设置溶液—溶液换热器，从而预冷进入除湿装置的浓溶液、预热进入再生装置的稀溶液，减少溶液的冷热抵消。而在固体除湿过程中，以转轮除湿为例，除湿区域的吸湿剂直接进入再生区域，再生区域的吸湿剂也是直接进入除湿区域，存在固体吸湿剂的冷热抵消。由于固体吸湿剂无法流动，需要附着在基材上与基材一起实现除湿、再生的转换，基材的质量在整个转轮中占有不容忽略的比例，即再生区利用热空气实现了对固体吸湿剂与基材的共同加热，而当转轮转到除湿区时，又要利用空气冷却固体吸湿剂与基材。

溶液除湿方式与固体除湿方式之间由于液体流动性而存在上述两方面的主要差异。对于液体吸湿剂的再生，可以通过加热溶液并利用溶液与再生空气的热质交换来实现对溶液的再生，处理过程贴近空气的等相对湿度线，再生所需的驱动热源温度可以比较低。对于第4.3.2.1节所述的热泵驱动的溶液除湿方式，再生温度（即冷凝温度）在40~50℃即可满足系统的再生需求。对于第4.3.2.2节所述的余热驱动的溶液除湿方式，由于除湿过程中的冷却温度低于热泵蒸发器的温度，因而余热驱动溶液除湿装置的再生需要70℃左右的热源。

对于连续除湿过程的转轮除湿装置而言，其吸湿剂的再生过程仅能通过加热空气并利用热空气再与吸湿剂进行热质交换来实现再生，即固体吸湿剂的除湿过程与再生过程都是近似沿着等焓线进行的处理过程，其传热传质的不匹配损失较大。达到相同的空气除湿效果时，采用固体吸湿剂除湿后的空气温度大幅升高（近似等焓升温过程），需要非常高的温度才能实现固体吸湿剂的浓缩再生，转轮除湿装置中再生空气的温度一般在100℃以上，这就对所需热源的温度品位提出了较高的要求。通过将单个除湿转轮装置拆分成两个除湿转轮装置的系统，可降低系统中循环的固体吸湿材料的含水量，因而可有效降低除湿转轮的再生温度，热源温度在60～80℃可满足系统的再生需求。在日本大金公司研发的除湿过程为间歇进行的DESICA装置中，除湿过程和再生过程均是近似沿着空气的等相对湿度线进行的，在除湿过程中采用热泵蒸发器进行冷却，40～50℃的再生温度即可满足需求。表F-2汇总了本书中介绍的各种溶液除湿方式与固体除湿方式性能的对比情况，任务为将室外潮湿的新风（如20g/kg含湿量）处理到希望的送风含湿量水平（如8～10g/kg含湿量）。

溶液除湿方式与固体除湿方式的对比 表F-2

除湿方式	形　式	本书章节	除湿过程与再生过程	除湿过程的冷源	再生温度要求	备　注
溶液除湿方式	热泵驱动	4.3.2.1	接近空气等相对湿度线	热泵系统的蒸发器	40～50℃	连续除湿
	余热驱动	4.3.2.2	接近空气等相对湿度线	冷却水冷却或其他冷源	约70℃	连续除湿
固体除湿方式	余热驱动——单个转轮	4.3.3.1	接近空气等焓线	冷却水冷却或其他冷源	100℃以上	连续除湿
	余热驱动——两个转轮	4.3.3.1	接近空气等焓线	冷却水冷却或其他冷源	60～80℃	连续除湿
	热泵驱动——DESICA	4.3.3.2	接近空气等相对湿度线	热泵系统的蒸发器	40～50℃	间歇除湿

附录 G　网友问题回复

全国暖通空调制冷 2010 年学术年会后，暖通空调在线网站（http：// www. ehvacr. com/）征集了网友关于温湿度独立控制空调方式的问题，并由江亿老师对网友问题进行了详细回复。网站于 2011 年初推出了"温湿度独立控制系统技术专题"（http：// topic. ehvacr. com/Tech2011/wenshidu/），得到很多网友的关注，此处节选部分网友问题及本书作者对问题的回复。

网友问题：温湿度独立控制技术当前及今后主要发展趋势和研究热点是什么？

回复：温湿度独立控制是一种将室内显热负荷和潜热负荷分开处理从而实现室内温度与室内湿度独立控制的空调理念，以该理念为基础的温湿度独立控制技术及相关产品、设备的应用尚处于初级发展阶段。据不完全统计，目前国内已有 40 余座建筑应用了这种空调系统形式。近几年来，温湿度独立控制空调技术研究已有了很大进展，很多新产品和设备得到了开发应用。在 2006 年出版《温湿度独立控制空调系统》一书时，可用于温湿度独立控制系统的高温冷水机组、干工况运行的风机盘管等设备还鲜有开发、应用，而经过五年发展，温湿度独立控制空调系统的研究和相关设备的研发、生产和应用都得到了较快发展。在 2011 年《暖通空调》杂志第一期中较为系统地介绍了当前温湿度独立控制的发展及应用情况，包括初步的设计方法、关键设备如高温冷水机组的研发情况等。

尽管有了一定程度的进步和发展，温湿度独立控制空调系统的相关研究和设备研发等工作仍需投入不懈的努力。结合当前发展情况，从温湿度独立控制的理念出发，温湿度独立控制空调技术的发展趋势及研究热点可以尝试从以下几个方面来认识。

首先是设计方法的总结提炼。科学合理的设计是实现空调系统正常运行、降低运行能耗的基础，由于温湿度独立控制空调系统应用的空调理念及设备等与常规空调系统有所差别，同时在不同地域气候条件、不同使用功能的建筑中，温湿度独立控制空调可以有多种形式，如何选取合理的温湿度独立控制空调方案及设备形式就成为亟需解决的问题。设计方法的总结提炼可以为空调系统的设计提供指导，对一些需要注意的问题如高温冷水机组的供回水设计温差、辐射末端的应用设计等给出合理分析，为进一步完善温湿度独立控制空调系统提供支撑。

其次是相关设备产品的进一步研发。温湿度独立控制的空调理念为空调设备、产品的研发提供了新的思路，一些新的空调设备可借由温湿度独立控制的理念得到开发和利用。

现有应用于温湿度独立控制的关键设备如高温冷水机组、干式风机盘管等已经得到一定开发应用，从进一步的发展角度来看，高温冷源设备（如高温多联式空调机组）、新型新风除湿处理设备（如应用到温湿度独立控制空调系统的冷凝除湿方式的新风机组）、承担显热负荷的末端设备（如辐射末端）等都还需要进一步研发，现有产品也还有性能进一步改进和提高的余地。同时，目前温湿度独立控制空调方式还主要应用在较大型的公共建筑中，如何进一步开发出适用于小型公共场所、性能优异的温湿度独立控制空调产品和设备也是温湿度独立控制空调技术进一步推广应用所需要研究的热点。

再次是实际运行的反馈与思考。空调系统归根结底是要解决实际建筑的温度、湿度控制问题，只有经过实际应用的检验才能发现问题、解决问题。从实际应用中可以找出在方案设计、产品设计生产中未注意或忽略的问题，将这些问题加以总结思考可以进一步完善温湿度独立控制空调技术。在运行中，可以完善控制调节方面的内容，如温湿度独立控制空调系统全年的运行控制方案、日常运行策略等；可对一些设计中不易确定的影响因素如渗透风的影响等进行实际评估；可以实际测试空调系统的运行性能，分析关键设备性能、系统能效等，为设备研发等工作提供实际数据；可以建立实际运行与设计之间的反馈，反映系统设计与实际运行间的联系和差异，为进一步完善设计提供帮助。

温湿度独立控制理念的推广及系统的实际应用已经得到一定发展，进一步实施相关研究和设备开发工作等可为温湿度独立控制空调技术的更广泛推广和应用提供支撑，从而为建筑节能工作的进一步开展作出贡献。

网友问题：曾看过很多文献介绍说温湿度独立控制系统（以下简称 THIC）比常规空调系统节能若干若干。一方面几乎所有文献中谈到的 THIC 都是基于溶液除湿的，而双冷源系统的几乎没有，因此这样直接以 THIC 冠名得出的某些结论势必不妥（虽然用转轮除湿一样可以做到 THIC，但是对于常规设计工况而言极少有用转轮的，至少我只见过一例，因此该种方式的 THIC 忽略不计）。另一方面文献中叙述过程都无法做到真正客观全面、没有站得住脚的论述，因此得出的某些结论也不妥。仅针对于本问题的名词解释：基于溶液除湿的 THIC：以溶液除湿方式给新风除湿使之负担系统全部潜热负荷，室内回风经过高温冷水机组的高温水处理从而负担其余的显热负荷，该过程为干工况。基于双冷源的 THIC：以低温冷水机组提供的低温水处理新风使之负担系统全部潜热负荷，以高温冷水机组的高温水处理室内回风使之负担其余的显热负荷，该过程为干工况。常规空调系统：只有低温冷水机组来处理新风和回风，全部为湿工况。问题边界条件：对比的末端系统形式可以是全空气系统（定风量）或空气—水系统。机组为离心式冷水机组，水系统为一次泵。常规空调系统为露点送风，无再热。问题：请问是否全面分析比较过这三种系统？

回复：

（1）温湿度独立控制的空调是一种设计理念和方法，不是某种系统形式，更不是只针对溶液除湿新风机组的。所以我完全支持你的看法，应该把双冷源、转轮除湿等方式都包括进去，不能只讲溶液除湿。

（2）所列的三种方式哪种运行能耗低，很难简单地给出结论，因为与很多相关涉及参数有关，也和系统的投资规模有关。目前的双冷源和溶液除湿系统如果充分考虑了排风的热回收（尤其是全热回收），那么冷源的能耗应该比常规空调（7℃冷水，也同样采用排风热回收）低，但这里仅说的是冷源运行能耗，原因就是显热负荷可以用高温冷源带走，提高了冷源效率。在比较低温冷源除湿与溶液除湿，同样看排风热回收方式。目前市场上的溶液除湿充分利用了排风热回收，所以可能比低温冷源新风机效率高一些，但如果低温冷源新风机在排风热回收方面做好，其新风处理能耗应该与溶液方式相当（但不能再热）。

（3）但是显热系统的风机水泵运行能耗，就完全取决于系统的设计。由于高温显热排除系统的温度高，风和水的循环温差必然小于常规系统，因此，同样的设计就会使得风机水泵能耗加大，这是很多工程中出现的问题。因此必须用不同的系统参数来设计。例如冷冻水循环系统，当进回水温差很小时（例如3℃），系统循环流量大，此时调节末端流量对冷量的调节作用很小，而且非线性。因此就不应该按照调节流量的方式来调冷量，而应该采用"通断"方式，在一个周期内（如15min），开5min，关10min，得到通断比0.33，也就是冷量为33%，这样可以在大范围内实现线性的连续调节。目前已经有水阀可以长期可靠地工作在这样的"通断"状态。采用这样的方式，适当加大水管管径，并且去掉各种其他调节阀门，只保留关闭阀，再采用低阻力水过滤器，就可以在大流量下水泵压差不超过20m，从而仍不使循环水泵电耗太高。这就是大流量小温差下的水系统新的设计方式和调节方式。与以往"小流量、大温差"是完全不同的思路。

（4）此外就是显热末端形式。当高温冷水、大流量小温差时，最合适的就是辐射方式。这时，减少了一个风换热与循环的环节，因此也降低了能耗。这也是实现温湿度独立方式节能的重要条件。如果常规的风机盘管，需要加大风量、加大盘管面积，很难说节能和省投资。如果还需要以风的形式供冷，就要采用专门的"干式风机盘管"。这不是简单地把风机盘管运行在干工况，而是取消凝水系统，从而成为完全不同的结构，大幅度降低风机扬程。当没有风筒，用轴流风机直接吹在换热盘管上时，有可能把风机压头降低到目前的30%~40%。这样，即使风量大了一倍，风机电耗也不会增加。

（5）最重要的是改变系统的末端方式与气流组织模式。常规系统是全面通风换气，人员活动区是空气充分混合之后的区域。而温湿度独立由于提高了冷源温度，所以无论是新风还是显热系统都应直接对人员活动区供冷。例如局部辐射、置换送风等方式。与目前谈的"低温送风"形成鲜明对照。这样即可改善人员活动区的空气质量，又能降低总的冷负荷。并且，这样的下送风方式一定能够减少风机电耗。

（6）综上所述，简单的温湿度独立空调系统，不在末端方式、冷冻水循环方式、甚至排风热回收上采用新的设计和运行参数，很难比常规的空调节能，很可能总的能耗更高。

因此，绝不能把温湿度独立空调简单地理解为用除湿的新风机，在把冷水温度提高，其他仍保持传统模式。必须从末端、气流组织、冷冻水循环系统等方面全面改进，突出小温差（进出口小温差、换热小温差）的特点，才能真正实现温湿度独立控制的空调系统的目的，也才真的有可能降低系统运行能耗。

（7）再来看投资，也取决于系统形式与设计参数。如果双冷源真的是集中的两套冷源，那么水系统投资就会增加很多。所以即使是降温除湿处理新风，也应该是自带冷机的直接蒸发机组。也就是排风先与新风逆流换热，热回收，然后冷却的新风经过蒸发器降温除湿。蒸发器由直接连接的小冷机（如同分体空调机）供液，冷凝器还可以由经过热回收升温之后的排风冷却，如果有条件在排风进入冷凝器之前对其喷水进行蒸发冷却，可以进一步降低冷凝温度，充分发挥排风较低湿度的作用（这时新风排风热回收就可以仅是显热回收）。风机盘管的形式和是否装凝水系统，也会对投资有很大影响。所以哪个投资高也取决于系统形式。咸阳机场三期采用温湿度独立方式，初投资节省上千万（主要是省掉集中送风系统），就是一个案例。当然更多的工程案例是温湿度独立系统投资增加了，这就说明投资高低很大程度上取决于系统形式是否做彻底的改动。

网友问题：能否介绍一下温湿度独立控制目前在国内外的应用情况

回复：现在开始在各国暖通界都在谈这件事。在欧洲，由于大部分地区没有除湿的需要，因此在讲"高温供冷，低温供热"，这在一定程度上是和温湿度独立出于同样考虑的。目前还在谈"低㶲建筑"，在德国和其他几个欧洲国家，都把它作为建筑节能的重要方向，其原理也基本相同。实际在德国、泰国，已经有几个飞机场的候机大厅采用地板冷辐射加新风除湿的方式，并且已经运行了不少年。所以，温湿度独立空调并非我们发明，而是在世界上早就有了，近年来随着节能和室内舒适要求的提高，发展普及速度正在加快。

网友问题：关于温湿度独立控制一题，我所看过的论文、专题等资料几乎都是在介绍其优点，例如相比较传统空调，可以达到更好的卫生舒适度，高温冷水使得冷机 COP 值提高等等，但是就其缺点却少有介绍。不可否认，对于温湿度独立控制系统新风采用溶液除湿机时，系统初投资的增加，末端水温的提高导致消除同样负荷所需的风量水量增大，从而风机水泵、风管水管相应增大，这些弊处也是 THIC 系统的特点。至于该系统是否更加节能，优点是末端高温水机组的 COP 值增大，而缺点是风机水泵能耗增大，而且对于新风除湿，不管是采用低温冷水机组还是溶液除湿，我觉得其综合能效比也都会低于常规冷水机组。综上所述，在对比 THIC 和传统空调系统时，请问如何准确合理考虑二者各自的优缺点以选择出最适合具体项目的系统？

回复：您说的有一定道理。如果不仔细设计，很可能温湿度独立系统能耗还会高。如何降低风机、水泵能耗是非常重要的大问题。和目前的风机盘管＋新风系统比，如果都提供满足新风要求的新风量，新风机的电耗应该差不多。您可能要说，一般的新风不要求回风，溶液除湿还要回风。是有这样的问题。但是根据《公共建筑节能设计标准》，新风量大于一定量以后，必须安装排风热回收装置，这时，可就要求有排风了。按照分析，这时增加的风机电耗与热回收得到的冷量（或热量）相比，相当是 COP 为 5～6，这样，应该说还是合算的。

对于水泵，如果采用高温冷机，要看是什么样的末端装置。我们非常推崇各种辐射末端方式，这时不用风机，末端直接以辐射和对流的方式换热。为了防止结露，希望水温差小，从而使得辐射表面温度均匀，这就要使冷水的循环流量增加几乎一倍，使水泵能耗增加。但这时由于不需要风机盘管风机了，因此可以剩下风机电耗。综合起来看，如果设计合理，也可以使输配能耗不增加。当然这时一定要把水管加粗，控制管内流速，否则会使泵耗增加。

温度湿度独立控制这种方式实质上是一种新的空调设计理念，不仅仅是为了节能，而是为了获得室内环境全面控制的一种更好的方式。美国空调系统很大一部分能耗都用于末端再热造成的冷热抵消，温湿度独立就不需要末端再热，实现很好的温度和湿度的双参数控制，也就不再会有冷热抵消。由于显热末端不再承担湿负荷，于是就不再担心凝水问题，这就可以发展出很多完全不一样的末端装置来，从而使空调的末端形式、室内气流组织（室内辐射场）都出现大的变化，有可能发展出更多的全新的空调方式出来，包括大空间的局部环境控制等等。因此，它的更大意义是试图走出一条新路，从而带动出全面的革新。这才是温度湿度独立控制空调的本意。

网友问题：我觉得温湿度独立控制空调技术适合南方湿度大的地方，北方就不适应了。

答复：温湿度独立控制是一种理念，其根本在于根据空调系统末端负荷的不同特点将两种负荷分别处理而实现对温度、湿度的分别调控，而不是像普通系统中将显热负荷、湿负荷统一处理。在我国西北地区，室外空气非常干燥，对新风的处理任务主要是降温，而非潮湿地区的除湿任务。应用温湿度独立控制的思路，同样可以在西北干燥地区构建相应的空调系统，不必采用 7℃ 的冷冻水对建筑进行空调处理。由于温度、湿度独立处理，在西北干燥地区没有除湿的任务，因而可以采用高温冷源（15～20℃）即可实现对于室内温度的控制，新风通过间接蒸发冷却等方法降温后送入室内，实现室内温度、湿度的控制调节。高温冷源可以采用蒸汽压缩式制冷方法，也可以直接利用当地室外干燥空气间接蒸发冷却方法制备出 15～20℃ 的高温冷水，满足建筑的降温需求。利用间接蒸发冷却方法制备高温冷水、处理新风的温湿度独立控制空调系统，在我国新疆等地已有多处工程采用，取得了显著的节能效果。

网友问题：室内风机盘管原来使用 7℃ 的水，室内温度控制在 25℃，热交换推动温差有 18℃，现在使用 16℃的水，要是室内温度不变，推动温差只有 9℃，减少了一半的推动力，请问主持人：您使用了什么技术解决了这个问题？解决的结果是否节能？

回复：使用高温冷水与使用常规 7℃冷水来处理显热负荷相比，与室内的温差有了很大降低，也即传热驱动力 ΔT 有大幅降低。对于运行在高温工况下的风机盘管，如何在较小的驱动温差下保持较优的传热能力是干式风机盘管设计和制造的要点。目前，干式风机盘管主要有两种做法：一是沿用湿式风机盘管的设计思路，通过调整翅片间距、片型等来改善干工况下运行的风机盘管的性能。这种方法尽管一定程度上改善了干式风机盘管的性能，但设计出的盘管性能与湿式风机盘管相比仍有一定差距。传统湿式风机盘管单位风机电耗的供冷量在 50W/W 左右，而根据目前干式风机盘管的行业标准，干式风机盘管单位风机电耗的供冷量仅在 20～25W/W 左右。另外一种方法是彻底改变目前风机盘管的结构形式，充分利用干盘管无凝水的特点，设计出新形式的干式风机盘管。丹佛斯开发出的一种应用直流无刷电机驱动的干式风机盘管，其单位风机电耗的供冷量已经达到传统湿式风机盘管单位风机电耗的供冷量水平（50W/W），但尚存在一些轴承噪声等方面的问题。因而，干式风机盘管的研究仍需要不断提出新的思路，期盼有更好的解决方案来提高在高温工况下工作的风机盘管的性能。

网友问题：关于"温湿度独立控制"技术中"高温水处理显热"认为 7℃的冷冻水处理显热是浪费，提出"使用高温水处理显热"。如果这个命题得以实现，是对全世界空调行业的一个巨大贡献！但是本人做过多项电信机房的设计和调试，实测证实：电信机房几乎全部是显热负荷，高的达到 600W/m² ，一般也在 300W/m² 以上。使用 7℃的冷冻水，6 排的风柜，勉强应付过去。现在很多机房空调已经改成直接蒸发式表冷器送风，原因是为获得更低的送风温度。按照您的理论，既然是显热，就可以使用高温水，非常希望您能给出一个实施方案。当然这个题目有些偏颇，显热太大了，不大容易被人接受。

回复：您说的在很多情况下都有一定的道理。我们把水温升高，目的是提高冷机效率，并有可能更多地使用自然冷源（如冷却塔直接供冷），这样必然出现换热温差小、要求风量大的问题。因此温湿度独立空调绝不是简单地把水温提高，按照目前的空调模式作。而是要对整个系统的形式和末端装置作全面改革（或革命）。例如，采用辐射末端方式等，它将带来末端装置的一场革新。因为是干工况，没有冷凝水了，不需要凝水盘了，就可以有上送风人在混合区变为更接近人的辐射或局部换气方式，即使还是用风，气流组织的不同也会使风机要求的压头不同。这一方面还需要很多的探索和开发与创新。

这里只讲一下您说的机房空调问题。现在不少机房，由于表面换热温度过低（7℃水甚至于直接蒸发的氟）导致很大的除湿冷，表冷器大量凝水，为了防止室内湿度变低（因为室内并没有湿负荷），只好又采用加湿器加湿。这就是为什么机房空调都要有调节性能好的加湿器（如利博特机房空调），这就形成先除湿，再加湿，造成巨大的能源浪费。提高换热器表面温度，就可以避免除湿后再加湿，对节约冷量和加湿能耗都有重要意义。当然，如果采用常规的方式，就如同您所说，风量加大，风机能耗非常大，屋子里风吹得一塌糊涂。那么，就需要彻底改变机房的气流组织方式。我们最新的一个项目是把氟利昂的换热器直接安装在计算机机柜里，通过机柜里同时安装的小风机，把线路板的发热量带走。利昂是通过热管循环，在空调机房换热，严格控制其温度在 18℃。这样既保证机柜内绝对的安全（不凝水），更好的降温效果，并且风机电耗远低于原来的系统，冷机的电耗仅为原来的 20%。总的能源剩下七成，室内人进去也觉得更舒适了！这就是说，不能简单地提高温度，而是要全面改变末端方式！

网友问题： 新风量的问题，在设计时，规范对于人员单位风量有要求，比如办公室 $30m^3/h$，但是要是按着这个标准去设计新风的话，新风量很小。比如一个办公室只有两个人，那么新风只有 $60m^3$，但是用这些风量去调节室内的新风湿度，难度是不是很大？

答复： 一般办公建筑中，根据卫生需求会有一个最小新风量标准，即您谈到的 $30m^3$（h·人）。由于一般情况下办公建筑中主要的产湿来自于人，在温湿度独立控制空调系统中，主要通过送入干燥的空气将湿负荷带走，即实现对湿度的控制，而经过处理的新风正好可以作为带走室内湿负荷的载体，比如室内温度为 26℃、相对湿度为 60%（含湿量为 12.6g/kg）时，以一个人员的产湿量为 109g/h 计算，若利用 $30m^3/$（人·h）的新风作为排出室内湿负荷的载体，则所需的送风含湿量为 9g/kg，即新风需要处理到 9g/kg 的状态能承担排出室内产湿量的任务。

若出现除了人之外的室内湿源，很多导致产湿量很大的情况，仅通过降低送入新风的含湿量已不能满足排湿需求，这时如果不希望增加送入的新风量的话，可以考虑对室内回风的湿度进行处理，将回风处理到某个低于室内状态的含湿量水平后再送回室内，即利用回风作为排出室内产湿的载体，这样就可以实现对室内湿度的控制。

因此，温湿度独立控制中一般情况下推荐利用新风作为湿度控制的载体，将新风处理到一定的干燥程度后送入室内；如果室内除人员外的产湿量很大，也可以考虑将回风作为排出室内产湿的载体，将回风进行处理后再送入室内来承担室内的湿度控制任务。

网友问题： 温度是通过干盘管水阀调节，湿度通过送风含湿度量来控制室内相对湿度，而室内温度波动可以影响相对湿度，而新风的温度和湿度也会影响室内的温度，二者在控制上如何实现统一，会不出现失控现象？

答复： 在空调设计中，一般会有一个室内设计的温度、相对湿度范围，根据这一温度、相对湿度范围，可以得到相应的绝对湿度（即含湿量）范围。在温湿度独立控制空调系统中，通过送入含湿量较低的干燥空气（通常是经过处理的新风）来承担室内的湿负荷，通过调节风量或送风的含湿量可以将室内控制在要求的含湿量范围内。这时，送入的干燥空气由于温度可能与室内不同就会对室内显热负荷即温度控制带来影响，就需要在设计中仔细计算这部分的影响。在考虑这部分影响的基础上，再通过调节干式风机盘管水量、风量等手段就可以实现将室内温度控制在要求的范围内。这样，分别将室内的含湿量、温度控制调节到要求的范围，也就达到了温度、相对湿度的控制要求。因此，这种温湿度独立控制的空调系统将温度和湿度分开控制，只要控制得当，就可以实现对温度、湿度的合理调控。

网友问题： 热泵溶液除湿机＋毛细管辐射冷吊顶常见问题：结露。如何解决，有哪些好的建议？

答复： 结露问题出现的原因主要是室内湿度未得到有效控制，使得辐射吊顶表面温度低于空气露点温度从而出现结露现象。在辐射吊顶供冷的空调系统中，末端需要安装传感器来监测室内空气露点温度的变化，当出现结露的危险或可能时，可通过以下措施来调节：调节送入的干燥空气，通过加大送风量、降低送风的含湿量水平等手段尽快将室内多余的湿负荷带走，避免出现结露；若仍有结露危险，可关闭辐射吊顶的供水水阀，同时加大送风量或降低送风含湿量来防止结露。当传感器监测到空气状态达到要求时，再开启辐射吊顶的水阀。

网友问题： 请问溶液除湿在行业内争议的焦点是什么？目前有各种各样的说法。相信事物都有两面性，同时我更相信存在必有理，新生事物不可战胜！希望诸位能够以科学的观点论述其优缺点。

答复： 目前行业内对溶液除湿方式的主要争议集中在对其可能存在的离子携带等问题，溶液除湿方式作为一种空气湿度处理的有效方式，一直以来都是研究的热点，其优点主要包括以下几个方面：

（1）溶液除湿方式可以在除湿过程中对溶液进行冷却，可直接将空气处理到所需的状态点，避免了冷凝除湿方式需要的再热过程，除湿过程无冷凝水出现，减少了霉菌滋生的可能性；

（2）能量利用范围扩大，不只可使用电能作为驱动力，低品位热能如工业余热等也可作为溶液处理方式的驱动热源，同时溶液还具有良好的蓄能特性；

（3）一套系统即可同时实现除湿和加湿功能，满足全年运行需求，不需要为了冬季加湿而单独设置另外一套设备。

溶液除湿方式的缺点主要体现在以下几个方面：

（1）使用溴化锂、氯化锂等盐溶液作为吸湿溶液时，由于存在吸湿溶液与空气的直接接触，人们难免会对空气携带溶液产生担心，这需要从溶液的布液方式、填料形式及空气与溶液的流速等层面采取措施，尽可能避免或减少空气携带溶液离子的量；

（2）吸湿盐溶液具有一定的腐蚀性，对铜、铝等常见金属都会产生一定的腐蚀作用，在使用盐溶液进行空气处理的设备中，需要采用塑料材料或不锈钢材料等来防止材料的腐蚀。

溶液除湿方式可以作为温湿度独立控制空调系统中湿度控制系统的一种有效湿度处理设备，近年来有不少溶液除湿方式的机组设备得到了开发并在实际建筑中得到应用。从应用效果来看，溶液除湿空气处理设备实现了较好的全热回收、空气除湿/加湿处理效果。

网友问题：我个人认为溶液除湿系统中溶液的再生是非常关键的一步。我看到的溶液再生过程基本是利用某种热源（热泵或其他形式）对溶液加热，之后风流吹过溶液表面将水蒸气带走，而实现溶液的再生的。请问，如果风流比较潮湿，如相对湿度在90%甚至还高，温度可以达到35℃左右，用这样高湿的风流进行溶液的再生效果会怎样呢？有没有研究风流温湿度对溶液再生的影响呢？

答复：在溶液再生过程中，水分的传递方向是从溶液向空气传递，这一过程的驱动力是溶液表面蒸气压和空气中水蒸气分压力之差。进口的空气越潮湿，空气中水蒸气分压力越高，导致再生过程的传质驱动力越小，再生过程越困难。但对溶液而言有个比较好的性质，即使在相同的溶液浓度情况下，升高溶液的温度会使得溶液的表面蒸气压显著升高。例如，50%浓度的溴化锂溶液，60℃时表面蒸气压为6.055kPa（相当于含湿量为39.5g/kg），70℃时表面蒸气压为9.742kPa（相当于含湿量为66.2g/kg）。我国比较潮湿的深圳、广州，室外设计含湿量在20g/kg多一些，如果空气再潮湿达到35℃、相对湿度90%，此时室外含湿量为32g/kg。只要溶液的再生温度足够高，就可以实现溶液的浓缩再生过程。此外，在溶液除湿—再生过程中，对除湿过程进行冷却，则在相同的处理空气除湿情况下，系统中循环的溶液浓度可以降低。溶液浓度越低，再生过程相对越容易，40%浓度的溴化锂溶液，60℃时表面蒸气压已经达到12.49kPa（相当于含湿量为87.5g/kg）。溶液再生过程国内外有很多学者进行研究，并且实验测试了再生过程中空气进口流量与温湿度、溶液进口流量与温度、浓度等对于再生效果的影响，发表了大量的文章。

网友问题：在2011中国制冷展上，大金公司展出了一套利用太阳能再生的温湿度独立控制空调系统。据现场解说员说，这套机组的再生温度只要达到45℃，其中最关键的技术就是其自主研发的"可再生混合干燥素子"的除湿剂。据我所知，目前太阳能空调需要的驱动热源温度至少也得60℃才能正常运行。既然敢拿到制冷展上展出，我想肯定不是"忽悠"，请教专家这个"可再生混合干燥素子"是什么？

答复：我们未曾见到过您所提及的太阳能再生的温湿度独立控制空调系统，不过我们在日本制冷展上曾见到过大金生产的一种固体除湿机——DESICA，这种设备通过将固体吸湿剂与热泵系统有效结合来进行空气湿度处理。这种新风处理机组通过一定的特殊工艺处理，将固体吸湿剂（可能是您所说的"可再生混合干燥素子"）有效地贴附在热泵系统的蒸发器、冷凝器表面。在对新风的除湿处理过程中，空气的水分被固体吸湿剂吸收，水蒸气相变产生的潜热被蒸发器吸收，避免了常规固体转轮除湿处理过程中的等焓升温过程；在固体吸湿剂的再生过程中，空气流过贴附有固体吸湿剂的冷凝器表面，水分从吸湿剂表面进入空气，水分相变的潜热来自冷凝器中制冷剂冷凝过程的放热。以 3～5min 为周期来切换制冷系统的方向和新风与排风风道的流向，实现除湿与再生过程之间的切换。这种设备的空气除湿及吸湿剂再生过程近似实现了固体除湿/再生过程的内冷、内热处理过程，需要的再生温度较低，45℃左右应该能够满足再生需求。

参 考 文 献

第 1 章

[1]　公共建筑节能设计标准 GB 50189—2005.

[2]　旅店业卫生标准 GB 9663—1996.

[3]　文化娱乐场所卫生标准 GB 9664—1996.

[4]　理发店、美容店卫生标准 GB 9666—1996.

[5]　体育馆卫生标准 GB 9668—1996.

[6]　图书馆、博物馆、美术馆、展览馆卫生标准 GB 9669—1996.

[7]　商场（店）、书店卫生标准 GB 9670—1996.

[8]　公共交通等候室卫生标准 GB 9672—1996.

[9]　公共交通工具卫生标准 GB 9673—1996.

[10]　朱明善，刘颖，林兆庄，彭晓峰. 工程热力学. 北京：清华大学出版社，1995.

[11]　江亿，刘晓华，谢晓云. 室内热湿环境营造系统的热学分析框架. 暖通空调，2011，41（3）：1-12.

[12]　江亿，李震，陈晓阳，刘晓华. 溶液式空调及其应用. 暖通空调，2004，34（11）：88-97.

[13]　赵荣义，范存养，薛殿华，钱以明 编. 空气调节（第三版）. 北京：中国建筑工业出版社，2000.

[14]　张永宁. 基于案例的美国公共建筑能耗调查分析与用能问题研究［硕士学位论文］. 清华大学，2008.

[15]　清华大学建筑节能研究中心. 中国建筑节能年度发展研究报告 2009. 北京：中国建筑工业出版社，2009.

[16]　柳宇，池田耕一. 空調システムにおける微生物汚染の実態と対策に関する研究：第1報 微生物の生育環境と汚染実態. 日本建築学会環境系論文集. 2005，70（593）：49-56.

[17]　柳宇，鍵直樹，池田耕一. 空調システムにおける微生物汚染の実態と対策に関する研究：第3報-オゾンによる殺菌性能に関する基礎的な検討. 日本建築学会環境系論文集. 2008，73（632）：1197-1200.

[18]　淺井万里成，成旻起，加藤信介，柳宇，井田寛，佐藤昌之，金鐘訓：空気殺菌のためのUVGI. 空気調和・衛生工学会学術講演会講演論文集，2010 年 9 月.

[19]　刘晓华，江亿. 温湿度独立控制空调系统. 北京：中国建筑工业出版社，2006.

第 2 章

[20]　彦启森，赵庆珠. 建筑热过程. 北京：中国建筑工业出版社，1986.

[21] 电子工业部第十设计研究院 主编. 空气调节设计手册（第二版）. 北京：中国建筑工业出版社，1995.

[22] 张立志. 除湿技术. 北京：化学工业出版社，2005.

[23] ASHRAE. ASHRAE Standard 62. 1 Ventilation for Acceptable Indoor Air Quality. Atlanta：American Society of Heating，Refrigerating and Air-Conditioning Engineers，Inc.，USA，2010.

[24] 李震，江亿，刘晓华，曲凯阳. 从建筑物内除湿过程的能效分析，暖通空调，2005，35（1）：90-96.

[25] Z. Li，X. H. Liu，Z. Lun，Y. Jiang. Analysis on the ideal energy efficiency of dehumidification process from buildings. Energy and Buildings，2010，42（11）：2014-2020.

[26] 冷水机组能效限定值及能源效率等级 GB 19577—2004.

[27] 风机盘管机组 GB/T 19232—2003.

[28] 空气调节系统经济运行 GB/T 17987—2007.

[29] 中国气象局气象信息中心气象资料室，清华大学建筑技术科学系 编著. 中国建筑热环境分析专用气象数据集. 北京：中国建筑工业出版社，2005.

[30] 祝耀升，张晓奋，单哲简. 地下水空调技术. 北京：航空工业出版社，1994.

[31] 王子介. 低温辐射供暖与辐射供冷. 北京：机械工业出版社，2004.

[32] G. Meckler. Innovative ways to save energy in new buildings. Heating/piping/air conditioning engineering，1987，59（5）：59-64.

[33] 殷平. 独立新风系统（DOAS）研究（1）：综述. 暖通空调，2003，33（6）：44-49.

[34] 颜承初，刘燕华，石文星. 基于温湿度独立控制的水蓄冷空调系统. 暖通空调，2010，40（6）：36-41.

[35] IEA-ECBCS Annex 37. Low exergy systems for heating and cooling. http：//www. ecbcs. org/annexes/annex37. htm.

[36] IEA-ECBCS Annex 49. Low exergy systems for high-performance buildings and communities. http：//www. ecbcs. org/annexes/annex49. htm.

[37] 沈晋明，聂一新. 洁净手术室控制新技术："湿度优先控制". 洁净与空调技术，2007，（3）：17-20.

[38] 清华大学建筑节能研究中心. 中国建筑节能年度发展研究报告 2010. 北京：中国建筑工业出版社，2010.

第3章

[39] 高志宏，刘晓华，江亿. 毛细管辐射供冷性能实验研究. 太阳能学报. 2011，32（1）：101-106.

[40] T. C. Min，L. F. Schutrum，G. V. Parmelee，J. D. Vouris. Natural convection and radiation in a panel-heated room. ASHRAE Transitions. 1956，62：337-358.

[41] 陆耀庆 主编. 实用供热空调设计手册（第二版）. 北京：中国建筑工业出版社，2008.

[42] H. B. Awbi，A. Hatton. Natural convection from heated room surfaces. Energy and Buildings. 1999，30（3）：233-244.

[43] BS EN1264-5. Water based surface embedded heating and cooling systems，Part 5：Heating and

cooling surfaces embedded in floors，ceilings and walls—Determination of the thermal output. 2008.

[44] M. Koschenz, V. Dorer. Interaction of an air system with concrete core conditioning. Energy and Buildings, 1999, 30 (2): 139-145.

[45] A. Novoselac, B. J. Burley, J. Srebric. New convection correlations for cooled ceiling panels in room with mixed and stratified airflow. HVAC&R Research, 2006, 12 (2): 279-294.

[46] C. Francesco, P. C. Stefano, F. Marco, et al. Experimental evaluation of heat transfer coefficients between radiant ceiling and room. Energy and Buildings, 2009; 41: 622-628.

[47] 张伦，刘晓华，江亿. 对流强化式辐射板实验与性能分析. 暖通空调，2011，41 (1)：38-41.

[48] 郁惟昌，卜庭栋，唐学波，张振华，马磊. 影响盘管干工况运行的各种因素. 暖通空调，2007，37 (10)：76-79.

[49] 张秀平，潘云钢，田旭东，杜立卫，贾磊，冯旭伟，宋有强. 标准风机盘管用于温湿度独立控制系统的适应性研究. 流体机械，2009，37 (1)：72-76.

[50] 张秀平，徐北琼，田旭东，潘云钢，姚勇，吴俊峰.《干式风机盘管机组》标准中名义工况温度条件和产品基本规格的研究. 流体机械，2011，39 (8)：59-63.

[51] 田旭东，张秀平，杜立卫，宋有强，吴俊峰. 温湿度独立控制系统用干式显热风机盘管的研究. 暖通空调，2011，41 (1)：28-32.

[52] 合肥通用机械研究院，等. 干式风机盘管机组（报批稿）.

[53] Danfoss 公司. Danfoss 风机盘管样本，2004.

[54] Clina 公司. Clina 风机盘管样本，2004.

第4章

[55] 住房和城乡建设部工程质量安全监管司，中国建筑标准设计研究院 编. 全国民用建筑工程设计技术措施 暖通空调·动力. 北京：中国计划出版社，2009.

[56] 中国建筑标准设计研究院 组织编制. 空调系统热回收装置选用与安装. 北京：中国计划出版社，2006.

[57] 谢晓云，江亿. 对蒸发冷却式空调的设计与热工计算方法的一些看法. 暖通空调，2010，40 (11)：1-12.

[58] 黄翔. 蒸发冷却空调理论与应用. 北京：中国建筑工业出版社，2010.

[59] 赵云. 太阳能液体除湿空调系统的研究 [博士学位论文]. 东南大学，2002.

[60] 张小松，殷勇高，曹毅然. 蓄能型液体除湿冷却空调系统的建立与实验研究. 工程热物理学报，2004，25 (4)：546-549.

[61] A. Y. Khan. Cooling and dehumidification performance analysis of internally-cooled liquid desiccant absorbers. Applied Thermal Engineering, 1998, 18 (5): 265-281.

[62] 江亿，李震，刘晓华，陈晓阳. 一种气液直接接触式全热换热装置. 专利号：03249068. 2, 2004.

[63] 张伟荣，曲凯阳，刘晓华，常晓敏. 溶液除湿方式对室内空气品质的影响的初步研究. 暖通空调，2004，34 (11)：114-117.

[64] 刘晓华. 溶液调湿式空气处理过程中热湿耦合传递特性分析［博士学位论文］. 清华大学，2007.

[65] 李震. 湿空气处理过程热力学分析方法及其在溶液除湿空调中应用［博士学位论文］. 清华大学，2004.

[66] 刘晓华，江亿，张涛，张伦. 建筑热湿环境营造过程中换热网络的匹配特性分析. 暖通空调，2011，41（3）：29-37.

[67] 陈晓阳. 溶液式空调系统的应用研究［硕士学位论文］. 清华大学，2005.

[68] 刘拴强，江亿，刘晓华，陈晓阳. 热泵驱动的双级溶液调湿新风机组原理及性能测试. 暖通空调，2008，38（1）：54-59.

[69] 江亿，刘晓华，陈晓阳，李震. 利用吸湿溶液为循环工质的热回收型新风处理机组. ZL200520022996. 2，2006.

[70] 刘拴强，江亿，刘昕，陈晓阳. 城市热网驱动的温湿度独立控制空调系统节能减排效果分析. 暖通空调，2009，39（7）：5-8.

[71] 贾春霞. 硅胶基复合干燥剂强化除湿机理及其应用研究［博士学位论文］. 上海交通大学，2006.

[72] L. Z. Zhang, J. L. Niu. Performance comparisons of desiccant wheels for air dehumidification and enthalpy recovery. Applied Thermal Engineering，2002，22（12）：1347-1367.

[73] 张寅平，张立志，刘晓华等. 建筑环境传质学. 北京：中国建筑工业出版社，2006.

[74] 袁卫星. 混合式空调系统及除湿技术研究（博士后出站报告）. 清华大学，2000.

[75] D. La, Y. J. Dai, Y. Li, T. S. Ge, R. Z. Wang. Case study and theoretical analysis of a solar driven two-stage rotary desiccant cooling system assisted by vapor compression air-conditioning. Solar Energy，2011，85（11）：2997-3009.

[76] T. S. Ge, Y. J. Dai, R. Z. Wang, Y. Li. Experimental investigation on a one-rotor two-stage rotary desiccant cooling system. Energy，2008，33（12）：1807-1815.

[77] J. Jeong, S. Yamaguchi, K. Saito, S. Kawai. Performance analysis of four-partition desiccant wheel and hybrid dehumidification air-conditioning system. International Journal of Refrigeration，2010，33（3）：496-509.

[78] 喜冠南. 大金空调最新研发技术进展. 中国工程热物理学会传热传质学学术会议，上海，2010.

第 5 章

[79] 谢晓娜，刘晓华，江亿. 土壤源空调系统全年运行设计与计算分析. 太阳能学报. 2008，29（10）：1218-1224.

[80] 张海强，刘晓华，江亿. 蓄热式换热器周期性换热过程的性能分析. 暖通空调，2011，41（3）：44-50.

[81] 宋春玲，张国强，张泉，陈在康. 土壤源热泵———一种节能的中央空调系统冷热源. 节能，1998，（12）：7-10.

[82] 江亿，李震，薛志峰. 一种间接蒸发式供冷的方法及其装置. 专利号：02100431. 5，2002.

[83] 谢晓云，江亿，刘拴强，曲凯阳，于向阳. 间接蒸发冷水机组设计开发及性能分析，暖通空调，2007，37（7）：66-71.

[84] Y. Jiang, X. Y. Xie. Theoretical and testing performance of an innovative indirect evaporative

chiller. Solar Energy，2010，84（12）：2041-2055.

[85] 彦启森，石文星，田长青 编著. 空气调节用制冷技术（第三版）. 北京：中国建筑工业出版社，2004.

[86] 格力电器股份有限公司. 出水温度 16～18℃的离心式冷水机组研发报告，2010.

[87] 张治平，李宏波，谢艳群，钟瑞兴. 一种高温离心式压缩机扩压器的改进与优化. 暖通空调，2011，41（1）：17-20.

[88] 王红燕，方旭东，杜立卫，等. 高温螺杆式冷水机组及其试验研究. 暖通空调，2011，41（1）：14-16.

[89] Mitsubishi Heavy Industries，LTD. High efficient chiller "MicroTurbo" is the best suited for building energy efficiency，The First Building energy efficiency Forum in Tsinghua University. Mar 22-25，2005，Tsinghua University，Beijing，China.

[90] Mitsubishi Heavy Industries，LTD. MHI Turbo ChillerMicroturbo Series "W" MTWC175/350 (for R134a refrigerant) Operating & Maintenance Manual，Issued in November，2004.

第 6 章

[91] 民用建筑供暖通风与空气调节设计规范 GB 50736—2012.

[92] 采暖通风与空气调节设计规范 GB 50019—2003.

[93] 铃木谦一郎，大矢信男 著. 除湿设计. 李先瑞 译. 北京：中国建筑工业出版社，1983.

[94] 田旭东，史敏，周建诚，李建刚，卢怀玉. 温湿度独立控制空调系统中冷水设计温差的选取探讨. 流体机械，2008，36（12）：75-78.

[95] 田旭东，刘华，张治平，李宏波. 高温离心式冷水机组及其特性研究. 流体机械，2009，37（10）：53-56.

[96] 刘拴强，刘晓华，江亿. 温湿度独立控制空调系统中独立新风系统的研究 I：湿负荷的计算. 暖通空调，2010，40（1）：80-84.

[97] 刘拴强，刘晓华，江亿. 温湿度独立控制空调系统中独立新风系统的研究 II：送风参数的确定. 暖通空调，2010，40（12）：85-90.

[98] 黄晨，李美玲，邹志军等. 大空间建筑室内热环境现场实测及能耗分析. 暖通空调，2000，30（6）：52-56.

[99] 宋芳婷，江亿. 空调建筑无组织通风的实测分析. 暖通空调，2007，37（2）：110-114.

第 7 章

[100] 刘兰斌，江亿，付林. 基于分栋热计量的末端通断调节与热分摊技术的示范工程测试. 暖通空调，2009，39（9）：137-141.

[101] ASHRAE. ASHRAE Handbook-Fundamentals. Atlanta：American Society of Heating，Refrigerating and Air-Conditioning Engineers，Inc.，USA，2000.

第 8 章

[102] 金跃. 清华大学环境能源楼设计. 暖通空调，2007，37（6）：73-75.

[103] 林坤平，徐宏庆，周潇儒. 第 7 届花卉博览会主场馆空调系统设计. 暖通空调，2009，39（5）：2-6.

[104] 陈萍，刘拴强. 三门峡市中心医院住院楼温湿度独立控制空调系统设计体会. 制冷与空调，2009，9（6）：66-71.

[105] 胡建丽. 温湿度独立控制技术在世博会瑞典王国馆暖通空调设计中的应用. 暖通空调，2010，40（8）：96-98.

[106] 方宇. 三星堆文保中心文物库房温度湿度独立控制系统设计. 全国暖通空调制冷 2010 年学术年会资料集，2010：192.

[107] 路斌，陈明，张永宁. 环境国际公约履约大楼空调系统节能设计. 制冷与空调，2011，11（1）：77-81.

[108] 李妍，胡榕，冯婷婷. 温湿度独立控制空调系统在青岛香溪庭院二期别墅的应用. 暖通空调，2011，41（1）：42-47.

[109] 张涛. 温湿度独立控制空调系统设计方法与性能分析［硕士学位论文］. 清华大学，2012.

[110] 资晓琦. 深圳市高层综合办公建筑空调节能诊断与对策研究［硕士学位论文］. 重庆大学，2007.

[111] 谢晓云. 间接蒸发冷却式空调的研究［博士学位论文］. 清华大学，2009.

[112] O. Bjarne. Radiant floor cooling systems. ASHRAE Journal，2008，50（9）：16-22.

[113] 江亿，周敏，张野，刘烨，燕达，高志宏，张晓亮. 一种配合地板辐射供冷系统使用的中央空调置换送风末端. CN201020180016. 2，2010.

[114] 周敏. 西安咸阳国际机场 T3A 航站楼温湿度独立控制的应用. 暖通空调，2011，41（11）：27-30.

[115] 刘拴强. 热泵式溶液调湿空气处理装置的研究［博士学位论文］. 清华大学，2010.

附录 A

[116] 张景群，徐钊，吴宽让. 40 种木本植物水分蒸发所需热能估算与燃烧性分类. 西南林学院学报，1999，19（3）：170-175.

附录 B

[117] ASHRAE Handbook. Chapter 27 Climatic Design Information.

[118] 蒸气压缩循环冷水热泵机组 工商业用和类似用途的冷水热泵机组 GB/T 18430. 1—2001.

[119] 蒸气压缩循环冷水（热泵）机组 第 1 部分：工业或商业用及类似用途的冷水（热泵）机组 GB/T 18430. 1—2007.

[120] 蒸气压缩循环冷水（热泵）机组 户用和类似用途的冷水（热泵）机组 GB/T 18430. 2—2001.

[121] 蒸气压缩循环冷水（热泵）机组 第 2 部分：户用及类似用途的冷水（热泵）机组 GB/T 18430. 2—2008.

[122] Standard for water chilling packages using the vapor compression cycle，ARI 550 590—1998.

[123] Performance rating of water chilling packages using the vapor compression cycle，ARI 550 590—2003.

[124] Water chilling unit，JIS B 8613：1994.

［125］ Air conditioners，liquid chilling packages and heat pumps with electrically driven compressors for space heating and cooling-Part 2：Test conditions，EN 14511—2.

［126］ Liquid-chilling packages using the vapour compression cycle-Part 1. 1：Method of rating and testing for performance—Rating，AS/NZS 4776. 1. 1：2008.

附录 D

［127］ ASHRAE. Updating the tables of design weather conditions in the ASHRAE Handbook of Fundamentals. Research Report RP. 1997c，890.

［128］ D. G. Colliver，T. F. Burks，R. S. Gates，H. Zhang. Development of the design climatic data for the 1997 ASHRAE Handbook—Fundamentals. ASHRAE Transactions. 2000，106（1）：929-940.

附录 E

［129］ 章熙民，等编. 传热学（第四版）. 北京：中国建筑工业出版社，2001.

［130］ 魏立峰，戴立生，杨强，等. 基于地板辐射盘管试块散冷测试的研究. 全国暖通空调制冷 2010 年学术年会论文集，2010：89.

附录 F

［131］ G. O. G. Lof. Cooling with solar energy. Congress on Solar Energy，Tucson，AZ，1955：171-189.

［132］ Pesaran A A，Mills A F. Moisture transport in silica gel packed beds. 1. theoretical study. International Journal of Heat and Mass Transfer，1987，30（6）：1037-1049.

［133］ A. A. Kinsara，M. M. Elsayed，O. M. AlRabghi. Proposed energy-efficient air-conditioning system using liquid desiccant. Applied Thermal Engineering，1996，16（10）：791-806.

［134］ Y. J. Dai，R. Z. Wang，H. F. Zhang，J. D. Yu. Use of liquid desiccant cooling to improve the performance of vapor compression air conditioning. Applied Thermal Engineering，2001，21（12）：1185-1202.

［135］ Y. K. Yadav. Vapour-compression and liquid-desiccant hybrid solar space-conditioning system for energy conservation. Renewable Energy，1995，6（7）：719-723.

［136］ Q. Ma，R. Z. Wang，Y. J. Dai，X. Q. Zhai. Performance analysis on a hybrid air-conditioning system of a green building. Energy and Buildings，2006，38（5）：447-453.

［137］ R. M. Lazzarin，F. Castellotti. A new heat pump desiccant dehumidifier for supermarket application. Energy and Buildings，2007，39（1）：59-65.

［138］ X. H. Liu，Z. Li，Y. Jiang. Similarity of coupled heat and mass transfer process between air-water and air-liquid desiccant contact system. Building and Environment，2009，44（12）：2501-2509.